空间信息传输与仿真技术

赵洪利　杨海涛
何　宇　赵东杰
姚　曜　原旭东　编著
史继辉　　　等

中国宇航出版社
·北京·

图书在版编目（CIP）数据

空间信息传输与仿真技术/赵洪利等编著．—北京：中国宇航出版社，2011.11

ISBN 978-7-5159-0084-1

Ⅰ.①空…　Ⅱ.①赵…　Ⅲ.①信息传输—空间信息技术—研究　Ⅳ.①P208

中国版本图书馆 CIP 数据核字（2011）第 230852 号

责任编辑 阎　列　**责任校对** 王　妍　**封面设计** 姜　旭　姜　然

出　版
发　行 中国宇航出版社

社　址 北京市阜成路 8 号　**邮　编** 100830
(010) 68768548

网　址 www.caphbook.com

经　销 新华书店

发行部 (010) 68371900　(010) 88530478（传真）
(010) 68768541　(010) 68767294（传真）

零售店 读者服务部　北京宇航文苑
(010) 68371105　(010) 62529336

承　印 北京画中画印刷有限公司

版　次 2011 年 12 月第 1 版　2011 年 12 月第 1 次印刷

规　格 880×1230　**开　本** 1/32

印　张 10.125　**字　数** 282 千字

书　号 ISBN 978-7-5159-0084-1

定　价 68.00 元

前　言

空间信息网络是由天、地信息节点相互连接而形成的复杂网络，可完成空间信息的获取、传递、处理、存储、分发和使用，是进行空间探索、开展空间活动的基础。空间信息传输技术是空间信息网络的重要支撑技术，也是国内外学术研究的热点，涉及航天轨道动力学、通信技术、网络技术、测控技术等多个学科领域；仿真技术作为目前广泛使用的研究手段，为开展空间信息传输技术研究提供了一条便捷的途径。

本书根据空间信息传输技术的发展状况，总结了作者相关科研项目的研究成果，系统介绍了空间信息传输技术及其典型的仿真方法，是一本理论与实践紧密结合的专业著作，可作为空间信息传输技术研究人员的参考资料，也可作为相关专业的研究生教材。

全书分为空间信息传输技术基础、空间信息传输关键技术和空间信息传输仿真技术3篇，每篇包括若干章节，深入浅出地介绍了空间信息传输技术的基础理论、关键技术和仿真方法，重点对空间信息传输涉及的链路、拓扑、切换、路由以及评估等关键技术进行了阐述，同时结合STK、OPNET、NS2、MLDesigner、HLA/RTI等工具对有关仿真方法进行了说明。读者可参考本书利用有关工具快速搭建空间信息传输仿真系统，进行深入研究。

在项目研究和本书编写过程中，得到了装备学院复杂信息系统仿真重点实验室领导和同志们的大力支持，吕晓磊、付芸、许英、曹丽萍、孙源泽、李鹏伟等研究生参加编写了部分章节，另外作者也参考了同行的研究成果，在此一并表示衷心感谢！

本书作为作者近年教学、研究工作的总结，仅是一家之言，另外，由于时间仓促和水平有限，难免挂一漏万，欢迎广大读者批评指正。

作　者
2011 年 12 月

目　录

第1篇　空间信息传输技术基础

第2篇　空间信息传输关键技术

第3篇 空间信息传输仿真技术

第 1 篇
空间信息传输技术基础

第 1 章　航天器轨道

1.1　航天器轨道运动基本规律

开普勒定律揭示了卫星受引力作用在轨道上运行的基本规律。

1.1.1　开普勒第一定律

开普勒第一定律表明，卫星围绕“主体”运行的路线是一个椭圆轨道，而圆形轨道仅是其中的特例。一个椭圆轨道有 2 个焦点，如图1—1中的 F_1 和 F_2，其中一个焦点是系统的质量中心，称为质心。由于地球与卫星的质量相差悬殊，质量中心与地球中心重合，即地球就是一个焦点。

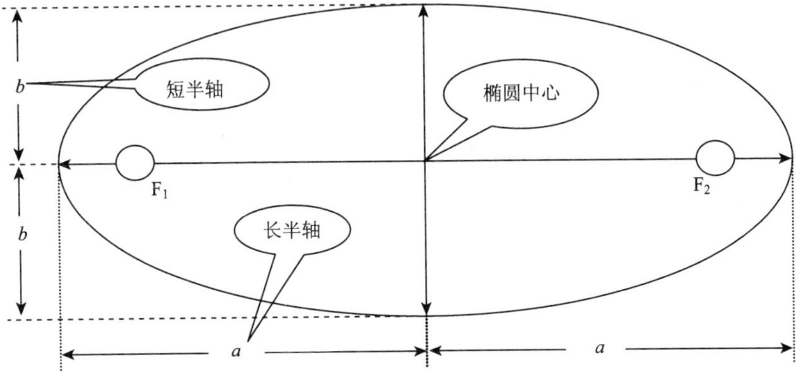

图 1—1　椭圆轨道

椭圆长半轴为 a，短半轴为 b，则偏心率为

$$e=\frac{\sqrt{a^2-b^2}}{a} \tag{1—1}$$

偏心率和长半轴是描述卫星围绕地球旋转的 2 个轨道参数，不同的 e 值具有不同的含义，如表 1—1 所示。

表 1—1　偏心率的含义

偏心率	曲　线
$e=0$	圆形
$e<1$	椭圆形
$e=1$	抛物线
$e>1$	双曲线

1.1.2　开普勒第二定律

开普勒第二定律表明，若时间间隔相同，则卫星在以质心为焦点的轨道面内扫过的面积相同。如图 1—2 所示，卫星 1 s 内运行的距离为 L_1（m）和 L_2（m），扫过的面积为 S_1 和 S_2，而 $S_1=S_2$。在这两种情况中，运行速度是不同的，分别为 L_1（m/s）和 L_2（m/s），由等面积定律可知，L_1（m/s）$>L_2$（m/s）。由此得出一个重要结论：卫星离地球越远，穿越给定距离所需时间越长。

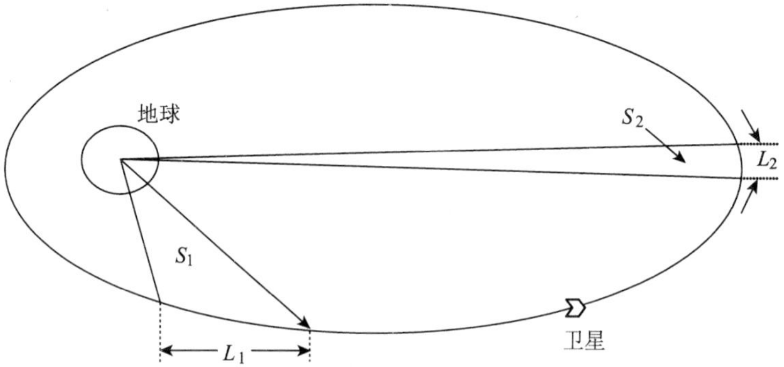

图 1—2　开普勒第二定律

1.1.3　开普勒第三定律

开普勒第三定律：轨道周期正比于两个物体之间平均距离（等于长半轴 a）的 3/2 次方，即

$$T = \frac{2\pi}{\sqrt{\mu}} a^{\frac{3}{2}} \tag{1-2}$$

其中，μ 是地球的引力常数，当 a 以米（m）为单位时，则

$$\mu = 3.986\,005 \times 10^{14} (\mathrm{m^3/s^2}) \tag{1-3}$$

1.2　卫星轨道分类

如果按卫星移动通信系统所用卫星的轨道情况来区分，那么卫星移动通信系统只有 2 类：静止轨道系统和非静止轨道系统（同步轨道和非同步轨道）。如果按卫星轨道面对赤道的倾角，可分为 3 类轨道：轨道面与赤道面重合的赤道轨道；轨道面穿过南北两极垂直于赤道面的极轨道；轨道面倾斜于赤道面的倾斜轨道。同步轨道是赤道轨道，非静止轨道则可以是 3 种轨道中的任何一种。换句话说，除赤道轨道中的同步轨道外，按轨道面对赤道倾角所分的这 3 类轨道都是非静止轨道。

卫星星座是卫星通信系统完成既定任务的基础，而卫星轨道是设计卫星星座的基础，因此有必要对卫星轨道的一些基本概念进行阐述。执行不同航天任务的卫星，要求采用不同的轨道，有时还要由多颗卫星组成卫星星座。空间科学探测卫星一般采用大偏心率的椭圆轨道；对地观测执行全球观察任务的卫星一般采用太阳同步轨道，以便于进行可见光观测，并且要求轨道能够按照一定的规律覆盖地球；执行对地面目标进行观测的侦察卫星，要求卫星在目标上空的轨道高度较低，以便获得地面目标的高分辨率图像；执行对地面目标动态观测的卫星，要求卫星的轨道能够使星下点重复；执行地区性固定通信业务的通信卫星目前大多使用地球静止轨道，以便

于地面站对卫星的跟踪；用于全球通信或者全球导航任务的系统，往往要使用由多颗卫星组成的卫星星座。

根据所选的参照点不同，卫星轨道可以分成不同的类别。

（1）以卫星轨道的倾角 i（即卫星轨道平面和赤道平面的夹角）的大小为参照划分

1）赤道轨道，其轨道倾角为 0°，卫星在离地面 35 786 km 高度的圆形轨道上飞行，它的轨道周期是 23 h 56 min 4 s，这个时间正好和地球自转一周的时间相同。如果这条轨道正好是赤道轨道，而且飞行的方向和地球自转的方向一致，那么卫星将和地球之间保持相对静止，即卫星“固定”在地球赤道上空的某一点，这种轨道就叫做地球同步轨道。因此，地球同步轨道只有 1 条，就是离地面 35 786 km的赤道轨道。

2）顺行轨道，其轨道倾角大于 0°而小于 90°。将卫星送入这种轨道，运载火箭需要朝偏东方向发射。这种发射方向有个特别优势，就是可以利用地球自西向东自转的一部分速度，从而节省运载火箭的能量。可利用的地球自转速度 ΔV 与发射方位角 A 和发射点纬度 φ 之间的关系如下式所示

$$\Delta V = V_c \times \sin A \times \cos \varphi \tag{1-4}$$

式中　V_c——地球赤道处的自转速度，约为 463 m/s；

A——发射方位角（由北向东度量）；

φ——发射点的地理纬度。

显然，在赤道上向正东方向发射卫星，可利用的速度最大；倾角为 90°时，可利用的速度为零。世界上早期发射的卫星几乎都采用顺行轨道；后来发射的卫星，只要没有特殊要求，大部分也采用这种轨道。因此，我们在地面上看到在天幕上移动的卫星，大多数是从西南到东北或者从西北到东南方向移动。

3）极轨道，其轨道倾角为 90°，即轨道平面通过地球南北极。在这种轨道上飞行的卫星可以飞过地球上任何地区的上空。

4）逆行轨道，其轨道倾角大于 90°而小于 180°。把卫星送入这

种轨道，运载火箭需要朝偏西方向发射，正好和顺行轨道相反。这种发射方式不仅不能利用地球自转速度来节约运载火箭的能量，反而要付出额外的能量去克服一部分地球自转速度，因此，卫星一般都不用这样的轨道。

（2）按照卫星轨道偏心率的不同划分

按照卫星轨道的偏心率不同，可分为圆轨道、近圆轨道、椭圆轨道、抛物线轨道和双曲线轨道。

圆轨道是偏心率为零的轨道，偏心率接近零的近圆轨道有时也称为圆轨道。椭圆轨道是偏心率在0～1之间的轨道，当偏心率大于0.2的时候，称其为大偏心率椭圆轨道（俗称大椭圆轨道）。当卫星沿圆轨道或者近圆轨道运行时，其与地面的垂直距离（即高度）近似为常量；而沿椭圆轨道，特别是大椭圆轨道运行的卫星，其探测的空间范围相对较大。

抛物线轨道为偏心率等于1的轨道，双曲线轨道为偏心率大于1的轨道。沿这两种轨道运行的航天器都将飞离地球的引力场。行星探测器的行星际航行一般采用这两种轨道，多数采用双曲线轨道。

（3）按照卫星轨道的高度不同划分

按照卫星轨道的不同高度，可以分为低轨道（LEO）、中轨道（MEO）和高轨道（HEO）。低轨道的轨道高度低于2 000 km；中轨道的轨道高度处于2 000～20 000 km之间；轨道高度高于20 000 km而低于35 786.6 km的轨道称为高轨道。

卫星轨道高度的选择与下列因素有关：

1）与运载火箭能力的大小有关，低轨道需要的运载火箭能量小，高轨道需要的能量大。

2）卫星的高度影响卫星的飞行寿命（卫星能在轨道上飞行的时间），即轨道寿命。尽管高空的空气已经十分稀薄，但是，由于卫星的速度很高，十分稀薄的空气仍会产生阻力，这些阻力虽然很小，也会减慢卫星的飞行速度，使卫星的轨道高度渐渐降低，最终脱离轨道而坠入大气层烧毁。轨道越低，大气阻力的影响越大。对于圆轨道卫星，轨道寿命取决于轨道高度。

3）在有效载荷不变的情况下，卫星轨道高度越高，卫星对地观测的视野越大，即卫星的地面覆盖区域越大。卫星绕地球 1 周的时间（即运行周期）越长，卫星的可视时间也越长。但是，卫星的高度越高，信号传输距离越长，损耗越大，时延也越大。

（4）从卫星轨道的重复特性方面划分

按照卫星轨道的重复特性来分，可以分为回归轨道、准回归轨道和非回归轨道。卫星的星下点是卫星瞬时位置和地球中心连线与地球表面的交点。回归轨道是指卫星的星下点轨迹在 1 天内重复的轨道，其轨道周期是地球自转周期的整数分之一。准回归轨道是指卫星的星下点轨迹重合，而且星下点轨迹在 M 天内重复 N 次的轨道，M 和 N 为正整数，M 不等于 1，且 N 和 M 不相等。非回归轨道是指卫星的星下点轨迹根本不重合的卫星轨道。

1.3 卫星星座

1.3.1 基本概念和参数

卫星星座是空间信息网络拓扑结构的基础，星座结构决定了卫星数量、在空间的位置、轨道高度、覆盖范围、星间链路设置等。卫星轨道是设计卫星星座的基础，执行不同航天任务的卫星，要求采用不同的轨道，有时还要由多颗卫星组成卫星星座。不同的卫星星座决定不同的网络拓扑结构，由于卫星具有移动性，导致了拓扑结构的动态时变性，对网络路由选择具有很大影响。

进行卫星星座的设计，首先应对卫星星座的覆盖方式、星座的空间几何形式和一些基本概念给出确切的定义。

1.3.1.1 星座的覆盖方式

卫星星座的覆盖要求是由星座所要完成的任务所决定的，根据不同的任务确定不同的覆盖方式，一般说来，星座的覆盖形式分为 4

种。第 1 种是持续性全球覆盖（continuous global coverage），指对全球的不间断连续覆盖；第 2 种是持续性地带覆盖（continuous zonal coverage），指对特定的纬度范围之间的地带进行不间断的连续覆盖；第 3 种是持续性区域覆盖（continuous regional coverage），指对某些区域（如一个国家的版图）进行不间断的连续覆盖；第 4 种是部分覆盖（partial or revisit coverage），指覆盖区域为局部区域，而覆盖的时间是间断的。

1.3.1.2　星座设计的具体参数

总体上，卫星星座可分为随机星座和相位星座 2 种。随机星座由轨道高度和倾角均不同的卫星组成，由于这种星座的覆盖有很大的冗余成分，并且卫星的相对位置不确定，所以目前尚未有专门利用随机星座设计的系统。相位星座由在时间上具有固定相对位置的卫星组成，因此可以利用各种优化方法得到最佳的星座。同随机星座相比，在卫星数量相同的条件下，相位星座的覆盖面积相对较大，卫星的可视时间相对较长。

卫星星座的设计决定了整个卫星通信系统的复杂程度和费用。星座设计首先是确定星座的轨道几何结构，使之能够最佳地完成所要求的任务。星座的选择取决于任务的覆盖区域（包括其大小、形状和纬度范围）和几何链路的可用性（是否持续覆盖等）。针对圆轨道的卫星星座，设计参数主要有以下 8 个：

1）星座的卫星数量；

2）卫星轨道平面数量；

3）卫星轨道平面倾角；

4）不同轨道平面的相对间隔；

5）每一轨道平面拥有的卫星数；

6）同一轨道平面内卫星的相对相位；

7）相邻轨道平面卫星的相对相位；

8）每颗卫星的轨道高度（或轨道周期）。

构成卫星移动通信系统的卫星的轨道高度范围一般为 500～

2 000km 和 5 000～15 000 km 两段。选择 500～2 000 km 空间段是综合考虑了空气阻力和范·艾伦辐射带影响的结果。如果卫星高度太低，受大气阻力影响较大，消耗的燃料太多，原子腐蚀比较严重；高度太高，受范·艾伦辐射带的环境影响较大，对卫星的抗辐射要求更高，增加了卫星设计的复杂性和卫星质量。选择5 000～15 000 km 左右的空间段是因为该空间段正处于内、外范·艾伦辐射带的中间，这里的辐射相对小得多。卫星轨道越高，单颗卫星覆盖的范围越大，星座所需卫星的数量越少。

卫星星座设计不是本书研究的重点，在此仅对已有星座进行简要的说明，为网络拓扑结构的研究提供理论基础。

1.3.2 卫星星座分类

卫星星座的几何类型可分为极轨道星座和倾斜轨道星座，如图 1—3所示。

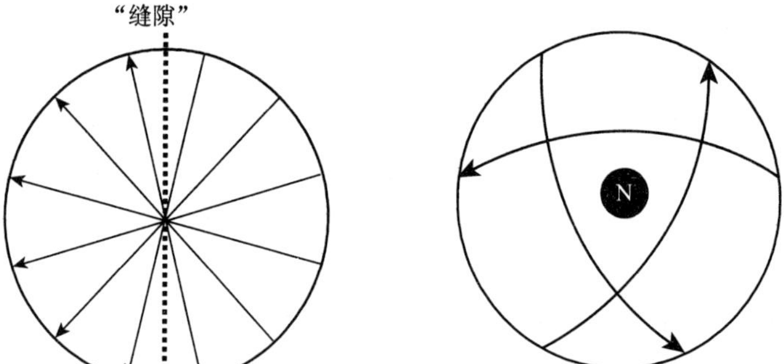

(a) 极轨道星座下降卫星（远离北极运行）

(b) 倾斜轨道星座上升卫星（朝着北极运行）

图 1—3 极地上看到的极轨道星座和倾斜轨道星座图案

1.3.2.1 极轨道星座

卫星轨道平面倾角为 90°时，轨道通过地球南、北极上空，这种轨道称为极轨道。以极轨道卫星构成的星座称为极轨道星座，对高纬度地区可形成多重覆盖，如图 1—3（a）所示。对于极轨道星座，当卫星轨道高度和最小覆盖仰角确定之后，即可大致估算所需的轨道数目和每个轨道面上卫星的数目。

极轨道星座的优点是设计简单，可以轻易设计出多重覆盖的全球星座，但其需要的卫星数目较多，而且两极区域的卫星相对密集，卫星经过两极区域时，大部分卫星的转发器都需要关闭。

1.3.2.2　倾斜轨道星座

倾斜轨道倾斜于赤道面，轨道倾角 i 满足 $0°<i<90°$。倾斜轨道星座的卫星可以比较均匀地覆盖服务区域，如图 1—3（b）所示。

对于倾斜轨道星座，通常采用 Walker 代码（$T/P/F$）来表示其星座结构，因此也叫 Walker delta 星座。其中，T 为星座中的总卫星数，P 为轨道面数，F 为相邻轨道面临近卫星之间的相位因子。F 表示的意义是：如果定义轨道相位角为 $360°/T$，那么，当第 1 个轨道面上的第 1 颗卫星处于升交点时，下一个轨道面上的第一颗卫星超过升交点 F 轨道相位角。F 的单位为 $360°/T$，取值范围是 $1\sim P$ 的整数。在 Walker delta 星座中，所有卫星有相同的轨道周期和倾角，都采用圆轨道，每个轨道面内的卫星数为 T/P，各轨道面均匀分布在赤道上，同一轨道面内的所有卫星也均匀地分布在该轨道面内。这样，对于采用倾斜圆轨道的卫星星座来说，除了轨道高度和倾角外，用 $T/P/F$ 就能基本说明星座的配置方案。

任何卫星星座要连续覆盖整个地球，至少需要 5 颗卫星；若要求任何时候都能看到 2 颗卫星，则至少需要 7 颗卫星。考虑到通信链路性能，通信卫星的星座应采用 Walker delta 星座，可使卫星间的相对关系保持不变，有利于卫星之间建立相对稳定的路由。

星下点定义为卫星与地心连线和地球表面的交点。由圆轨道卫星在地心惯性坐标系中的轨迹方程，对轨道动力学和球面三角形的几何分析，得到卫星星下点的轨迹方程为

$$\varphi=\arcsin[\sin(i)\sin(\theta)] \tag{1—5}$$

$$\lambda = \Omega_0 + \arctan[\cos(i)\tan(\theta)] \pm \begin{cases} -180^\circ & (-180^\circ \leqslant \theta \leqslant -90^\circ) \\ 0^\circ & (-90^\circ \leqslant \theta \leqslant 90^\circ) \\ 180^\circ & (90^\circ \leqslant \theta \leqslant 180^\circ) \end{cases} \tag{1-6}$$

式中　λ，φ——星下点的经度和纬度；

$\theta = wt + \gamma_0$ ——t 时刻卫星与升交点之间的角距；

γ_0 ——卫星的初始相位；

w——卫星绕地球旋转的角速度；

Ω_0 ——卫星升交点赤经；

i——轨道倾角；

t——飞行时间；

＋，一符号——分别对应顺行和逆行轨道。

1.3.2.3　其他星座

除了上述星座外，其他常用的星座还有玫瑰星座和椭圆轨道星座等。

(1) 玫瑰星座

玫瑰星座的设计目的是在给定卫星总数的情况下求出卫星轨道参数，从而使系统在满足最坏观测点的最小仰角要求的条件下，达到最佳的持续性全球覆盖；玫瑰星座以地球上任一点到最近星下点大圆角距的最大可能值为评价覆盖性能的标准。玫瑰星座由 $N/P/m$ 来描述，其中 N 是卫星总数，P 是轨道数，m 是谐参数。

(2) 椭圆轨道星座

椭圆轨道卫星对特定区域具有服务时间长的优点，因此由椭圆轨道卫星组成的椭圆轨道星座在航天任务中得到了一定的应用。如果星座主要用于对特定区域的重点覆盖，而对某些区域可以忽略，并且希望卫星通过服务区域时的时间能够延长，而对非服务区域希望快速通过，此时可以选择椭圆轨道卫星。而由椭圆轨道卫星组成星座将能够满足对给定目标区域的工作性能需求。

1.4　天体坐标系统

轨道动力学理论针对的是空间节点（卫星）的运行规律，由于卫星是在地球的引力场里运动，所以不管卫星的轨道是圆形还是椭圆形，其轨道平面都要通过地球的中心。轨道大小、形状和在空间的方位可以是多种多样的。其中，轨道的长轴和短轴决定了它的大小和形状，而轨道在空间的方位需要 3 个角度来确定。在具体分析前，需要了解升交点和春分点这 2 个天文名词。

升交点是卫星从地球的南半球向北半球飞行的时候经过地球赤道平面的点；春分点则是假设太阳从地球的南半球向北半球运动时（实际上太阳不动，地球在运动）经过地球平面的那个点。

下面介绍 3 种基本的天体坐标系统：地心惯性坐标系（ECI）、近焦点坐标系（PQW）和地心固定坐标系（ECF）。

1.4.1　地心惯性坐标系

地心惯性坐标系是航天动力学中最常用的坐标系统。如图 1－4 所示，它是一种右手系，其原点为地心，x 轴位于地球赤道平面内指向春分点，z 轴指向地球自转轴，y 轴位于地球赤道面内由 x 和 z 轴按右手系确定。

由于地球自转轴的进动和章动的影响，春分点会沿着黄道向西以每百年 1.396 971 28°的角速度产生漂移，因而，不同年份的春分点不同。1988 年，国际天文联合会（IAU）规定采用公元 2000 年 1 月 1 日世界时 12 时的春分点，相应的地心惯性坐标系称为 J2000 坐标系。

在航天动力学中，可在地心惯性坐标下，采用 6 个轨道根数来描述一个航天器轨道。

1）a：半长轴，它是确定圆锥曲线轨道大小的常数。

2）e：偏心率，它是确定圆锥曲线轨道形状的常数。对于椭

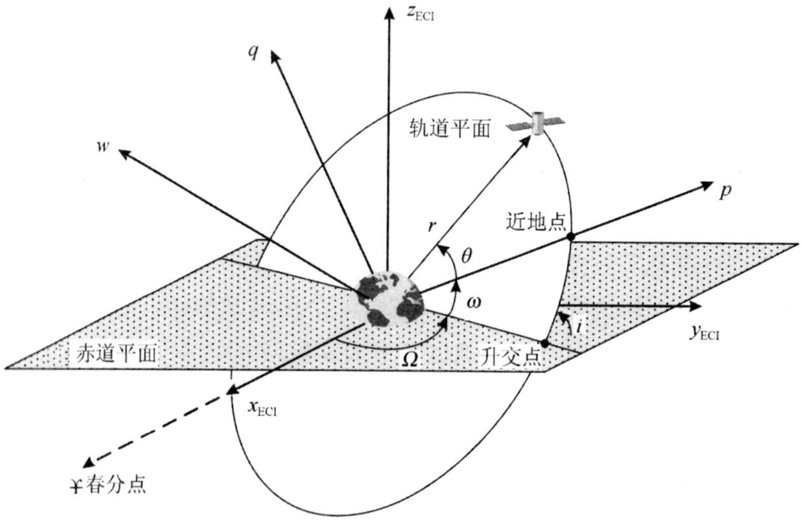

图 1—4 地心惯性坐标系和近焦点坐标系

圆轨道而言，是两个焦点之间的距离与椭圆轨道长轴之比，其值 $0 \leqslant e \leqslant 1$。

3）i：轨道倾角，它是单位矢量 $\boldsymbol{Z}$ 和角动量 h 间的夹角。

4）Ω：升交点赤经，它是 x 轴与节线（轨道平面和地球赤道面的交线）间的夹角。

5）ω：近地点幅角，它是在轨道平面内，升交点到地心的连线与卫星近地点到地心连线的夹角，从升交点顺轨道运行方向度量，$0 \leqslant \omega \leqslant 90°$。

6）M_0：初始平近点角。

1.4.2 近焦点坐标系

近焦点坐标系（如图 1—4 所示）主要用于解算航天器的速度矢量和位置矢量。它也是右手系，其坐标原点是地心，p 轴位于轨道平面内指向轨道近地点，w 轴沿轨道平面的法向量方向，q 轴位于轨道平面内由右手法则所确定。

近焦点坐标系下卫星的坐标是

$$\boldsymbol{r}_{\mathrm{PQW}}=\begin{bmatrix} r\cos\theta \\ r\sin\theta \\ 0 \end{bmatrix} \tag{1-7}$$

式中　r——卫星的位置矢量的长度；

θ——真近点角。

地心惯性坐标系与近焦点坐标系的变换关系是

$$\boldsymbol{r}_{\mathrm{ECI}}=\begin{bmatrix} \cos\omega\cos\Omega-\sin\omega\cos i\sin\Omega & -\sin\omega\cos\Omega-\cos\omega\cos i\sin\Omega & \sin i\sin\Omega \\ \cos\omega\sin\Omega+\sin\omega\cos i\cos\Omega & -\sin\omega\sin\Omega+\cos\omega\cos i\cos\Omega & -\sin i\cos\Omega \\ \sin\omega\sin i & \cos\omega & \sin i\cos i \end{bmatrix}\boldsymbol{r}_{\mathrm{PQW}} \tag{1-8}$$

1.4.3　地心固定坐标系

地心固定坐标系的原点位于地心，x 轴指向赤道面与本初子午线的交点，z 轴指向地球自转轴，y 轴位于地球赤道面内，由右手法则所确定。地心固定坐标系与地心惯性坐标系的关系可通过把地心惯性坐标系坐标沿 z 轴旋转一个角度 Γ 得到。这个角称为地角，或称为本初子午线恒星时（GMST）。

$$\boldsymbol{r}_{\mathrm{ECF}}=\begin{bmatrix} \cos\Gamma & \sin\Gamma & 0 \\ -\sin\Gamma & \cos\Gamma & 0 \\ 0 & 0 & 1 \end{bmatrix}\boldsymbol{r}_{\mathrm{ECI}} \tag{1-9}$$

1.5　航天器的星下点轨迹

1.5.1　无旋地球上的星下点轨迹

在惯性空间，航天器绕地球的运行轨道是轨道面内的圆形或椭圆形轨道，当假设地球在惯性空间中为一不动的球体时，则无旋地球上的星下点轨迹就是航天器的运行轨道平面与无旋地球相截而成的地球表面的大圆。

若令地心至春分点的连线与零子午线所在平面之间的夹角为 λ_0（即零子午线的赤经），则航天器星下点的位置 (λ,φ) 可由下式得到

$$\begin{cases}\lambda = \Omega - \lambda_0 + \arctan(\tan u \cdot \cos i) \\ \varphi = \arcsin(\sin u \cdot \sin i) \\ u = \omega + \theta\end{cases} \tag{1-10}$$

式中　Ω——航天器运行轨道的升交点赤经；

ω——近地点幅角；

i——轨道倾角；

θ——真近点角。

在式（1—10）中，将 λ 称为航天器的星下点在无旋地球上的经度，φ 称为纬度。

1.5.2　旋转地球上的星下点轨迹

从惯性空间看，航天器的运行轨道面保持不变，航天器在此轨道面内运动，而地球绕地轴以角速度 Ω_e 自西向东旋转。旋转地球上的星下点轨迹考虑了地球旋转，因而它与无旋地球上的星下点轨迹有所不同。星下点的位置由经度和纬度来表示，显然，地球的旋转对星下点的纬度没有影响，仅对星下点的经度产生影响。

设 t_0 时刻，地心至春分点的连线与零子午线所在平面之间的夹角为 λ_0（即 t_0 时刻零子午线的赤经），则在 t 时刻航天器星下点的位置 (λ,φ) 由下式表示

$$\begin{cases}\lambda = \Omega - \lambda_0 + \arctan(\tan u \cdot \cos i) - \Omega_e(t - t_0) \\ \varphi = \arcsin(\sin u \cdot \sin i) \\ u = w + \theta\end{cases} \tag{1-11}$$

式中　Ω——航天器运行轨道的升交点赤经；

w——近地点幅角；

θ——航天器在 t 时刻的真近点角；

Ω_e——地球的自转角速度。

第 2 章　空间通信电波传播

空间通信包括星地通信和星间通信。由于自然环境及相对运动等因素的影响，会造成空间通信电波传播性能下降，其中影响星地通信电波传播性能的因素主要包括传播损耗、多径衰落、多普勒频移和传播噪声等，影响星间通信电波传播性能的因素主要包括自由空间传播损耗和多普勒频移等。空间通信电波传播如图 2－1 所示。

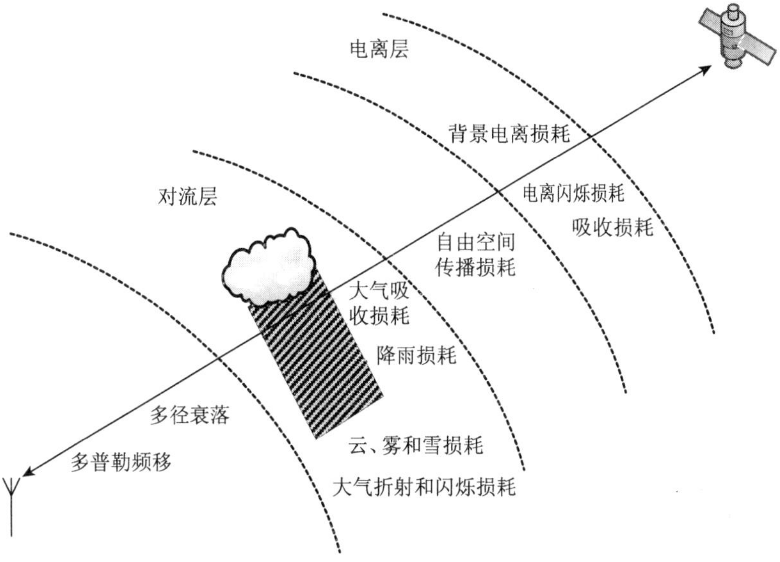

图 2－1　空间通信电波传播示意图

2.1　传播损耗

2.1.1　自由空间传播损耗

在无线电通信工程实践上，当电波传播路径远离地面、地物，并且大气对电波传播的影响也可以忽略时，可以近似地认为无线电波传播是自由空间传播，自由空间是一个理想化的概念。自由空间传播损耗是电波传输的主要损耗，占损耗的大部分，其计算公式为

$$L_f = 10\lg\left(\frac{4\pi d}{\lambda}\right)^2 = 10\lg\left(\frac{4\pi fd}{c}\right)^2 \qquad (2-1)$$

式中 L_f——自由空间传播损耗；

d——传播路径长度；

λ——波长；

f——频率；

c——真空中光的传播速度。

式（2—1）也可以表示为

$$L_f = 22 + 20\lg\frac{d}{\lambda} \qquad (2-2)$$

式中，d 和 λ 使用相同的单位。

为方便应用起见，工程计算中更常采用以下公式

$$L_f = 32.4 + 20\lg d + 20\lg f \qquad (2-3)$$

式中 L_f——自由空间传播损耗（dB）；

d——传播路径长度（km）；

f——频率（MHz）。

如果频率 f 以 GHz 作为单位，则自由空间传播损耗可表示为

$$L_f = 92.4 + 20\lg d + 20\lg f \qquad (2-4)$$

式中，距离 d 仍以千米作为单位。

2.1.2 对流层引起的损耗

当无线电波通过对流层时，会受到对流层中氧分子、水蒸气分子及雨、云、雾等的吸收和反射，这些影响与电波的频率、波束仰角、天气情况、地理位置等有着密切的关系。整体来说，当频率较低时，影响较小；频率较高时，会引起较大的损耗，对卫星通信信道产生较大的影响。具体来说，主要包含大气吸收损耗、降雨损耗、云雾和雪损耗以及大气折射和闪烁损耗。

2.1.2.1　大气吸收损耗

大气吸收损耗主要是氧分子、水蒸气分子对电磁能量的吸收，其损耗的大小取决于信号的频率、波束仰角、海拔高度和水蒸气密度等，可以通过损耗率与等效路径长度的乘积来计算。在晴朗的天气，根据实际测试结果，大气吸收损耗与电波信号频率、波束仰角之间的关系如图 2—2 所示。

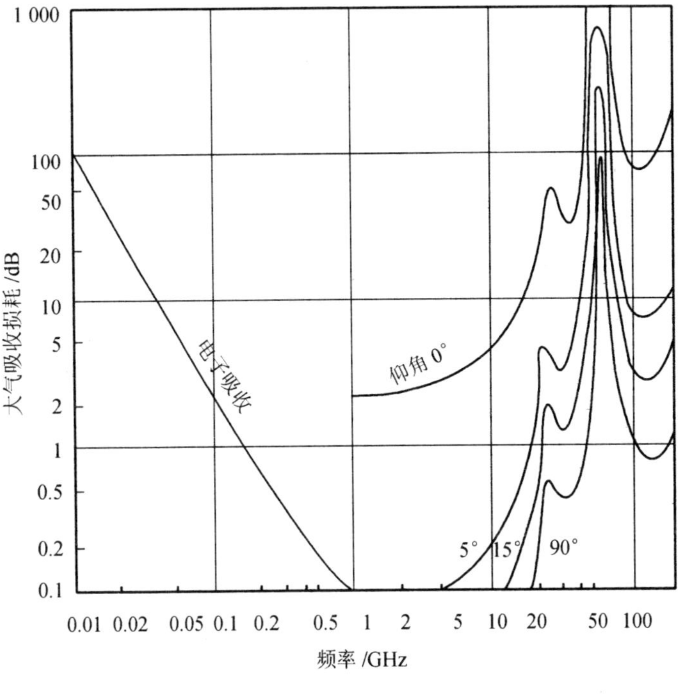

图 2—2　大气吸收损耗与电波信号频率、波束仰角之间的关系

从图 2—2 可以看出，在 15～35 GHz，50～70 GHz 大气的吸收损耗都较大，其中在 15～35 GHz 频段，水蒸气的吸收起主要作用；在 50～70 GHz 频段，氧分子的吸收占据支配地位。

对于 57 GHz 以下的频段，氧分子的损耗率可通过下式近似计算

$$\gamma_o = \left[7.19\times10^{-3} + \frac{6.09}{f^2+0.227} + \frac{4.81}{(f-57)^2+1.5}\right]\cdot f^2\times10^{-3}(\mathrm{dB/km}) \tag{2-5}$$

式中　f——信号频率（GHz）。

水蒸气分子的损耗率可通过下式计算

$$\gamma_w = \left[0.05+0.0021p_w + \frac{3.6}{(f-22.7)^2+8.5} + \frac{10.6}{(f-183.3)^2+9.0} + \frac{8.9}{(f-325.4)^2+26.3}\right]\cdot f^2 p_w\times10^{-4}(\mathrm{dB/km}) \tag{2-6}$$

式中　p_w——水蒸气密度，可通过测量得出。

图 2—3 给出了当地球表面为 1 atm（1 atm＝101.325 kPa），温度为 20℃，水蒸气密度为 7.5 g/m^3 的标准地面大气时，氧分子的吸收系数 γ_o、水蒸气分子吸收系数 γ_w 与频率的关系。

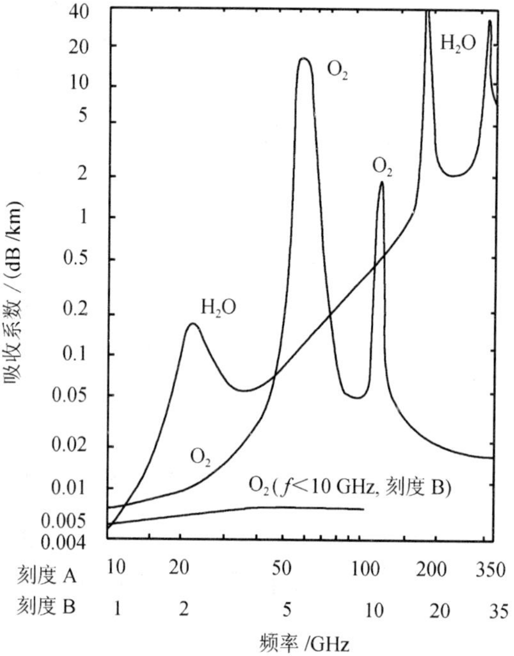

图 2—3　氧和水蒸气的吸收系数与频率的关系

信号穿过大气会有不同的仰角，因而路径长度也不同，根据不同的仰角，倾斜路径的损耗公式如下。

当仰角 $\theta > 10°$ 时

$$A_g = \frac{\gamma_o h_o e^{-h_s/h_o} + \gamma_w h_w}{\sin\theta} \ (\mathrm{dB}) \tag{2-7}$$

当仰角 $\theta \leqslant 10°$ 时

$$A_g = \frac{\gamma_o h_o e^{-h_s/h_o}}{g(h_o)} + \frac{\gamma_w h_w}{g(h_w)} \ (\mathrm{dB}) \tag{2-8}$$

其中，h_o 为氧气的等效高度，取值为 6 km；h_w 为水蒸气的等效高度，可通过下式计算

$$h_w = h_{w0}\left[1 + \frac{3.0}{(f-22.2)^2+5} + \frac{5.0}{(f-183.3)^2+6} + \frac{2.5}{(f-325.4)^2+4}\right] \ (\mathrm{km}) \tag{2-9}$$

其中，h_{w0} 在晴天取 1.6 km，降雨时取 2.1 km。函数 $g(h)$ 为

$$g(h) = 0.661\sqrt{\sin^2\theta + 2h_s/R_e} + 0.339\sqrt{\sin^2\theta + 2h_s/R_e + 5.5h/R_e} \tag{2-10}$$

式中　h_s ——地面通信终端的海拔高度；

R_e ——考虑折射后的有效地球半径；在地面站的海拔高度小于 1 000 m 时，可取值 8 500 km。

式（2—10）中 $g(h)$ 的 h 可用 h_0 或 h_w 代替。

2.1.2.2　降雨损耗

降雨损耗的产生是由于雨滴对电磁能量的吸收和散射造成的，其特征取决于降雨的微观结构和时空结构。它与某地点降雨率分布、降雨区范围、雨滴大小、信号频率、信号极化方式等都有关系。ITU 推荐的计算降雨衰减的公式为

$$A_r = aR_p^b L_e \tag{2-11}$$

其中，R_p 为降雨衰减系数，即由降雨雨滴引起的每单位路径上的信号衰减，可以通过查询 ITU 公布的数据得到。我国电波传播研究人员经过大量的研究工作，获得了很多有用的数据，也可以通过查询相关数

据获得我国各地区的降雨率大小。a，b 是与工作频率、极化方式有关的数值，可以通过查询相关资料得到具体的数据。L_e 表示有效传播路径长度，单位为 km，当仰角 $\theta \geqslant 5^\circ$ 时可以通过下式计算

$$L_e = \gamma_p \cdot \frac{H - h_s}{\sin\theta} \tag{2—12}$$

式中 γ_p——衰减因子，其值是降雨时间百分比 p 和降雨区范围 L_G 的函数；

H——当地 0℃等温线的高度；

h_s——地面站的海拔高度。

图 2—4 为降雨衰减系数与降雨强度、工作频率的关系曲线。

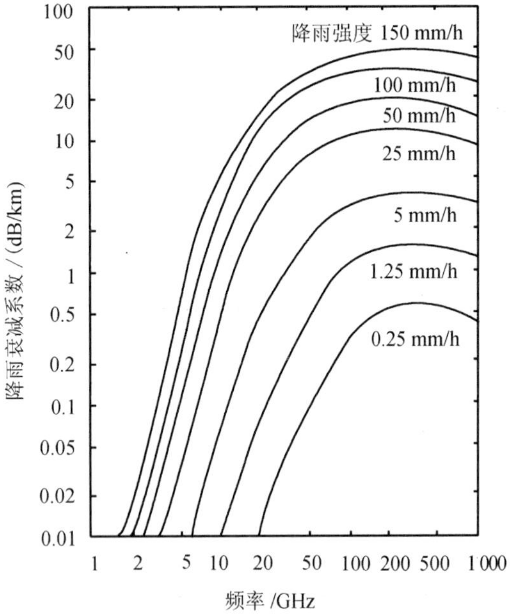

图 2—4　降雨衰减系数与降雨强度、工作频率的关系曲线

2.1.2.3　云、雾和雪损耗

云或雾的粒子较小，引起的损耗也相对较小，其值可通过经验公式（2—13）计算

$$A_c = 0.148 f^2 / v_m^{1.43} \qquad (2-13)$$

式中　v_m——云或雾的能见度（m）。

雪引起的损耗可用如下的近似公式计算

$$A_s = 7.47 \times 10^{-5} f \cdot I \cdot (1 + 5.77 \times 10^{-5} f^3 I^{0.6}) \qquad (2-14)$$

式中　I——降雪强度，即每小时在单位容器内的积雪融化成水的高度（mm/h）。

2.1.2.4　大气折射和闪烁损耗

大气折射是因为电波在传播过程中，由于大气密度随高度升高而减小，造成大气折射率也随高度升高而减小，从而导致波束成一个很小的角度上翘，如图 2—5 所示，这将引起天线波束扩散，从而产生散焦损耗。由经验数据可知散焦损耗一般小于 0.6 dB。

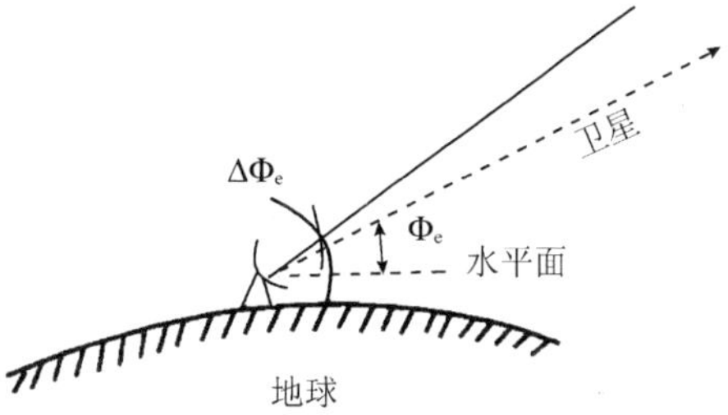

图 2—5　由于大气折射率随高度变化而引起的波束上翘现象

大气闪烁是由于大气折射率的不规则起伏，引起信号幅度的起伏。由于大气折射和闪烁损耗的计算都比较复杂，可通过设置经验值 A_d 来进行仿真，大气折射取 0.3 dB，大气闪烁取 0.4 dB，此值在仿真中可调节。

2.1.3　电离层引起的损耗

电离层对电波传播的影响主要包括以下 3 个方面：

1）背景电离作用导致的法拉第旋转效应和信号的时延。

2）电离层闪烁效应，即当电磁波通过电离层时，由于电离层不均匀性和时变性的影响，信号的振幅、相位、到达角、极化状态等会发生短周期的不规则变化。

3）电离层的电子对电波的吸收损耗。

2.1.3.1　背景电离作用引起的主要恶化

无线电波遭受的折射、色散和群时延影响都直接正比于沿电离层传播路径穿过的累计总电子含量（TEC），法拉第旋转效应也近似正比于总电子含量。因此，知道总电子含量后，就可以定量估计许多重要的电离层效应。

（1）总电子含量

总电子含量（以 N_T 表示）可以用下式来计算

$$N_T = \int_s n_e(s)\mathrm{d}s \tag{2-15}$$

式中　s——传播路径（m）；

n_e——电子浓度（el/m^3）。

由于电子浓度 n_e 具有随昼夜、季节和太阳活动周期变化的特征，因此即使知道准确的传播路径，计算 N_T 也是很困难的。

为了建立模型，通常引用截面积为 1 m^2 的天顶路径总电子含量值。此垂直柱内的总电子含量可能在 10^{16}～10^{18}（el/m^2）之间变化，其峰值发生在白天。一旦知道了总电子含量，就可估计群时延和法拉第旋转效应。对于大部分应用而言，用峰值电子浓度乘上 300 km 的等效柱长就足够了。

（2）法拉第旋转

线极化波通过电离层时由于电磁场的存在和等离子体媒质的各向异性，会使其极化面相对于入射波方向产生缓慢的旋转，称为法拉第旋转。旋转角度 θ 的大小与极化波频率、地球磁场强度、等离子体的电子密度、传播路径长度等有关，可以表示为

$$\theta = 2.36 \times 10^2 \times B_{av} \times N_T \times f^{-2}(\mathrm{rad}) \tag{2-16}$$

式中　B_{av}——地球平均场强（Wb/m^2）；

f——频率（GHz）；

N_T——总电子含量（el/m^2）。

图 2—6 给出了作为总电子含量和频率函数的法拉第旋转角的典型值。

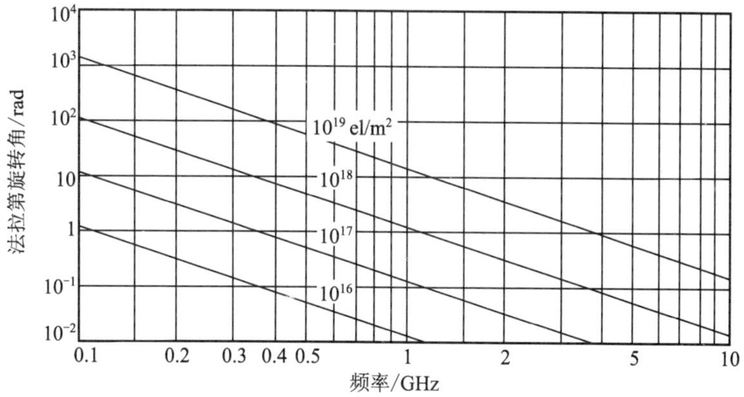

图 2—6　总电子含量和频率的函数的法拉第旋转角

这样，法拉第旋转角与频率的平方成反比，频率越低，旋转角越大；与电离层电子密度成正比，白天旋转角最大（出现电离峰值）；旋转效应也正比于地磁场，沿地球磁力线方向传播时旋转角大；另外，当地球站仰角较低时，通过电离层的路径长，旋转角也大。

对于校正的天线来说，其交叉极化鉴别度（XPD，单位 dB）与法拉第旋转角 θ 的关系可以用下式表示

$$XPD = -20\lg(\tan\theta) \tag{2-17}$$

需指出的是，旋转角与频率的关系，在不同的传播方向上是不相同的。当传播方向平行于地球磁力线时（沿经度线方向传播），旋转角与频率的平方成反比；当传播方向垂直于地球磁力线（横向传播）时，旋转角与频率的立方成反比。

图 2—7 是地球站天线仰角为 0°时的电波法拉第旋转角与频率的关系。对于较低的频率（低于 1 GHz），为克服法拉第旋转效应，必须采用圆极化波传播或者采用极化跟踪技术；频率高于几个 GHz 后，旋转角变得很小，就可以采用线极化波了；频率大于 10 GHz 时，完全可以忽略法拉第旋转效应。

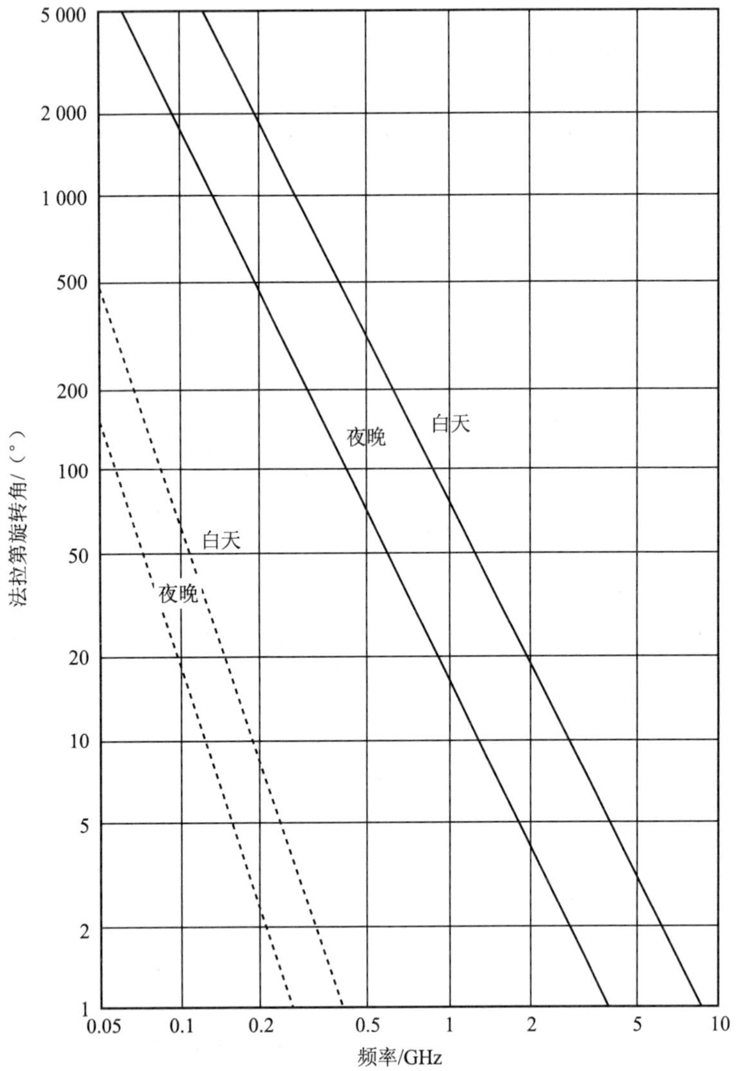

图 2—7　法拉第旋转角与频率的关系曲线

——纵向传播；- - - -横向传播

(3) 群时延

电离层中带电粒子的存在减缓了无线电信号的传播速度。除自由空间传播时间外，额外引入的时延称为群时延，用 t 表示。对于卫星移动通信系统来说，群时延是一个非常重要的因素，可用下式计算

$$t = 1.345 \times N_T / f^2 \times 10^{-7}\ (\mathrm{s}) \tag{2-18}$$

式中　t——相对于真空中传播而言的时延（s）；

f——传播频率（Hz）；

N_T——沿斜线传播路径计算得到的总电子含量（$\mathrm{el/m^2}$）。

图 2—8 画出了沿电波传播路径的不同电子含量值时，时延 t 与频率 f 之间的关系曲线。

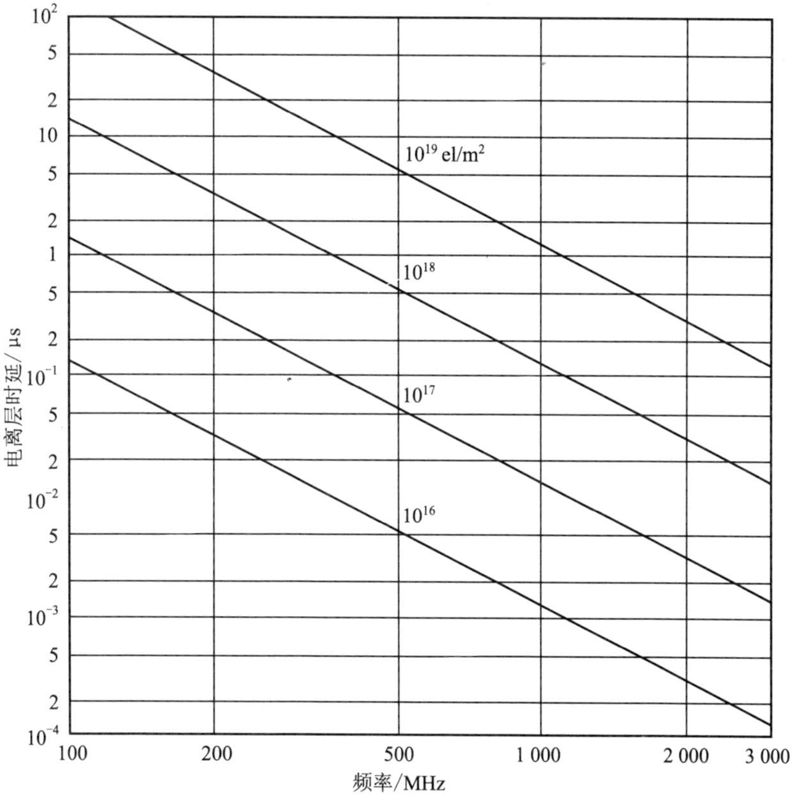

图 2—8　不同电子含量值时电离层时延与频率的关系曲线

(4) 色散

当穿过电离层信号的带宽比较宽时，传播时延（是频率的函数）会导致电波的色散（同一信号的不同频率分量具有不同的时延，带宽越宽，时延差值越大，信号失真就越严重）。信号频带内的时延正比于电波传播路径上的总电子密度。对于固定的带宽，相对色散反比于频率的立方。因此，对于采用 VHF 和 UHF 频段的宽带传输系统来说，就必须考虑色散影响。

(5) 总电子含量的变化率

对于一颗围绕地球旋转的卫星来说，它观察到的总电子含量变化率一部分是由于电波传播方向的变化造成的，另一部分是由于电离层本身的变化造成的。对于一颗穿越极光区 22 000 km 上空的卫星，观察到的最大总电子含量变化率为 $0.7\times10^{16}[\mathrm{el/(m^2\cdot s)}]$。

2.1.3.2 电离层不规则造成的电离层闪烁

(1) 有关电离层闪烁的基本概念

当无线电波穿过电离层时，受电离层结构不均匀性和随机时变性的影响，造成信号的振幅、相位、到达角和极化状态等发生短期的不规则变化，形成所谓的电离层闪烁现象。这种效应与卫星移动通信系统的工作频率、地理位置、地磁活动情况以及当地季节、时间等有关，且与地磁纬度和当地时间关系最大。卫星移动通信系统由于其工作频率一般较低，必须考虑电离层闪烁效应；频率高于 1 GHz 时，其影响一般大大减轻，但即使工作于 C 波段的系统，在地磁低纬度区发现电离层闪烁也有所影响。

国际上通常将地磁赤道及其南北 20°以内区域称之为赤道区或低纬度区，地磁 20°～50°为中纬度区，地磁 50°以上为高纬度区。地磁赤道附近及高纬度区（尤其地磁 65°以上）电离层闪烁更为严重及频繁。图 2—9 给出了地磁赤道及电离层闪烁增强区域的分布图。

应指出，虽然 ITU－R（原 CCIR）公布了若干研究结果可供参考，但应力求采用本地的实测结果，因为电离层闪烁特性与实际电波传播路经的位置有密切的关系。

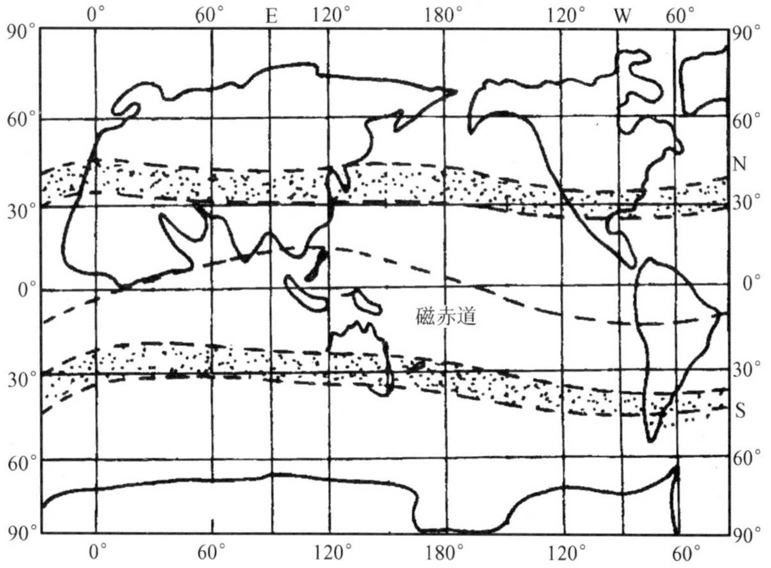

图 2—9　地磁赤道及电离层闪烁增强区域分布

（2）电离层闪烁的一般特性

对于频率低于 3 GHz 的信号来说，穿过电离层时会遭受明显的电离层闪烁效应。通常用闪烁指数 S_4 来描述电离层闪烁的强度。S_4 的定义如下

$$S_4^2 = \frac{\langle I^2 \rangle - \langle I \rangle^2}{\langle I \rangle^2} \tag{2—19}$$

其中，I 是信号强度；〈 〉表示取平均。

闪烁指数 S_4 与峰—峰闪烁强度有关。严格的关系依赖于信号强度的分布。当闪烁指数 S_4 的变化范围比较大时，Nakagami 分布能最佳地描述信号强度的分布；当 S_4 接近于 1.0 时，分布趋向于瑞利分布，有时，S_4 可能会超过 1，达到 1.5；当 S_4 小于 0.6 时，根据在 VHF 和 UHF 频段进行的多频观察显示，S_4 与 f^{-v} 有一个固定的关系，其中谱指数 v 取 1.5。而根据在赤道上对 GHz 级频率进行的观测，建议谱指数的值应大于 1.5。随着闪烁强度的增加，即 S_4 超过

0.6 时，谱指数的值相应减小。

信号强度 I 的密度函数为

$$p(I)=\frac{m^m}{\Gamma(m)}I^{m-1}\mathrm{e}^{mI} \tag{2-20}$$

式中，I 的平均强度电平归一化到 1.0。其中，Nakagami 分布的系数 m 与闪烁指数 S_4 有下列关系

$$m=1/S_4^2 \tag{2-21}$$

信号强度高于或低于某一门限的时间比率可用下式来近似计算

$$P(I)=\int_0^I p(x)\mathrm{d}x=\frac{\Gamma(m,mI)}{\Gamma(m)} \tag{2-22}$$

其中，$\Gamma(m,mI)$ 和 $\Gamma(m)$ 分别是不完全伽马函数或伽马函数。利用式（2—22）就可以计算电离层闪烁过程中信号强度高于或低于某一给定门限的时间比率。如，信号低于均值 X（dB）以上的时间比率由 P（$10^{-X/10}$）给出，而信号高于均值 X（dB）以上的时间比率等于 $1-P$（$10^{-X/10}$）。

表 2—1 给出了 S_4 与近似的峰—峰闪烁 P_{fluc}(dB) 之间的经验转换关系。

表 2—1　闪烁指数的经验转换表

S_4	0.1	0.2	0.3	0.4	0.5	0.6	0.7	0.8	0.9	1.0
P_{fluc}/dB	1.5	3.5	6	8.5	11	14	17	20	24	27.5

闪烁效应大小与频率、几何位置和太阳活动等多种因素有关。

① 闪烁与频率的关系

闪烁大小与频率的关系，各地测得的数据是不完全一样的，如果不能得到实测数据时，在工程应用中可采用 $S_4=f^{-1.5}$ 的频率关系（f 为信号频率，单位为 GHz）。

Fremouw 等人在 1978 年对同一卫星发射的 138 MHz～2.9 GHz 频率范围内的 10 个频率点进行的实测结果表明，在弱闪烁情况下为 $f^{-1.5}$；强闪烁时其幂数近似于 1。在 GHz 频率（L 波段和 C 波段）范围，多频观测结果为 $f^{-1.6}\sim f^{-1.9}$，平均为 $f^{-1.7}$。日本在地磁暴期

间，实测结果在 1.7＜f＜4 GHz 时，为 f^{-1}；在 4＜f＜11.5 GHz 时，为 f^{-2}。

②闪烁与几何位置的关系

闪烁强度与观测点相对于电离层不均匀体的位置有关。研究发现，S_4^2 正比于传播路径天顶角 i 的正割，并且此关系式最大可在 $i\approx70°$时仍有效。在更高的天顶角（即更低的仰角）下，S_4^2 近似正比于天顶角 i 的正割的 1/2 次幂和 1 次幂之间。

由于电离层不均匀体受地球磁场作用，在 300 km 左右高度上沿地磁场延伸，这对 VHF 以上信号的闪烁产生影响。因此，当通过电离层的电波传播方向贴近地磁场方向时，闪烁强度明显增强。

③闪烁与太阳活动的关系

在赤道地区，闪烁强度和出现频率随太阳黑子数的增加而增大。在中纬度地区，目前还没有得到明显的对应关系。

④电离层闪烁对可靠接收信息的影响

在电离层闪烁环境下，若信息长度长，信息接收可靠性就低。图 2—10 给出了根据 1974 年 11 月 2 日 3：45—4：00（UT）在万卡约站对 137 MHz 和 360 MHz 这 2 个频点进行测量的结果而得到的信息可靠度接收曲线，它给出了为得到完美的信息接收效果，通信余量增加值的大小。图中 S_4 是闪烁指数，曲线以余量为参考量。例如，若有 8 dB 余量，则 360 MHz 信号当其信息长度为 4 s 时的接收可靠度只有 70%，而信息长度为 1 s 时的可靠度可达 90%以上。

2.1.3.3　电离层吸收损耗

当没有实测数据时，对于频率高于 30 MHz 的信号，其电离层吸收损耗可用 $(\sec i)/f^2$ 来近似估计，其实 i 是电离层中传播路径的天顶角。对于赤道和中纬度区域，频率高于 70 MHz 的无线电波可以几乎无吸收地穿过电离层；对于卫星移动通信主要是考虑高纬度地区的极光吸收和极冠区吸收。

(1) 极光吸收

极光吸收是由于电离层 D 区和 E 区内电子浓度的增加（由入射

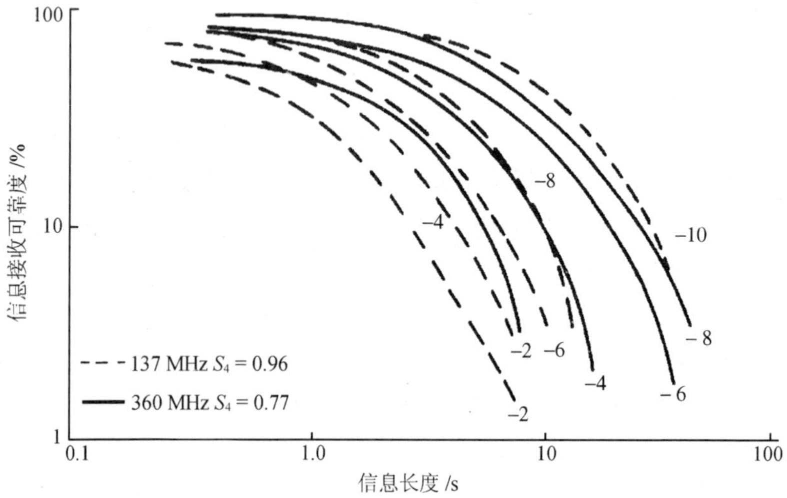

图 2—10　电离层闪烁环境下的信息接收可靠度曲线

的高能量电子产生）而造成的。已经对中心点接近于发生最多可见极光的 10°～20°纬度范围内观察了吸收。极光吸收实际上是包括一系列持续时间很短的离散的吸收增强事件，每次发生的时间从几分钟到几小时不等，平均持续时间约 30 min，并且通常呈现了不规则的时间结构。整个极光吸收的持续时间通常在几小时的数量级。表 2—2 给出了在 127 MHz 上观察到的典型的极光吸收值。

表 2—2　127 MHz 上观察到的极光吸收值

单位：dB

时间百分比	吸收值	
	仰角为 20°时	仰角为 5°时
0.1	1.5	2.9
1	0.9	1.7
2	0.7	1.4
5	0.6	1.1
50	0.2	0.4

(2) 极冠区吸收

对于地磁纬度高于 64°的地区，当太阳处在高度活跃时期就可能发生极冠区吸收（Polar Cap Absorption）。此吸收是由于高于 30 km 高度上的电离作用产生。尽管有时有重叠，但它主要是以离散事件的形式发生，并与离散的太阳事件有关。这种吸收的持续时间较长，并能在太阳照射下的极冠区检测到。极冠区吸收最常发生在太阳黑子最活跃的时期，每年发生 10～12 次，每次可持续几天。

2.1.3.4 总电离层效应

表 2—3 给出了工作频率为 1 GHz 时的无线电波单程通过电离层时遭受的最大电离层效应的估计值，表中假设电离层中总的垂直电子含量是 10^{18} el/m^2，仰角约为 30°。

表 2—3　单程电波传播遭受的最大电离层效应的估计值

电离层效应	幅　度	与频率的关系
法拉第旋转	108°	$1/f^2$
传播时延	0.25 μs	$1/f^2$
折射	<0.17 mrad	$1/f^2$
到达方向的改变	弧的 0.2	$1/f^2$
吸收（极冠区吸收）	0.04 dB	约为 $1/f^2$
吸收（极光＋极冠区吸收）	0.05 dB	约为 $1/f^2$
吸收（中纬度）	<0.01 dB	$1/f^2$
色散	0～4 ns/MHz	$1/f^2$
电离层闪烁	见 2.1.3.2 节	见 2.1.3.2 节

2.2 多径衰落

卫星对地通信中，从一个发射端发出的信号电波在从发送到接收的传播过程中，会由于在其传播路径上存在建筑物、树木、植被、起伏的地形、海面和水面等因素而引起信号电波的反射、散射和绕射，使得到达接收站的信号不是从单一路径传播来的，而是从许多条路径传播来的众多电波的集合。由于电波通过的各条路径的距离不同，因而由各电波到达接收端的时间不同，相位也不同。不同相位的多个电波在接收端进行叠加，有时是同相叠加而增强，有时是反相叠加而减弱，从而使接收端的信号幅度急剧起伏，这就产生了多径衰落，图 2－11 为电波多径传播示意图。

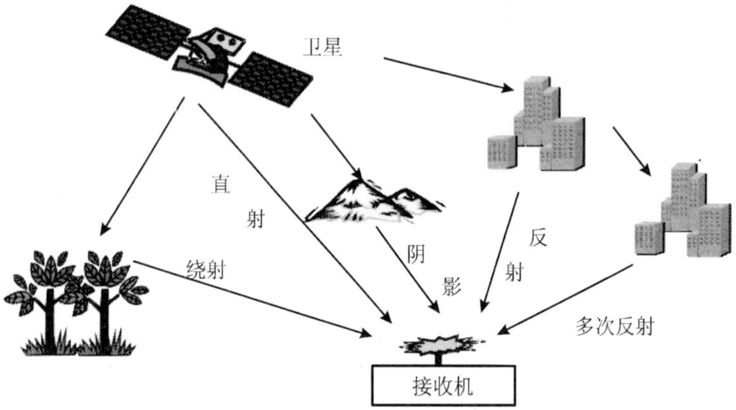

图 2－11　电波多径传播示意图

卫星通信的多径衰落模型主要有以下 3 种。

（1）瑞利衰落模型（Rayleigh Fading Channel）

在城区环境下，由于建筑物等障碍物的影响，直射的视距传播分量（Line of Sight，LOS）被阻挡，电磁波的能量传播主要通过散射方式进行，接收信号由很多相位相互独立的散射波叠加而成。

假设振幅归一化的发送信号为 $s(t)=\cos\omega_c t$，其中 ω_c 表示发送信号的载波角频率，则接收信号可写为

$$r(t)_{散射}=\sum_{i=1}^{N}c_i\cdot\cos(\omega_c t+\omega_i t+\varphi_i) \tag{2-23}$$

式中　c_i,ω_i,φ_i——接收信号的随机幅度、频偏和相位。

式（2－23）经过三角公式展开可进一步写为

$$
\begin{aligned}
r(t)_{散射} &= \sum_{i=1}^{N} c_i \cos(\omega_i t + \lambda_i) \cdot \cos \omega_c t - \sum_{i=1}^{N} c_i \sin(\omega_i t + \lambda_i) \cdot \sin \omega_c t \\
&= a(t) \cos \omega_c t - b(t) \sin \omega_c t
\end{aligned} \tag{2-24}
$$

根据中心极限定理，当 N 很大的时候，$a(t)$ 和 $b(t)$ 可以看成是均值为 0，方差为 σ^2 的窄带独立高斯随机变量，此时信号的包络定义为

$$
\rho(t) = \sqrt{a^2(t) + b^2(t)} \tag{2-25}
$$

这是一个瑞利分布的随机变量，其概率密度函数（Probability Distribution Function，PDF）为

$$
p(r) = \frac{r}{\sigma^2} \exp(-\frac{r^2}{2\sigma^2}) \tag{2-26}
$$

其中，$2\sigma^2 = \sum_{i=1}^{N} c_i^2/2$，表示接收到的多径信号功率的大小，由周围环境决定；其相位服从 0～2 π 之间的均匀分布。

（2）莱斯衰落模型（Rice Fading Channel）

在开阔地区，接收信号由视距传播分量和服从瑞利分布的散射分量组成。

定义直线视距传播分量为

$$
r(t)_{LOS} = A\cos(\omega_c t + \omega_d t) \tag{2-27}
$$

式中　$\omega_d = 2\pi f_d$ ——多普勒频移；

　　A ——视距传播分量的振幅。

此时接收信号可写为

$$
\begin{aligned}
r(t) &= r(t)_{LOS} + r(t)_{散射} \\
&= A\cos(\omega_c t + \omega_d t) + a(t) \cos \omega_c t - b(t) \sin \omega_c t \\
&= [A\cos \omega_d t + a(t)] \cdot \cos \omega_c t - [A\sin \omega_d t + b(t)] \cdot \sin \omega_c t \\
&= x(t) \cos \omega_c t - y(t) \sin \omega_c t
\end{aligned} \tag{2-28}
$$

其包络为

$$\rho(t) = \sqrt{x^2(t) + y^2(t)} \tag{2-29}$$

这是一个服从莱斯分布的随机变量，其概率密度函数为

$$p(r) = \frac{r}{\sigma^2}\exp(-\frac{r^2 + A^2}{2\sigma^2})I_0(\frac{rA}{\sigma^2}) \qquad r \geqslant 0 \tag{2-30}$$

当将接收的功率归一化，即 $A^2 + 2\sigma^2 = 1$ 时，莱斯分布的概率密度函数还可以写成如下的形式

$$p(r) = \begin{cases} 2r(1+K)\exp[-K - r^2(1+K)]I_0(2r\sqrt{K(1+K)}) & r \geqslant 0 \\ 0 & r < 0 \end{cases} \tag{2-31}$$

$$K = \frac{A^2}{2\sigma^2} \tag{2-32}$$

参数 K 的物理意义表示视距传播分量的信号功率与散射信号功率的比值，叫做莱斯因子，它与接收仰角的大小有关。$I_0(\cdot)$ 表示一类零阶贝塞尔函数。

(3) Nakagami-m 衰落模型

Nakagami-m 衰落模型是莱斯衰落模型的变形。与莱斯分布不同，它不是假定直射分量的存在，而是采用伽马分布的密度函数来拟合实验数据，得到近似分布，其概率密度函数为

$$p(r) = \frac{2m^m r^{2m-1}}{\Gamma(m)\Omega^m}\exp(-\frac{mr^2}{\Omega}) \qquad m \geqslant \frac{1}{2} \tag{2-33}$$

式中 m——Nakagami 参数，描述由于散射和多径过程造成的衰落程度；

$\Gamma(\cdot)$ ——伽马函数。

Nakagami 参数 m 与莱斯因子 K 的关系可由下式表示

$$K = \frac{\sqrt{m^2 - m}}{m - \sqrt{m^2 - m}} \tag{2-34}$$

2.3　多普勒频移

当卫星与用户终端之间、卫星与卫星之间存在相对运动时，接收端收到的发射载频会发生频移，从而使接收频率偏离滤波器的中心频率，使输出信号幅度下降，并且在一个码元的信号持续时间内有较大的相位误差，这种现象称之为多普勒效应。

多普勒频移计算的基础公式为

$$f_{\mathrm{Dopple}} = f_{\mathrm{c}} \cdot \frac{v_{\mathrm{D}}}{c} \tag{2—35}$$

式中　f_{c}——载波频率；

v_{D}——收发终端间径向相对速度；

c——光在真空中的速度。

可见，多普勒频移的计算关键在于计算卫星上的接收机和发射机之间相对运动速度 v_{D} 。

2.3.1　星地链路多普勒频移

在星地链路中，卫星和移动站在接收信号时都会产生多普勒频移。式（2—35）可以转化为

$$f_{\mathrm{Dopple}} = \frac{v}{\lambda}\cos\alpha \tag{2—36}$$

式中　α——入射电波与移动站运动方向之间的夹角；

v——移动站的运动速度；

λ——波长。

图 2—12 给出了星地链路多普勒频移产生的示意图。由于多普勒频移的存在，使得一个固定地球站发射的信号，卫星接收到后其频谱就偏离了其标称频率；同样，卫星转发给移动站的信号，在移动站收到后，也产生一个频率偏移。需指出的是，图 2—12 中信号的标称中心频率统一用 f_{c} 表示，在经过卫星转发前和转发后其实际频率值一般是不一样的；运动中卫星和移动站接收信号所产生的多普勒频移的符号取决于收发双方之间的相对位置和运动方向。

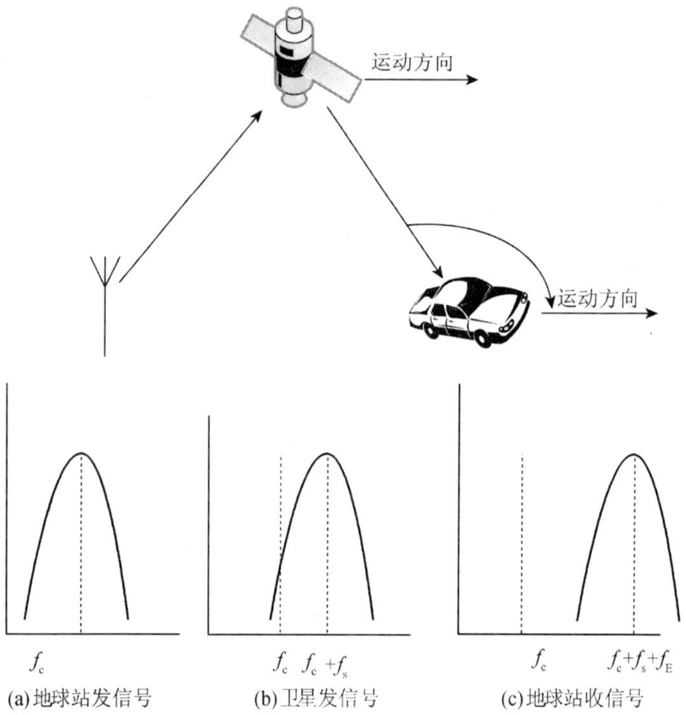

图 2—12 星地链路多普勒频移产生的示意图

f_c—信号中心频率；f_s—卫星运动引起的多普勒频移；f_E—地球移动站运动引起的多普勒频移

2.3.2 星间链路多普勒频移

轨道面内的星间链路属于固定链路，卫星间没有相对运动，因此卫星间不存在多普勒频移，所以一般分析的多普勒频移主要针对轨道面间的星间链路。图 2—13 为星间链路多普勒频移示意图。

2.3.2.1 天体坐标系

对于 2 颗卫星间相对速度的计算，常采用 1.4 节中介绍的地心惯性坐标系、近焦点坐标系和地心固定坐标系。

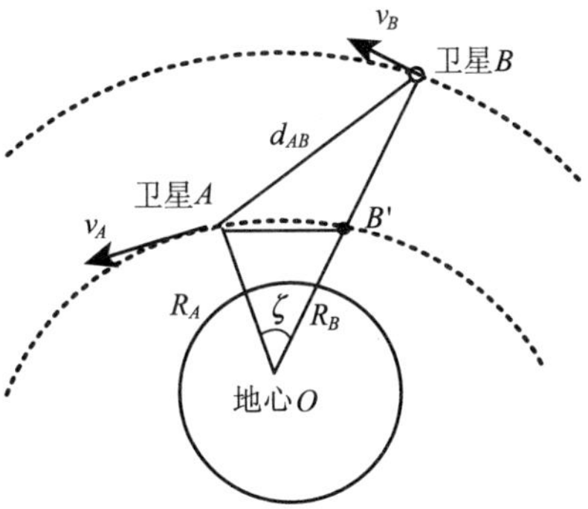

图 2—13　星间链路多普勒频移示意图

2.3.2.2　相对速度的计算

在近焦点坐标系中，卫星速度坐标可用下式得到

$$\boldsymbol{v}_{\mathrm{PQW}} = \sqrt{\frac{\mu}{p}}[-\sin\gamma\boldsymbol{P} + (e+\cos\gamma)\boldsymbol{Q}] \tag{2—37}$$

式中　$\boldsymbol{v}_{\mathrm{PQW}}=(v_P, v_Q, v_W)$——卫星在近焦点坐标系下的速度坐标；

$\boldsymbol{P}$，$\boldsymbol{Q}$——近焦点坐标系 P 和 Q 方向的单位矢量；

$\mu=3.986\ 005\times10^5\ \mathrm{km^3/s^2}$；

p——半正焦弦（半通径），$p=a(1-e^2)$；

γ——真近点角，即卫星轨道面内近地点与卫星在某一时刻的位置间的夹角；

e——卫星轨道偏心率。

在式（2—37）中，关键是真近点角 γ 的计算。由于采用圆轨道卫星，故有 $e=0$，$\gamma=M$，因而可利用仿真时间来计算真近点角

$$\gamma=M=n\times(t-\tau) \tag{2—38}$$

式中　n——卫星运行平均角速度；

t——卫星运行的当前时刻，从零时刻仿真时即为当前仿真时间；

τ——卫星穿过近地点的时刻。

下面通过 $\boldsymbol{v}_{\mathrm{PQW}}$ 来计算 $\boldsymbol{v}_{\mathrm{ECF}}$ 。由于地心惯性坐标系、地心固定坐标系、近焦点坐标系均为惯性坐标系，因此速度可用坐标变换的方式得到，可知卫星的地心固定坐标系速度坐标为

$$\boldsymbol{v}_{\mathrm{ECF}} = (BA)\,\boldsymbol{v}_{\mathrm{PQW}} \tag{2—39}$$

其中，$\boldsymbol{v}_{\mathrm{PQW}} = (v_P,\ v_Q,\ v_W)$，$\boldsymbol{v}_{\mathrm{ECF}} = (v_x,\ v_y,\ v_z)$，是卫星在近焦点坐标系和地心固定坐标系中的速度矢量。

$$A = \begin{bmatrix} \cos\omega\cos\Omega - \sin\omega\cos i\sin\Omega & -\sin\omega\cos\Omega - \cos\omega\cos i\sin\Omega & \sin i\sin\Omega \\ \cos\omega\sin\Omega + \sin\omega\cos i\cos\Omega & -\sin\omega\sin\Omega + \cos\omega\cos i\cos\Omega & -\sin i\cos\Omega \\ \sin\omega\sin i & \cos\omega\sin i & \cos i \end{bmatrix}$$

$$B = \begin{bmatrix} \cos\Gamma & \sin\Gamma & 0 \\ -\sin\Gamma & \cos\Gamma & 0 \\ 0 & 0 & 1 \end{bmatrix}$$

A 和 B 分别是近焦点坐标系到地心惯性坐标系和地心惯性坐标系到地心固定坐标系的变换因子。

得到速度后，分别求出发送卫星和接收卫星的速度在 2 颗卫星连线上的分量，其差值即为 2 颗卫星在其通信方向的相对速度

$$\Delta\,\boldsymbol{v}_{\mathrm{S_1S_2Doppler}} = \boldsymbol{v}_{\mathrm{S_1}}\cos\alpha - \boldsymbol{v}_{\mathrm{S_2}}\cos\beta \tag{2—40}$$

式中　α，β——2 颗卫星各自的速度矢量与其连线方向的夹角。

多普勒频移为

$$f_{\mathrm{Doppler}} = f_{\mathrm{c}}\,\frac{\Delta\boldsymbol{v}_{\mathrm{S_1S_2Doppler}}}{c} \tag{2—41}$$

表 2—4 列出了地球静止轨道（GEO）、中轨道（MEO）（高度约 10 000 km）和低轨道（LEO）（高度约 1 000 km）卫星系统在 C 波段工作时的最大多普勒频移的典型值，以及在星间切换时多普勒频移的突变值。

表 2—4　不同轨道系统的多普勒频移

单位：kHz

轨道类型	GEO	MEO	LEO
多普勒频移	±1	±100	±200
切换时多普勒跳频	无	200	400

通过仿真得到铱星系统（轨道高度为 778 km）中卫星 A 与 B 以及某中轨道卫星系统（轨道高度为 8 042 km）中卫星 C 与 D 的多普勒频移，如图 2—14（a）所示。

铱星星间链路的多普勒频移变化范围约为—190～190 kHz，频移值是比较大的，在通信过程中应加以考虑。中轨道卫星频移变化范围相对较小（约—21～21 kHz）。主要原因是随着高度增加，中轨道卫星之间的链路距离很大，但距离变化率相对低轨道卫星较小。

通过仿真得到铱星 A 与中轨道卫星 C 之间链路的多普勒频移，如图 2—14（b）所示。从图中可见，铱星与中轨道卫星之间的层间多普勒频移变化范围较大，在仿真时间内大约为—450 ～450 kHz，变化不规则且变化剧烈，链路由于地球遮挡而经常中断。这是由于双层卫星相对运动的规则性减弱，从而引起层间星间链路距离以及距离变化率的不规则变化。但层间星间链路的多普勒频移也是可预知的。

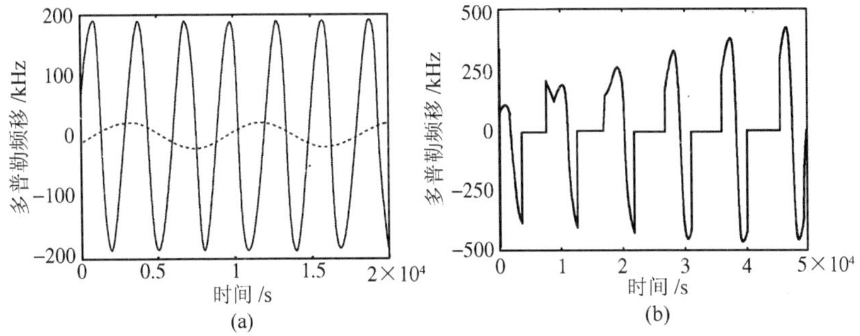

图 2—14　同层和异层卫星星间链路多普勒频移

——铱星 A 和 B 间链路的多普勒频移；……中轨道卫星 C 和 D 间链路的多普勒频移

2.4　传播噪声

卫星通信系统的接收信号功率非常小，因而对噪声非常敏感，噪声的大小直接影响着通信链路的容量和性能。对于一条卫星通信链路来说，其噪声有些是由天线从其周围辐射源接收的，如宇宙噪声、大气噪声等，这些噪声与天线的热噪声一起可以统一抽象为天线噪声；天线与接收机之间的馈线也会附加一些噪声，称为馈线损耗噪声；接收机线路的电阻损耗会产生热噪声，称为接收机内部噪声；由于转发器非线性器件的影响，还会产生交调噪声。

2.4.1 馈线损耗

由于馈线电阻的存在，使得发射机的发射功率在传向发射天线的时候出现了一些损耗，我们定义馈线损耗为馈线输入功率和输出功率的比值

$$L_{\mathrm{F}} = \frac{P_{\mathrm{i}}}{P_{\mathrm{o}}} \tag{2-42}$$

2.4.2 热噪声

热噪声是由于传导媒质中带电粒子的随机运动产生的。由热噪声的功率谱密度试验结果及热力学、量子力学的分析表明，阻值为 R 的电阻其两端所呈现的热噪声电压服从高斯分布，其均值为 0，均方值为

$$e_n^2 = 4kTB_nR \tag{2-43}$$

式中 k——波耳兹曼常数；

T——电阻的绝对温度（K）。

这样，电阻就像一个高斯白噪声产生器，它可以用温度 T 表征，称为噪声温度。实际上任何有源电子器件的噪声都可以这样表示。定义噪声系数 F 为输入端和输出端的信噪比比值，即

$$F = \frac{\dfrac{P_{\mathrm{i}}}{N_{\mathrm{i}}}}{\dfrac{P_{\mathrm{o}}}{N_{\mathrm{o}}}} = \frac{N_{\mathrm{o}}}{GkT_{\mathrm{i}}B_n} \tag{2-44}$$

式中 G——该器件在给定频段上的功率放大倍数；

P_{i}——输入功率；

$N_{\mathrm{i}} = kT_{\mathrm{i}}B_n$——输入的噪声功率；

$P_{\mathrm{o}} = GP_{\mathrm{i}}$——输出功率；

N_{o}——输出噪声；

T_i ——环境温度。

输出噪声 N_o 可写为输入噪声和自身产生的噪声和的形式，从而有

$$F = \frac{P_i/N_i}{P_o/N_o} = \frac{G(kT_iB_n + \Delta N)}{GkT_iB_n} = 1 + \frac{\Delta N}{kT_iB_n} \qquad (2-45)$$

为了分析方便，希望将所有器件产生的噪声都用同一个参数描述，因而引入了等效噪声温度的概念。等效噪声温度定义为：若在该有源器件输入端连接一个无噪声电阻（即噪声温度为 0）的输出噪声功率为 ΔN，则如果把该有源器件看成是理想的有源器件，为其能在输入端产生相同的噪声功率而需要在其输入端连接一个噪声温度为 T_e 的电阻，则该有源器件的等效噪声温度为 T_e，即

$$\Delta N = kT_eB_n \qquad (2-46)$$

由式（2—45）和式（2—46）可得

$$T_e = T_i(F-1) \qquad (2-47)$$

对于无源器件，如馈线等，其等效噪声温度可用馈线损耗来表示

$$T_e = T_i(1-1/L_F) \qquad (2-48)$$

由于卫星通信系统可以看成是几个分系统的级联，假设系统由 n 个放大器级联而成，T_n,G_n 分别表示第 n 个放大器的等效噪声温度和放大系数，则整个系统向前折算的噪声温度可表示为

$$T_e = T_1 + T_2/G_1 + \cdots + T_n/(G_1G_2\cdots G_{n-1}) \qquad (2-49)$$

由式（2—49）我们看出，第 1 级的噪声系数对于系统总的噪声影响最大，所以在系统设计的时候，要尽量减少接收机第 1 级的噪声。

2.4.3　天线噪声

天线除了接收有用信号之外，还会接收各种外部噪声，理论上天线噪声温度 T_a 可通过对来自外部噪声源的噪声分量进行积分来求出。天线的噪声主要包括以下几部分。

1）天线电阻引起的热噪声。

2）宇宙噪声：指来自外层空间，由于恒星和星际物质的热气体辐射的电磁波所引起的噪声。

3）太阳系噪声：指太阳系中的太阳、各行星、月亮辐射的电磁干扰被天线接受而形成的噪声。

4）大气噪声和降雨噪声：大气对信号能量吸收的同时，还会产生电磁辐射而形成噪声；降雨及云雾在引起电波损耗的同时也会产生所谓的降雨噪声。

5）地面噪声：地球是一个热辐射源，由于卫星天线对准地球，故而地球热噪声是卫星噪声温度重要的组成部分。

实际上通过计算求得天线噪声温度比较困难，通常使用查实验曲线的方法取得。

2.4.4 交调噪声

卫星转发器使用的行波管放大器为非线性器件，当输入多个载波时，由于这种非线性它们之间会相互调制产生新的频率成分，当这些频率落入信号频带内之后就会形成干扰，称为交调噪声。交调噪声的功率谱不具有白噪声的特性，不属于热噪声。

2.4.5 接收系统的总噪声

在一个接收机中，我们可以用接收系统噪声温度来衡量所有噪声的综合影响，它是把所有噪声源的噪声温度折合到某参考点相加合成得到的。如果以馈线输入端为参考点，则可用下式计算总的等效噪声温度

$$T_s = T_a + T_i(L_F - 1) + L_F T_r \tag{2-50}$$

式中 L_F ——馈线损耗；

T_r ——接收机内部有效噪声温度；

T_i ——环境温度，通常取值 290 K。

在卫星通信系统中，常用品质因数表示接收机的性能，它定义为接收天线的增益与系统等效噪声温度的比值，即 G_R/T_s，它表示了接收机能将信号放大的倍数与接收机产生噪声的性能。

第3章　空间通信相关技术

信号传输过程的一个重要环节是调制与解调，在很大程度上，通信系统的质量取决于系统所采用的调制与解调方式。另外，多址方式反映了卫星通信系统的网络组织形式，是空间信息网络结构设计的重要内容。

3.1　调制解调技术

在实际中，大多数通信信道都是带通信道，因此必须将载有信息的基带信号频率搬移到合适的信道频带内，这种搬移称为调制。在接收端，还原基带信号的运算则为解调。经过调制的信号有两个基本特性，一是携带有信息，二是适合在特定的信道中传输。

按照载波参数的改变方式可把调制分成3种类型：振幅键控（ASK）、移频键控（FSK）和相移键控（PSK）。每种类型又有多种不同的具体形式，如在振幅键控中有单边带技术、残留边带技术和部分响应技术等，在移频键控中有连续相位调制技术等，在相移键控中有二进制相移键控（2PSK）、四相相移键控（QPSK）等。

数字载波键控信号的数学表达式为

$$S(t) = \mathrm{Re}\{u(t)e^{j\omega_0 t}\} \tag{3-1}$$

式中　ω_0——载波角频率；

$u(t)$——键控信号的复包络。

常将 $u(t)$ 称为数字载波键控信号的等效基带信号，可把 $u(t)$ 写为

$$u(t) = a(t)e^{j\varphi(t)} = x(t) + jy(t) \tag{3-2}$$

其中，$a(t)$ 称为等效基带信号的模，$\varphi(t)$ 为幅角，$x(t)$ 为实

部，$y(t)$ 为虚部。

不同的载波键控方式改变不同的参数，信息的加载位置也不同，如振幅键控是将信息载荷于 $a(t)$ 上；正交载波键控载荷于 $x(t)$、$y(t)$；多元相移键控（MPSK）、移频键控则载荷于 $\varphi(t)$ 上。

空间通信选择调制方式时，除了要适应信道特性以外，还应综合考虑多方面的因素。空间信道既是功率和带宽受限的信道，又是非线性信道；加上通信容量的日益增加，射频频谱已非常拥挤，致使信道间相互干扰相当突出。这些因素要求调制信号的频带尽可能集中，并具有快速滚降的频谱特性，即除主瓣外，只有很小的旁瓣甚至没有旁瓣，从而使调制信号通过带限非线性处理后具有尽可能小的频谱扩展。因此，振幅键控及含有振幅键控的混合调制方式一般不宜采用，而是采用恒包络调制方式。除此之外，还应考虑卫星频带和功率的有效利用、邻道干扰和同信道干扰等的影响、卫星工作点的选择、同步电路的设计、调制解调设备实现的难易程度等。其中，针对不同的系统，如何选择一种适当的调制方式，使之能很好地兼顾卫星的频带利用率和功率利用率是重中之重。在实际通信工程中，评价调制解调技术的优劣，除了已调波包络、频谱特性外，还要看它的功率利用率和频带利用率。

下面我们介绍卫星通信系统中常用的一些调制方式，包括调频、调相和一些其他的恒包络的调制方式。

3.1.1 二进制相移键控

相移键控信号是用载波相位来携带信息的一种调制方式，二进制相移键控（2PSK）为相移键控中最简单的形式，其调制波的数学表达式为

$$S_{2PSK}(t)=A\sum_{n}g(t-nT_S)\cos[\omega_c t+\theta(t)] \tag{3-3}$$

式中，$g(t)$ 为宽度为 T_S 的矩形脉冲，A 为调制波的幅度，$\theta(t)$ 根据输入的比特的极性取值 0 和 π 或 $-\frac{\pi}{2}$ 和 $+\frac{\pi}{2}$。当对输入信号首先进行差分编码，由绝对码变换为相对码，再进行 2PSK 调制，则可以生成二进制差分相移键控（2DPSK）调制信号。

2PSK 信号可以采用相干解调来恢复，此时的误码率为

$$P_e = \frac{1}{2}\mathrm{erf}c(\sqrt{r}) \tag{3—4}$$

式中　$r=E_b/N_0$——调制信号的信噪比。

2DPSK 信号解调可以采用差分相干解调或者先相干解调然后进行码变换两种方式，采用差分相干解调时的误码率均为

$$P_e = \frac{1}{2}\mathrm{e}^{-r} \tag{3—5}$$

采用相干解调一码变化时的误码率为

$$P_e = \frac{1}{2}[1-(\mathrm{erf}\sqrt{r})^2] \tag{3—6}$$

通过计算我们可以知道，当要求误码率不大于 10^{-4} 时，差分相干解调接收机输入端所需的信噪比比采用相干解调一码变换时多 0.5 dB左右，但由于差分相干解调的电路实现要简单得多，故 2DPSK 的解调大都采用差分相干解调方法。

调制信号功率谱密度的计算通过求解调制信号的自相关函数，再作傅里叶变换得到，也可以通过傅里叶变换的一些性质作适当变换得到，具体的求解可参考有关数字信号处理的文献。

2PSK 和 2DPSK 调制信号可以统一写为

$$S_{2PSK}(t) = AD(t)\cos\omega_c t \tag{3—7}$$

其中，$D(t) = \begin{cases} 1 & 当\ a_n = 1 \\ -1 & 当\ a_n = 0 \end{cases}$，若数据中的 0 和 1 独立等概率分布，则 $D(t)$ 为独立等概率分布的二进制双极性非归零矩形脉冲序列，其功率谱密度为

$$G_g(f) = T_S(\frac{\sin\pi f T_S}{\pi f T_S})^2 \tag{3—8}$$

故 2PSK 和 2DPSK 调制信号的功率谱可以表示为

$$P_{2PSK}(f) = \frac{A^2}{4}T_S\left[\left|\frac{\sin\pi(f+f_c)T_S}{\pi(f+f_c)T_S})\right|^2 + \left|\frac{\sin\pi(f-f_c)T_S}{\pi(f-f_c)T_S})\right|^2\right] \tag{3—9}$$

由上式可以看出，二相绝对移相信号没有离散谱，只有连续谱，其信号带宽约为 $2/T_S$ 。

3.1.2 四相相移键控

四相相移键控（QPSK）是卫星通信中最常用的调制方式，其调制信号可表示为

$$S_{QPSK}(t) = A\sum_n g(t-nT_S)(\cos\omega_c t+\varphi_n)$$
$$= \frac{A}{2}\sum_k a_{2k}g(t-kT_S)\cos\omega_c t+\frac{A}{2}\sum_k a_{2k+1}g(t-kT_S)\sin\omega_c t \tag{3—10}$$

其中，φ_n 在（0，2π）内等间隔取 4 个相位值，每个相位表示 2 个 bit 数据，若初始相位 $\varphi_0=0°$，称 A 方式；若初始相位 $\varphi_0=45°$，称 B 方式。四相相移键控在调制之前首先需要进行码元分组，每 2 个二进制数据分为 1 组，用 1 个码元表示。式（3—10）也表示出四相相移键控信号可以看成是 2 个载波互相正交的二进制相移键控信号的叠加，它可以看成是将二进制序列首先进行数据分离，变为 I 路和 Q 路，每路的码元宽度扩展为 $2T_S$，然后再使用相互正交的 2 路载波对 2 路信号进行二相调制，最后相加合成四相相移键控信号。

差分四相相移键控（DQPSK）是在串/并变换后进行码型变换，由绝对码变成差分码然后再作绝对四相调相。在相同误码率下，差分四相相移键控要比四相相移键控多大约 2 dB 的信号功率，使其功率利用率有所下降，但是它却能解决四相相移键控相位模糊的问题。有关调相中相位模糊的问题可以参考相关文献，本书不作讨论。

绝对四相相移键控使用相关解调时的误码率性能为

$$P_e = 1-[1-\frac{1}{2}\mathrm{erf}c\sqrt{\frac{r}{2}}]^2 \tag{3—11}$$

差分四相相移键控由于使用了差分编码器，在解调的时候需要使用同样的译码器进行译码恢复，从而导致了误码扩散问题，不同的编/译码器所带来的误码扩散性能是不一样的。

使用差分移相解调的差分四相相移键控的误码率性能在大信噪比情况下可表示为

$$P_e \approx \exp - \left[2r\sin^2\left(\frac{\pi}{2M}\right) \right] \tag{3-12}$$

式中，M 取值 4。

由式（3—10）可以看出，QPSK 是 2 个正交 2PSK 的合成，所以两者的功率谱密度分布规律相同，每路的信号宽度变为原来的 2 倍，即 $2T_S$，故四相相移键控的功率谱密度可写为

$$G(f) = 2T_S\left[\frac{\sin(2\pi f T_S)}{2\pi f T_S}\right]^2 \tag{3-13}$$

与二进制相移键控相比，四相相移键控的频谱利用率得到了提高，理论上变为 2 倍。

3.1.3 偏移四相相移键控

在绝对四相相移键控信号点之间，由于信号点之间没有相互关联，故调制的信号可能发生任何转变，即可能产生 180°的相移，这种信号经过带限后会造成较大的包络起伏。为了避免 180°转移，在正交调制时对 Q 路基带信号或 I 路基带信号做一个信息间隔的时延，即延时码元符号间隔的一半，这样合成后的信号相位变化只能是 0°或 90°，从而减小了包络的起伏。这种方法称偏移四相相移键控（OQPSK）。经过滤波后偏移四相相移键控信号中包络最大值与最小值之比约为 $\sqrt{2}$，不可能出现四相相移键控中比值为无限大的波形。

偏移四相相移键控的误码性能和功率谱密度与四相相移键控信号相同。

3.1.4 二进制频移键控

二进制频移键控（2FSK）是载波频率随输入信号变化的一种二进制调制方式，它通过频率的变化来区别不同的数字信息，其调制信号可表示为

$$S_{2FSK}(t) = A\sum_{n}\cos(\omega_c t + a_n\omega_d t + \theta) \quad (3-14)$$

式中 a_n ——输入的二进制序列，取值 ± 1；

ω_c ，ω_d ——载波角频率和调制角频率；

θ ——初始相位。

由其调制信号可知，2FSK 的瞬时角频率为 $\omega_M = \omega_c + \omega_d$ 和 $\omega_S = \omega_c - \omega_d$ ，我们分别称其为传号角频率和空号角频率，调制指数则定义为

$$h = \frac{\omega_M - \omega_S}{2\pi} T_S = 2f_d/R_s \quad (3-15)$$

式中 f_d ——调制频率；

R_s ——数据速率。

2FSK 信号可以采用相干解调，也可以采用非相干解调。当采用相干解调时，其误码率性能为

$$P_e = \frac{1}{2}\mathrm{erf}c(\sqrt{r/2}) \quad (3-16)$$

采用非相干解调时的误码率为

$$P_e = \frac{1}{2}\mathrm{e}^{-r/2} \quad (3-17)$$

2FSK 信号采用相干解调的性能与非相干解调相差不多，但其需要复杂的同步设备，实际应用很少。

3.1.5 最小频移键控

偏移四相相移键控虽然消除了四相相移键控信号中 180°相位突变的问题，但还是存在一定的包络起伏。最小频移键控（MSK）是一种能产生恒包络、连续相位信号的调制方式，它是 2FSK 的特殊情况，具有正交信号的最小频差，相邻符号交界处相位保持连续。

对于 2FSK 信号，我们可以求出 2 个发射信号的相关系数为

$$\rho = \frac{\sin(\omega_M - \omega_S)T_S}{(\omega_M - \omega_S)T_S} + \frac{\sin 2\omega_c T_S}{2\omega_c T_S} \quad (3-18)$$

当 $2\omega_c T_S \gg 1$ 时，上式变为

$$\rho = \frac{\sin(\omega_M - \omega_S)T_S}{(\omega_M - \omega_S)T_S} \tag{3-19}$$

由式（3—19）可知，$(\omega_M - \omega_S)T_S = \pi$ 时，调制指数 $h=0.5$，此时2个信号的相关系数为0，这就是最小频移键控的情况。

最小频移键控调制信号的时域表达式为

$$S_{MSK}(t) = \cos(\omega_c t + \frac{\pi a_k}{2T_S}t + \theta) \tag{3-20}$$

最小频移键控的调制指数为0.5，由式（3—15）可得

$$f_d = \frac{1}{4T_b} \tag{3-21}$$

式（3—21）表明，最小频移键控的频移恰好等于码元速率的1/4。

最小频移键控的功率谱密度可表示为

$$P_{MSK}(f) = \frac{32T_S}{\pi^2}\left[\frac{\cos 2\pi(f)T_S}{1-16(f)^2T_S}\right]^2 \tag{3-22}$$

由式（3—22）可以看出，最小频移键控信号的功率谱反比于 f^4，而相移键控信号的功率谱反比于 f^2，因此最小频移键控信号功率谱的旁瓣衰减比相移键控信号快得多。

采用相干解调时，最小频移键控的误码性能和四相相移键控、偏移四相相移键控相同。

从以上的分析可知，最小频移键控信号具有相位连续、频谱衰减较快的优点，但其相邻2个符号转换时将产生一个拐点，即转换时刻斜率不连续，故影响了已调信号频谱衰减速度。

3.1.6　高斯最小频移键控

在一些带宽受限的系统中，对带外辐射功率的限制十分严格，例如有的要求必须衰减70～80 dB以上。最小频移键控信号还不能满足这样的要求，如果在最小频移键控调制器前加一个高斯低通滤波器，且滤波器满足以下条件，则为高斯最小频移键控（GMSK）：

1）带宽窄，且具有尖锐的截止特性；2）脉冲响应过冲量小；3）能保持输出脉冲面积不变。

其中条件 1）是为了抑制高频分量；2）是为了防止过大的瞬时频偏；3）则保证了调制指数为 0.5。

采用最大似然准则高信噪比下，理论上高斯最小频移键控的误码率性能界限可近似表示为

$$P_e = \frac{1}{2}\mathrm{erf}c\left(\frac{d_{min}}{2E_b^2}\right) \tag{3-23}$$

式中 d_{min} ——在希尔伯特观测空间中，传号与空号两者信号距离的最小值。相关文献给出了 $d_{min}/2E_b^2$ 与码持续时间—带宽积 BT_b 之间的关系，当 $BT_b=0.4$ 时，$d_{min}/2E_b^2$ 约等于 1.87。

高斯最小频移键控是对最小频移键控的直接改进，首先将基带信号形成高斯脉冲，再经最小频移键控调制，由于形成的高斯脉冲包络无陡峭边沿，也无拐点，因而经调制的已调波相位路径进一步得到了平滑。

3.1.7 调制方式的性能

频带利用率也称频带效率，是指单位频带内允许传输的最高比特速率，单位为（bit/s）/Hz。频带一定时，传输的比特速率越高，则频带利用率就越高；反之，频带利用率就越低。理论上，各种调制方式的频带利用率都有一个极限。就一般情况而言，二相调制的频带利用率理论值为 1（bit/s）/Hz，四相调制为 2（bit/s）/Hz，M 进制相移键控为 lg 2M（bit/s）/Hz。但是考虑到滤波器的影响，实际频带利用率都会低于理论值。几种调制方式的性能比较结果如表 3—1 所示。

表 3—1 几种调制方式的性能比较

调制方式	频带利用率/[（bit/s）/Hz]	抗非线性能力	实现复杂度
二进制相移键控	1.0	较差	最简单
四相相移键控	2.0	一般	简单
偏移四相相移键控	2.0	较好	复杂
最小频移键控	1.0～2.0	最好	最复杂

一个指标的提高往往是以其他指标的降低为代价的，各种指标不可能同时达到最佳。数字调制方式的选择也是如此。频带利用率的提高，往往是以提高所需信噪比为代价来获取的；反之，功率利用率的提高又是以频带利用率的降低为代价的。因此，在选择调制方式时，应针对特定空间信息网络的特点，从功率利用率和频带利用率两方面权衡考虑。例如，对于功率受限系统（如星载通信系统），则应选择功率效率较高的调制方式，如二进制相移键控；对于频带受限的系统，则应选择频谱效率较高的调制方式，如多元相移键控等。所谓先进的调制技术就是指在所需信噪比相等的条件下，可以获得较高频带利用率的调制方式。

实现卫星通信的初期，数据业务较少，频带比较富裕，转发器的主要问题是功率太小，转发器工作于功率受限状态，卫星和地球站的功率都很宝贵。因此，当时使用的是二相相移键控，而二相相移键控在误码率相同时，所需要的 E_b/N_0 最小（功率利用率最高）。随着空间业务的增加，通信容量急剧增长，而通过工艺的提高，转发器的输出功率可以较大，则矛盾由功率受限转化为频带受限。目前已广泛应用频带利用率较高的多元相移键控技术，如 QPSK，8PSK 等，它们的带宽利用率高，但功率利用率较低。

3.2　多址技术

多个地球站，不论相互距离多么远，只要位于 1 颗卫星天线波束的覆盖区内，它们都可以同时利用这颗卫星的信道进行双边或多边的通信。多址技术是指系统内多个地球站以何种方式各自占用信道接入卫星和从卫星接收信号。目前实用的多址技术主要有频分多址（FDMA）、时分多址（TDMA）、码分多址（CDMA）和空分多址（SDMA）。

3.2.1　频分多址技术

频分多址是将可用的射频频带分割成若干互不重叠的小段 Δf_i，

（而其时间、空间是不分割的），每一小段对应一个终端，如图 3－1 所示。收方利用频率的正交性

$$\int_{\Delta f_i} X_i(f) \cdot X_j(f)\mathrm{d}f = \begin{cases} 1 & i = j \\ 0 & i \neq j \end{cases} \qquad (i,j = 1,2,\cdots,k) \tag{3-24}$$

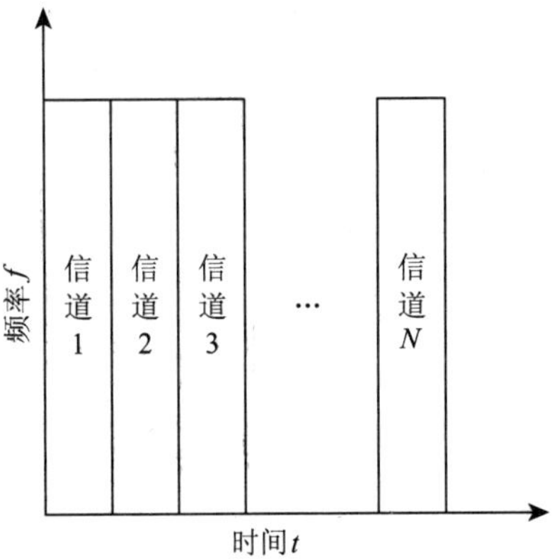

图 3－1　频分多址

通过频率选择（用滤波法实现）就可以从混合的信号中选出所需信号。

3.2.1.1　基本原理

当多个地球站共用卫星转发器时，如果根据配置的载波频率的不同来区分地球站的地址，这种多址方式就为频分多址。

在某个系统中，假设有 3 个地球站 A，B 和 C，卫星转发器的带宽为 68 MHz，上行频率 5 930～5 998 MHz，下行频率 3 705～3 773 MHz。现在把频带 5 930～5 950 MHz 分配给 A 站，作为 A 站的发射频带。同理，5 954～5 974 MHz 频带是 B 站的发射频带，而 5 978～5 998 MHz 则为 C 站的发射频带。这样，各站接收时，可根据载波频率的不同来识别发射站址，而收到 3 753～3 773 MHz 内的信号，就知道是来自 C 站的信号。

从 B 站发出的信号，有给 A 站的，也有给 C 站的。A 站和 C 站

如何取出 B 站发给自己的信号，根据 B 站发射的载波方式不同，有以下 3 种处理方法。

1）单址载波。每个地球站在规定的频带内可发多个载频，每个载频代表 1 个通信方向。例如：B 站发往 A 站的载波频率分配为 f_a；发往 C 站的载波频率分配为 f_c。这样，A 站只要用带通滤波器取出相应的载波就可以收到 B 站发来的信号。如果有 n 个地球站，则每个地球站要发（$n-1$）个载波，而转发器转发 $n(n-1)$ 个载波。

2）多址载波。每个地球站只发出 1 个载波，利用基带的多路复用进行信道定向。这种方式，如果有 n 个地球站，每站只发 1 个载波，而转发器只需转发 n 个载波即可。

3）单路单载波（SCPC）。每个载波只传输 1 路话音或数据。这种方式比较灵活，适用于站址多、各站业务量小的情况。由于每个载波只有 1 个信号，可以根据需要给每个通信方向分配若干个载波。其工作原理与单址载波方式相同。

采用单路单载波这种方法的优点是简单、可靠、便于实现。但必须解决好以下关键技术：

1）进行严格的功率控制。各个地球站的发射功率和接收功率都要严格设计，若某个地球站的功率超过额定值，它就会侵占转发器给其他地球站的功率。反之，功率低于额定值，将会影响通信质量。

2）设置适当的保护频带。由于实际的带通滤波器不可能具有理想矩形的频率特性，这样，如果邻频道信号的频谱落入本频道内时，就会产生邻道干扰。为了避免邻道干扰，必须设置适当的保护频带。

3）减少互调的影响。无论采用那种方式的频分多址，转发器内都是多载波工作，而转发器的高功率放大器（HPA）不可能是理想线性的，互调干扰就难以避免。因此，要对高功率放大器工作点进行适当的补偿。

3.2.1.2　主要特点

频分多址最主要的特点是简单、可靠、易于实现。这是由于它采用的是非常成熟的频率分割技术的缘故。因此，从卫星通信发展的初期直到现在，它仍然是一种主要的多址方式。

3.2.2　时分多址技术

时分多址是将工作时间分割成周期性互不重叠的时隙 ΔT_i（而其频率、空间是不分割的），每 1 个时隙对应 1 个终端，1 个周期称为 1 帧，如图 3－2 所示。收方利用时间的正交性

$$\int_{\Delta T_i} X_i(t) \cdot X_j(t)\,\mathrm{d}t = \begin{cases} 1 & i = j \\ 0 & i \neq j \end{cases} \qquad (i,j = 1,2,\cdots,k) \tag{3-25}$$

通过时间选择（用时间闸门实现）就可以从混合的信号中选出所需信号。

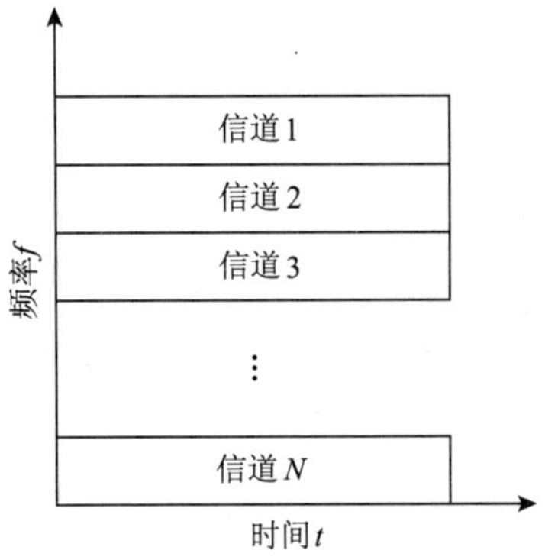

图 3－2　时分多址

3.2.2.1　基本原理

时分多址的基本原理是用不同时间间隙来区分地球站的地址。该系统中只允许各地球站在规定的时隙内发射信号，这些射频信号通过卫星转发器时，在时间上是严格依次排列、互不重叠的，因此，这种方式除地球站外，还应有 1 个基准站。基准站的任务是为时分

多址系统中各地球站提供 1 个共同的标准时间。各地球站以该标准时间为基准，保证各站发射的信号进入转发器时在规定的时隙内而又不互相干扰。基准站通常由某一通信站兼任。为保证系统的可靠性，一般还指定另一通信站作为备份基准站。一旦基准站发生故障，备份基准站将自动承担基准站任务。

基准站相继 2 次发射基准信号的时间间隔叫做 1 帧。在 1 帧内，有 1 个基准分帧和若干消息分帧，每个分帧占据 1 个时隙。基准分帧由基准站的突发信号构成；消息分帧由地球站的突发信号构成。1 个消息分帧对应 1 个地球站的突发信号。例如，当我们收到分帧 A 的信号，就知道是 A 站发送的信号。A 站发出的多路信号如何分配给不同的地球站，则是信道定向问题，它由事先约定好的路序来识别。例如，我们可以约定第 1 路至第 5 路是发往 B 站的，而第 6 路至第 10 路是发往 C 站的。这样 B 站只要解调出消息分帧 A 中的第 1 路至第 5 路信号，就收到了 A 站发给 B 站的信号，而 C 站则只需解调出该分帧中的第 6 路至第 10 路信号，也同样可以收到 A 站发给 C 站的信号。

3.2.2.2　主要特点

时分多址方式的主要特点是：任何时刻在卫星转发器中都只有 1 个载波工作，因而从根本上消除了转发器中的互调干扰；可以比频分多址方式更充分地利用转发器的输出功率，不需要较多的输出补偿；对地球站等效全向辐射功率变化的限制不像频分多址那样严格；易于实现信道的按需分配。该方式的不足是全网正常工作要靠网同步，技术和设备比较复杂。

3.2.3　码分多址技术

码分多址，即各站用不同的、相互准校准的地址码调制要发送的信息，而其时间、频率和空间是不分割的，如图 3－3 所示。各站的地址码是唯一的，接收时，只有与地址码相对应的站才能检测出信号，即利用码型的正交性

$$\int_{\Delta C_i} X_i(C) \cdot X_j(C) \mathrm{d}C = \begin{cases} 1 & i = j \\ 0 & i \neq j \end{cases} \qquad (i, j = 1, 2, \cdots, k) \tag{3-26}$$

通过地址码识别（相关检测法）就可以从混合的信号中选出所需信号。

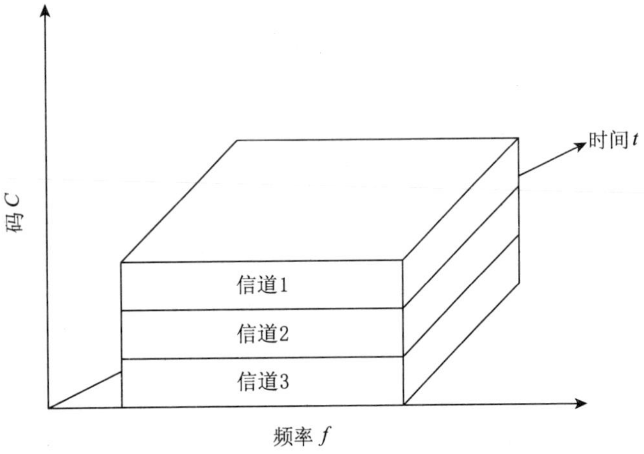

图 3—3　码分多址

3.2.3.1　基本原理

码分多址的基本特征是靠不同的地址码来区分地球站的地址。各个地球站都分配有不同的地址码，各站所发射的载波既受基带数字信号调制，又受地址码的调制。接收时，对于某一地址码，只有确知其地址码的接收机才能解调出相应的基带信号，而其他接收机因地址码不同，只能输出类似白噪声的宽带噪声。

码分多址有多种工作方式，其中一种常用方式是利用伪随机序列作为地址码直接进行调相的所谓直接序列调相扩频方式（CDMA/PSK/DS），这种方式的地址码是从伪随机序列（PN 序列）中严格挑选的。

通常信号码元宽度是地址码元宽度的整数倍，这就使得加了地址码的信号频谱远大于基带信号频谱，所以这种多址方式又称为扩码多址方式（SSMA）。

扩频在军事通信领域具有重要作用。所谓扩频指信号所占用的带宽远大于所传输信息必需的最小带宽。常规的通信中，一般希望尽量减小信号传播占用的带宽，以利于充分利用频率资源，那么军事通信中为什么要将原本频带较窄的信号用高出成千上万倍的扩频频带发送呢？这主要是从抗干扰角度考虑的。通过扩频，即使发射功率很小的信号，也可从噪声中无差错地恢复出来，而较弱的信号不易被敌人探测到。另外，敌人施加的干扰也可被扩频通信接收端的解扩器扩展，落在接收滤波器中的干扰则可被有效削弱。

目前扩频的手段主要有直接序列扩频（Direct Sequency Spread Spectrum）和跳频（Frequency Hopping）扩频等。直接序列扩频的原理是将原本集中在信息宽带中的能量分散到带宽宽得多的扩频码序列带宽中，使信号能量密度降低许多倍，甚至低于接收机的噪声，这样通信信号便被淹没在噪声中，敌方难以侦测。跳频则是将携带通信信号的载频不断“跳来跳去”，不断变化，使敌方的侦察和干扰难以跟踪通信载频的变化。

由于码分多址具有扩频性质，所以更适用于军事卫星通信。码分多址方式中，所有地球站可以共用 1 个射频载波，可以占用转发器的全部时隙，这是它与时分多址和频分多址的不同之处。

3.2.3.2　主要特点

码分多址方式的优点是：改变地址比较灵活，具有较强的抗干扰能力；具有一定的保密能力。所以，这种方式在军事领域得到广泛应用。

该方式的缺点是要占用较宽的频带，频率利用率较低。

3.2.4　空分多址技术

空分多址是将空间轴分割成若干互不重叠的小段 ΔS_i（而其时间、频率是不分割的），每 1 个小段对应 1 个终端，如图 3－4 所示。收方利用空间的正交性

$$\int_{\Delta S_i} X_i(S)\cdot X_j(S)\mathrm{d}S=\begin{cases}1 & i=j\\0 & i\neq j\end{cases}\qquad (i,j=1,2,\cdots,k)\tag{3-27}$$

通过空间选择（用窄波束天线实现）就可以从混合的信号中选出所需信号。

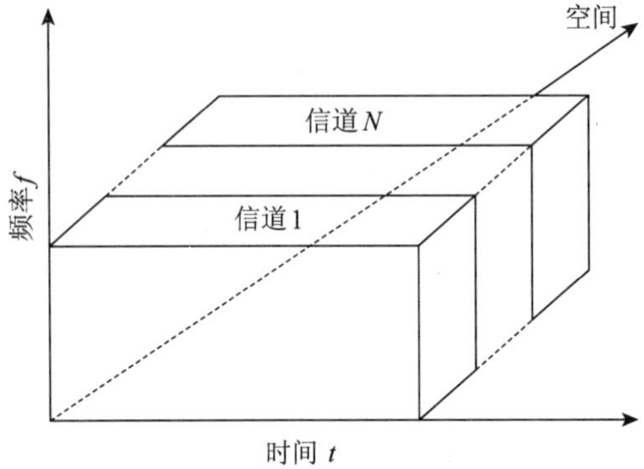

图 3—4　空分多址

3.2.4.1　基本原理

在空分多址方式中，卫星天线有多个窄波束，每个窄波束覆盖地球表面上一定的区域，利用卫星天线波束在空间指向的差异来区分地球站的地址。

卫星上装有转换开关设备，某区域中某站的上行信号经星上波束转换开关接到另一区域中的某个地球站区。显然，一个通信区域内如果有几个地球站，则它们之间的站址识别还要借助于频分多址等其他多址方式。

3.2.4.2　主要特点

空分多址方式有许多特点：因卫星天线波束窄，所以卫星的等效全向辐射功率也大，不同区域地球站所发信号在空间互不重叠，即使在同一时间使用相同频率也不会相互干扰。因而可实现频率的多重复用，成倍地扩大了系统的通信容量；可以像自动电话系统那样方便地进行多址通信。此外，卫星对其他地面系统的干扰减少了，对地球站的某些技术要求也就降低了。

但是，空分多址方式对星体的稳定及姿态控制提出了很高的要求；卫星天线及馈线装置也比较庞大、复杂；转换开关不仅设备复杂，而且也降低了整个卫星的可靠性。

3.2.5　多址方式的比较

上述 4 种多址方式各有其特点，因此在具体使用中针对不同的应用场合，可选用不同多址方式。如频分多址适用于大、中、小容量线路；时分多址适用于大、中容量线路；空分多址适用于大容量线路；而码分多址则适用于军事小容量通信应用。

表 3－2 列出了 4 种多址方式的优缺点。

表 3－2　多址方式的比较

多址方式	特　点	主要优、缺点	适用场合
频分多址	各站发射的载波在转发器内所占频带互不重叠； 各载波的包络恒定； 转发器工作于多载波	优点：可沿用地面微波通信的成熟技术和设备；设备较简单；不需要网同步 缺点：有互调噪声，不能充分利用卫星功率和频带	大、中、小容量通信线路
时分多址	各站的突发信号在转发器内所占时隙互不重叠； 转发器工作于单载波	优点：没有互调问题，卫星的功率与频带能充分利用；便于大、小站兼容，站多时通信容量较大 缺点：需要精确网同步	大、中容量通信线路
码分多址	各站使用不同的地址码进行扩展频谱调制； 各载波包络恒定，在时域和频域均互相混合	优点：抗干扰能力强，信号功率谱密度低，隐蔽性好，使用灵活 缺点：频带利用率低，通信容量较小	小容量通信线路
空分多址	各站发射的信号只进入该站所属通信区域中； 可实现频率多重复用； 转发器成为空中交换机	优点：可以提高卫星频带利用率，增加转发器容量或降低对地球站的要求 缺点：对卫星控制技术要求严格，星上设备复杂	大容量通信线路

第 2 篇
空间信息传输关键技术

第 4 章　空间信息网络通信链路

空间信息网络通信链路包括星间链路和星地链路。星间链路是指在卫星与卫星之间直接进行无线电通信的链路，一般被认为是多波束卫星的一种特殊波束，该波束并不指向地球而是指向其他卫星。对于卫星之间的双向通信，一般需要 2 个天线波束，一个用于发送信息，另一个用于接收信息。卫星网络互连本身就含有卫星之间的互连以及卫星与地面站之间的互连两层含义。

目前，星间链路的用途主要有 3 个方面：1）用于低轨道航天器的数据中继业务；2）用于静止或非静止轨道通信卫星的通信传输业务；3）用于特定信息传输的其他业务，如星载 GPS、空间操作（跟踪与测控）以及空间研究等。

不同类型的星间链路其功能和特点各有不同，需要按照不同的业务需求和应用环境选择合适的星间链路。卫星网络使用星间链路能够缩小传播时延，降低对地面站的依赖程度，增强网络的抗干扰和抗摧毁能力，扩大覆盖范围，便于管理。

星间链路是空间信息网络的一个重要组成部分，其研究有 3 方面的重要意义：1）为链路的设计与建立提供理论基础。例如，链路指向参数是设计星载天线自动跟踪设备的重要依据，通过分析链路指向参数特征，自动调整星载天线跟踪精度和速度，使星载天线始终处于最佳接收状态；2）为卫星网络拓扑的设计提供理论基础，有利于动态拓扑的优化；3）为卫星网络路由算法的研究提供理论依据，例如，根据星间链路长度变化特征，路由算法可以动态选择代价最小的路由。

4.1 通信链路分类

星间链路的分类有多种方式。

按照轨道高度划分，星间链路可分为 3 种。

1）地球静止卫星之间的星间链路（GEO－GEO）。当地球静止卫星间存在星间链路时，可以提高系统的通信容量，可以增加覆盖面积，可以提高地面站的最小仰角，可以减少对卫星轨道位置的限制并建立全球卫星通信网络。

2）低轨道卫星之间的星间链路（LEO－LEO）。低轨道卫星的优点和地球静止轨道的拥挤使得低轨道卫星通信系统成为未来卫星通信系统的一个重要发展趋势，但低轨道卫星通信系统中，单颗卫星的覆盖范围小，地面站与卫星间的可持续通信时间短，若利用地面站作为卫星之间信息沟通的桥梁，可能需要几十个或上百个地面站，利用星间链路把分散的低轨道卫星相互连接起来可以弥补这些缺点。

3）地球静止卫星与低轨道卫星之间的星间链路（GEO－LEO）。一颗或多颗地球静止卫星联系地面站和低轨道卫星，起到中继的作用，相当于把地面测控站搬移到空间地球静止轨道上，1 颗卫星可观测多个航天器，可以构成航天器的跟踪与通信网络，具有同时为多个航天器服务的能力。

需要说明的是，这里的低轨道卫星的概念属于广义范围，泛指一切轨道高度低于地球静止轨道的卫星。而根据低轨道卫星轨道高度的不同，通常以 10 000 km 为界限，又可分为中轨卫星（即 MEO）和低轨卫星（即狭义的 LEO），简称为 MEO 和 LEO，这 2 个概念较为常用，本书后面的低轨卫星均采用狭义的概念。

按照星间链路的指向，星间链路可分为 2 种。

1）轨道内星间链路。同一轨道上相邻卫星间建立星间链路，每颗卫星与同一轨道上在其前后运行的卫星分别建立链路。由于轨道内相邻卫星间几乎没有相对运动，这类星间链路中天线的指向保持恒定。

2）轨道间星间链路。相邻轨道上卫星间建立星间链路，包括同一轨道高度和不同轨道高度，由于卫星间相对位置的变化，它们之间的距离、方位角和仰角都是变化的。

按照星间链路的通信频率，星间链路可分为 2 种。

1）微波星间链路。微波星间链路的频率为 300 MHz～3 000 GHz，相对激光链路来说，由于载波本身的频率比较低，所以要求的天线尺寸比较大，发射功率也偏大，而且整个星间链路的带宽窄，只能适应数据传输量不大的情况。但由于微波链路对于卫星姿态的要求不像激光链路那么高，目前的工艺水平也足以达到它的要求，所以目前是星间链路通信的主要形式。

2）激光星间链路。激光星间链路的频率为 10^{13}～10^{17} Hz，激光载波波长短、频率高，具有相干性、单色性和方向性好的特点，用于星间链路通信，可以使得容量更大、增益更高、速度更快、抗干扰更强和保密性更好。但是激光星间链路的捕获跟踪技术具有很大难度，而且宇宙电磁波干扰比较强，构建的星间链路系统不够稳定。

4.2　通信链路频率

总体上，卫星通信系统星间链路的频带可分为 2 部分，一部分处于无线电的频带之内，另一部分处于光学范围。星间链路通信中，工作频率的选取是个十分重要的问题，它直接影响到整个通信系统的通信容量、质量、可靠性，以及设备的复杂程度和成本的高低，并且还将影响到与其他通信系统的协调。

4.2.1　星间链路的频率分配

卫星业务的频率分配是一个相当复杂的过程，它要求在国际间进行协调和规划。表 4—1 给出了世界无线电大会分配给星间链路的主要频带范围和星间链路激光通信的频带范围。

表 4—1 星间链路的频带范围

序号	频 段	业务类别	星间链路的主要使用限制
1	400.15～401 MHz	空间研究	限于载人航天器之间的通信，但不被视为安全业务
2	410～420 MHz	空间研究	限于与 1 个在轨的载人航天器在 5 km 内通信使用，载人航天器外的发射功率通量密度受限，同时，不得要求得到地面业务的保护，也不得限制地面业务的未来发展
3	1 164～1 215 MHz	卫星无线电导航	
4	1 215～1 300 MHz	卫星无线电导航	不倾向于提供安全业务，也不得对其他系统或业务强加任何其他限制
5	1 559～1 610 MHz	卫星无线电导航	不倾向于提供安全业务，也不得对其他系统或业务强加任何其他限制
6	1 645.5～1 646.5 MHz	卫星移动	限于遇险和安全通信
7	2 025～2 110 MHz	空间操作、卫星地球探测、空间研究	就使用地位而言，非静止卫星之间的星间链路低于静止卫星与非静止卫星之间
8	2 200～2 290 MHz	空间操作、卫星地球探测、空间研究	就使用地位而言，非静止卫星之间的星间链路低于静止卫星与非静止卫星之间
9	22.25～23.55 GHz	卫星间业务	需注意对射电天文业务的保护
10	24.45～24.75 GHz	卫星间业务	在第 2 区、第 3 区的使用不得要求得到无线电导航业务中的机场地面探测设备的保护
11	25.25～27.5 GHz	卫星间业务	仅限于空间研究和卫星地球探测的应用，并且传输的数据源于空间的工业和医学活动。另外，在第 2 区、第 3 区，非静止卫星的使用在 27～27.5 GHz 频段上有一定的优先权

续表

序号	频　段	业务类别	星间链路的主要使用限制
12	29.95～30 GHz	卫星地球探测	限于遥测、遥控和跟踪的用途，且是次要业务
13	32～33 GHz	卫星间业务	应采取一切必要措施以防止卫星间业务、无线电导航业务和空间研究（深空）业务之间的有害干扰，同时，无线电导航业务在这个频段有一定的优先权
14	54.25～56.9 GHz	卫星间业务	限于静止轨道卫星的星间链路使用，同时发射功率通量密度受到一定限制
15	56.9～57 GHz	卫星间业务	限于静止轨道卫星之间的链路，或由高轨到低轨的非静止卫星之间的链路，同时静止轨道卫星的发射功率通量密度受到一定限制
16	57～58.2 GHz	卫星间业务	限于静止轨道卫星的星间链路使用，同时发射功率通量密度受到一定限制
17	59～59.3 GHz	卫星间业务	限于静止轨道卫星的星间链路使用，同时发射功率通量密度受到一定限制
18	59.3～71 GHz	卫星间业务	
19	116～122.25 GHz	卫星间业务	限于静止卫星使用，同时发射功率通量密度受到一定限制
20	122.25～123 GHz	卫星间业务	
21	130～134 GHz	卫星间业务	
22	167～182 GHz	卫星间业务	其中 174.8～182 GHz 频段限静止卫星使用，同时发射功率通量密度受到一定限制
23	185～190 GHz	卫星间业务	限静止卫星使用，同时发射功率通量密度受到一定限制
24	191.8～200 GHz	卫星间业务	
25	(1.875－2) $\times 10^7$ GHz	卫星间业务	
26	(3.34－3.75) $\times 10^7$ GHz	卫星间业务	

从表 4－1 可见，星间链路的使用频段大致可以归纳为 4 种情况。

1）使用频段在 400 MHz 附近，这种情况发生在航天器工程应用的早期，尤其是在载人航天的早期。此时的情形是，1 GHz 以上频段还没有得到适度开发，高频段元器件的研制还很不成熟，因此，对于可靠性要求很高的载人航天而言，只能被迫选择相对比较成熟的 400 MHz 附近的频段，来完成有关的航天器飞行任务（如飞船对接以及救援通信等）。在目前的技术条件下，星间链路仍可继续使用这些 400 MHz 附近频段，但只是沿用。由于 400 MHz 附近频段可用带宽较窄，因此可以预见，未来该频段的应用不会得到进一步发展。

2）使用频段在 L/S 频段，这种情况主要是受到借用思路的影响，即星间链路使用与星地链路相同的频段。通常，这是通过在地对空（或空对地）方向的频率划分上增加空对空划分来实现的。如 S 频段（2 025～2 110 MHz，2 200～2 290 MHz）的星间链路，明显受到卫星测控频段（属空间操作业务）的影响；而 L 频段的星间链路，则主要借用 GPS 等系统的卫星无线电定位和导航业务。在这种情形下，星间链路对于星地链路有明显的依存关系。由于这种借用思路在现实中有着很强的内在合理性，因此可以预见，这种情况并不会在短期内消亡，甚至可以说，在未来一段时期内，还有着发扬光大的可能性。

3）使用频段在 15 GHz 以上的频段，这种情况主要是考虑到大气损耗的影响。从有关文献上可以了解到，在 15～35 GHz 频段上，水蒸气分子的吸收在大气损耗中占主要地位，并在 22.2 GHz 处发生谐振吸收而出现 1 个损耗峰。而在 15 GHz 以下和 35～80 GHz 频段上，则主要是氧分子的吸收，并在 60 GHz 附近发生谐振吸收而出现 1 个较大的损耗峰。对于星间链路而言，由于它是在卫星与卫星之间建立的链路，通常可以避开大气层（即在大气层的上方进行通信），因此，大气的吸收峰值频段正好可以为之所用。这种情况是目前星间链路的主流频段，同时，由于其处于 Ka 以上频段，可用带宽也较宽，特别适合于宽带传输的情形，因此它代表了未来的发展趋势。

4）使用频段在 810～860 nm 和 1 550～1 600 nm 光波段，这种

情况是未来激光星间链路的发展趋势。800 nm 波段的激光器和接收器体积小、质量轻、效率高、有成品，同时该波段的窄线宽滤波器也有比较成熟的铯原子滤波器。1 550 nm 波段是近几年来把光纤通信的成熟技术和器件引入卫星激光通信的新发展。

4.2.2　星间链路的频率选择

影响星间链路频率选择的因素很多，且相互联系，常需综合考虑，主要因素有以下几方面。

1）技术方面：数据率、占用带宽、硬件的成熟性。

2）传输方面：传输 10 GHz 以上频率的信号要受水蒸气和氧分子的影响。水蒸气吸收带在 22 GHz 和 183 GHz，氧分子吸收带在 53～62 GHz 和 119 GHz。

3）相互操作性：为了更好地开展国际合作，空间网相互操作研讨组（SNIP）、国际空间频率协调组（SFCC）、国际电信联盟第 7 研究组对相互操作都作了探讨并提出了建议或规范。

4）规章方面：为避免用户之间的相互干扰，国际电信联盟已经把 275 GHz 以下的频率作了分配和共用的规范，对功率通量密度和等效全向辐射功率进行了限制。

在建立星间链路时必须根据国际电信联盟对于频率资源使用的规定选用频率，同时要根据信道带宽合理地规划不同信道占有的频率范围，使收发信道以及不同的通信信道合理隔离，在综合考虑设计方案的可实现性及性价比的前提下，尽可能地使用频分复用和极化复用，使得通信系统合理可行，避免因频率选用不当而违反国际规定，或者使系统设计中对于子系统和部件设计要求过于苛刻。

综合考虑，15 GHz 以上的频段是比较理想的星间链路通信频段。一方面，可以避免来自地面信号的干扰，并防止星间链路信号泄漏到大气层干扰其他通信系统；而且该频段的波长较小，在相同的增益要求下，具有较小的天线口径和体积，易于集成化、小型化，适合星载使用；同时其波束宽度较小，方向性好，抗截获能力强，保密性能好，因此它代表了未来的发展趋势。

采用 27～40 GHz 的 Ka 频段进行星间链路通信有很多独特的优点，如可用带宽高达 3.5 GHz，比所有较低频段可用带宽的总和还大许多，增大了信息传输容量；可实现很窄的点波束，提高天线增益和等效全向辐射功率值；还可增加同一轨道长度上可放置的卫星数量，用于真空路径的星间链路不存在随频率升高的附加衰减。因此，Ka 频段星间链路技术是各国竞相发展的方向。

40～50 GHz 频段背景噪声非常小，可以在核电磁干扰和磁暴干扰的恶劣环境中保持正常通信，这种特性可以保证该频段在宇宙空间正常工作，并且对未来可能面临的核战争环境显得尤为重要。因此，该频段是星间链路尤其是军事通信星间链路技术发展的重要方向。

星间激光通信波长选择应主要考虑避免太阳辐射的影响、减少光束发散角、减小收发天线的尺寸以及器件的可实现性等。大气和地面对太阳光散射形成的背景辐射，对激光通信的接收器是一个强噪声源。太阳辐照的光谱主要集中在 400～750 nm 的可见光范围内，峰值在 500 nm 左右，在 800 nm 波段的辐射强度约为峰值的 1/2，在 1 500～1 600 nm 波段的辐射强度约为峰值的 1/10。波长越短，光束的衍射角越小，从而发散角也越小，天线尺寸也越小。另外，光通信波段应避开地球热辐射和大气吸收损耗等的影响。综合考虑，810～860 nm 和 1 550～1 600 nm 是激光星间链路理想的通信波长。

4.3 通信链路设计

空间信息网络卫星通信链路设计可以分为 2 部分：静态链路设计（static link designing）和动态链路设计（dynamic link designing）。静态链路设计是信息网方案设计阶段根据业务需求以及网络结构的要求对卫星通信链路进行设计，相当于网络链路的初始化设计，它主要进行的是永久性星间链路的设计。动态链路设计是当某条星间链路需要切换（可能是因为此链路已不满足可用条件或者不是最优路径等原因）时，对为维持系统自身的通信能力要求建立的新链路进行的设计。在空间信息网络中，静态链路设计越多说明链路越稳固（因为永久星间链路多），动态链路越多则系统越复杂，系统脆弱性也相对增加。空间信息网络卫星通信链路设计流程如图4—1所示。

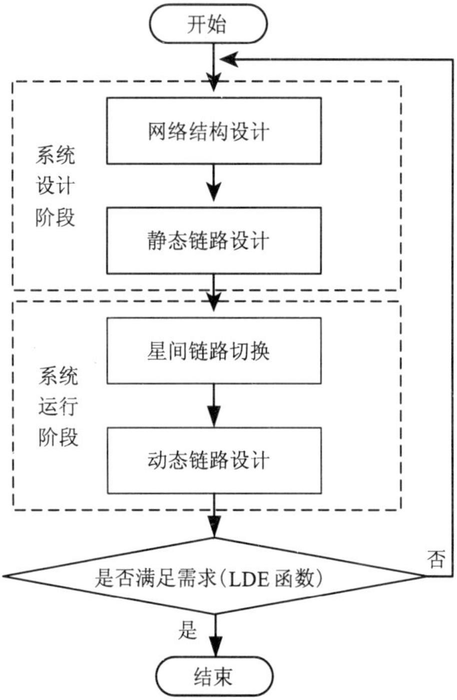

图 4—1　空间信息网络卫星通信链路设计流程图

其中，LDE（Link Design Evaluation）函数是卫星链路设计评价函数，我们按如下规则来构造：综合考虑各种影响星间链路质量的因素，按照一定的策略将各个因子归一化、分配权重，将归一化因子值乘以归一化权重得到每个指标的影响度值。定义函数

$$f(x,y,z,\cdots)=\begin{cases}1,(x,y,z,\cdots\neq 0)\\0,(\text{否则})\end{cases} \tag{4-1}$$

则卫星链路设计评价函数

$$\mathrm{LDE}(\boldsymbol{L},\boldsymbol{W})=f(l_1,l_2,\cdots,l_n)\cdot\boldsymbol{W}\cdot\boldsymbol{L}=f(l_1,l_2,\cdots,l_n)\sum_{i=1}^{n}w_il_i \tag{4-2}$$

其中，归一化因子矢量 $\boldsymbol{L}=(l_1,l_2,\cdots,l_n)$，归一化权重矢量 $\boldsymbol{W}=(w_1,w_2,\cdots,w_n)$，$n$ 为归一化因子的个数。$\mathrm{LDE}(\boldsymbol{L},\boldsymbol{W})$ 的值越大，表明设计的链路的性能越好；反之，性能越差。

权重的确定：这个阶段的权重的确定不代表网络实时传输情况，可以仅用专家评估法根据知识和经验对各链路权值进行判断和评定。专家可以根据经验估计出各链路传输性能的情况，进而可获得各链路影响因子的权值。

4.3.1 静态链路设计

空间信息网络静态星间链路设计基本原则是：对于任意一颗卫星 S_i，所有可与它建立该种星间链路的卫星构成一个集合 A，对所有的 $S_j\in A$ 计算它与卫星 S_i 间星间链路的链路连通性函数，构成集合 $P=\{P(S_j\rightarrow S_i,0)\mid S_j\in A\}$，选择集合 P 中连通性函数最大值所对应的卫星 S_k 作为与卫星 S_i 建立星间链路的对象，即卫星 S_k 满足

$$P(S_k\rightarrow S_i,0)=P_{\max}=\max(\{P(S_j\rightarrow S_i,0)\mid S_j\in A\} \tag{4-3}$$

综上所述，在符合永久性链路条件的星间链路有多条时，要选择连通性函数值较大的所对应的卫星来建立星间链路。如果连通性函数是关于传播时延的，则选择与之传播时延最小的卫星来建立链路。

4.3.2 动态链路设计

动态链路设计的对象是，在系统运行过程中会发生动态变化（可能是因为正常切换或者因某个卫星或星间链路发生故障而不得不进行的非正常链路调整）的星间链路。

动态链路设计的基本原则是：在时刻 t ，卫星 S_i 需要建立新的星间链路，则所有可与它建立该种星间链路的卫星构成一个集合 $A=\{S_j \mid V_{S_i \to S_j}=1\}$（即可见），对所有的 $S_j \in A$ 计算它与卫星 S_i 间星间链路的链路连通性函数，构成集合 $P=\{P(S_j \to S_i,t) \mid S_j \in A\}$ ，选择集合 P 中连通性函数最大值所对应的卫星 S_k 作为与卫星 S_i 建立星间链路的对象，即卫星 S_k 满足

$$P(S_k \to S_i,t)=P_{\max}=\max(\{P(S_j \to S_i,t) \mid S_j \in A\}) \quad (4-4)$$

在空间信系统中所有非永久性（时通时断）星间链路均可按照此原则进行设计。

4.3.3　链路预算

第 4.3.1 节和第 4.3.2 节研究了链路设计的总体原则和步骤。但要真正进行链路设计，还要根据实际情况进行链路预算。

空间信息网络通信链路预算流程见图 4－2。图中实线部分是星间、星地链路预算的共同步骤；点划线部分是星间链路预算步骤；点线部分是星地链路预算步骤。其中：G_t ，G_r 分别是发射、接收天线增益，其数学模型参见本书第 3.6 节；L_s ，L_a ，L_r ，L_v 分别是自由空间传播损耗、大气层传播吸收损耗、雨衰、其他损耗；T_b ，T_s 分别是星间链路的背景噪声温度、系统总噪声温度；M_{link} 是链路裕度。

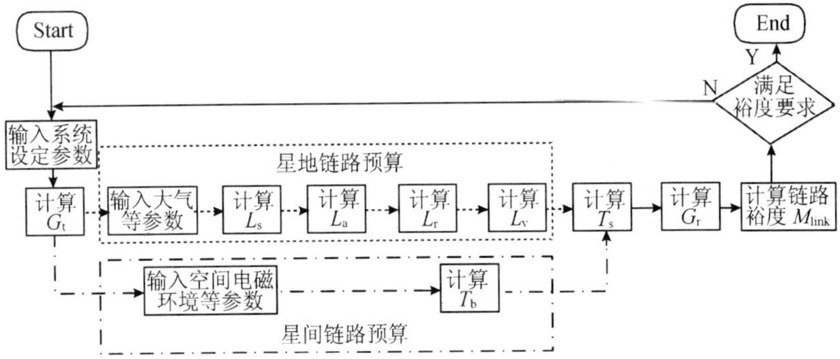

图 4－2　空间信息网络通信链路预算流程图

4.4　星间链路静态特性

在空间信息网络星间链路的静态特性分析中有 3 个具有重要意义的参数：星间链路的长度、指向性（仰角和方位角）和生存时间。星间链路长度以及指向的变化体现了卫星链路传输时延、损耗以及在卫星上安装星间通信装置的复杂程度和困难程度。由于卫星间相对运动，星间链路会频繁发生中断，因此，星间链路的生存时间也是一个重要的特性。

4.4.1　星间链路的生存时间

在空间信息网络的 1 个系统周期内，卫星 S_i 与卫星 S_j 间的星间链路会发生多次通断，如图 4—3 所示。假设在时刻 t_{in} 卫星 S_j 进入 S_i 的覆盖范围内，它们之间建立星间链路；在时刻 t_{out} 卫星 S_j 离开 S_i 的覆盖范围，星间链路断开。星间链路 $ISL_{S_j \to S_i}$ 的生存时间（Life Time）$LT(S_j \to S_i)$ 为离开时刻 t_{out} 与进入时刻 t_{in} 的时间差，即

$$LT(S_j \to S_i) = t_{out} - t_{in} \tag{4—5}$$

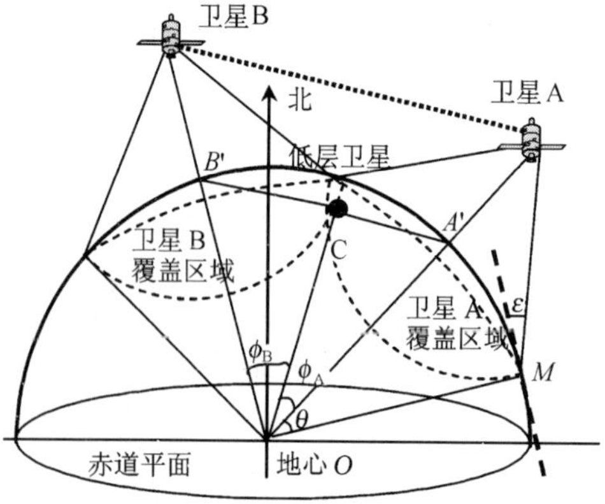

图 4—3　高层卫星对低层卫星覆盖示意图

为说明星间链路的生存时间，可将空间信息网络中的通信链路划分为：同层内卫星间的星间链路，不同层内卫星间的链路 ILL，卫星与地面间的链路 UDL。采用 Walker delta 星座时，同层内卫星间的星间链路较为稳定，能够保持永久连接，即星间链路的生存时间为∞，而不同层内卫星间的链路 ILL 及星地链路 UDL 变化较为频繁。通过研究 ILL 及 UDL 的生存时间，在路由计算过程中可以优先选用具有较长生存时间的通信链路，从而减少路由切换。

ILL（UDL）存在的必要条件是不同层间卫星（卫星与地面站间）相互覆盖，如图 4－3 所示。卫星 A 与卫星 C 间 ILL 的生存条件为卫星 C 在卫星 A 的覆盖范围内。图中，C 为低层卫星，A 为高层卫星，A'为卫星 A 和地心连线与卫星 C 所在天球表面的交点，θ 为卫星 A 对天球覆盖范围的半地心角，ϕ_A 为卫星 A 和地心的连线与低层卫星 C 和地心的连线间的夹角，可作为判断高层对低层覆盖的条件，ε_{min} 为卫星的最小仰角，R_A 为高层卫星距离地心的高度，R_C 为低层卫星距离地心的高度，R_0 为地球半径。

高层卫星对低层卫星的最大覆盖可由半地心角 θ 所决定，θ 的计算方法为

$$\theta = 90^\circ - \varepsilon_{min} - \angle OAM \tag{4-6}$$

由正弦定理得到：$\dfrac{R_0}{\sin\angle OAM} = \dfrac{R_A}{\sin\angle OMA} = \dfrac{R_A}{\sin(90^\circ + \varepsilon_{min})} = \dfrac{R_A}{\cos\varepsilon_{min}}$，化简得到

$$\angle OAM = \arcsin\left(\frac{R_0}{R_A} \cdot \cos\varepsilon_{min}\right) \tag{4-7}$$

将式（4－7）代入式（4－6）得到

$$\theta = 90^\circ - \varepsilon_{min} - \arcsin\left(\frac{R_0}{R_A} \cdot \cos\varepsilon_{min}\right) \tag{4-8}$$

由图 4－3 可知，低层卫星被高层卫星覆盖的充要条件是：$\phi_A \leqslant \theta$。

而 $\phi_A = \arccos\left(\dfrac{x_A x_C + y_A y_C + z_A z_C}{R_A R_C}\right)$，$(x_A, y_A, z_A)$ 和 $(x_C, y_C,$

z_C）分别为卫星 A 和 C 的空间位置坐标。

卫星 A 与卫星 C 间 ILL 的生存时间为从卫星 C 进入卫星 A 的覆盖范围开始到离开卫星 A 的覆盖范围结束，生存时间为该时间段卫星 C 覆盖卫星 A 的时间。同理，将低层卫星 C 的高度换成地球半径，可以得出星地链路 UDL 的生存时间。

4.4.2　星间链路的长度特性

星间链路长度特性分析在空间信息网络星间链路的几何分析中具有重要意义，星间链路的长度变化是传输时延和功率变化的主要原因，而选择在链路长度较短的时候发送数据可以提高数据传输的可靠性。链路长度的变化情况对通信系统的功率大小和功率动态变化范围提出了要求。图 4－4 为空间信息网络中的星间链路示意图，图中 d_{AC}为轨道内星间链路，d_{AB}为轨道间星间链路，d_{AS}为不同层间星间链路。

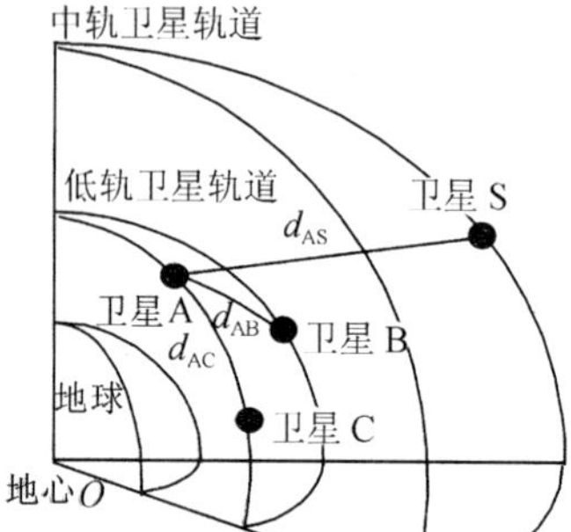

图 4－4　中轨卫星/低轨卫星的星间链路示意图

轨道内星间链路是指在同一轨道平面内的相邻 2 颗卫星之间的链路，其固定长度为

$$d_{AC}=\sqrt{2}(R+h_A)\sqrt{1-\cos\angle AOC} \tag{4-9}$$

式中　R——地球半径；

h_A——卫星 A 所在轨道高度；

$\angle AOC$——卫星 A 与卫星 C 间的夹角。

由于在 Walker delta 星座中，同一轨道平面内卫星间夹角为 $360°/M$（M 为轨道上的卫星数目），上式可简化为

$$d_{AC}=\sqrt{2}(R+h_A)\sqrt{1-\cos(360°/M)} \tag{4—10}$$

轨道间星间链路是指处于不同轨道平面的 2 颗相邻卫星之间的链路，其长度随着卫星间夹角的变化而变化，大小如式（4—11）所示。式中，$\angle AOB$ 为卫星 A 与卫星 B 间的夹角。

$$d_{AB}=\sqrt{2}(R+h)\sqrt{1-\cos\angle AOB} \tag{4—11}$$

不同层间星间链路是指处于不同高度的轨道平面的 2 颗卫星之间的链路，长度随着卫星间夹角的变化而变化，大小如式（4—12）所示。式中，$\angle AOS$ 为卫星 A 与卫星 S 间的夹角。

$$d_{AS}=\sqrt{(R+h_A)^2+(R+h_S)^2-2(R+h_A)(R+h_S)\cos(\angle AOS)} \tag{4—12}$$

利用球面几何知识，$\angle AOB$ 可以用卫星 A 和卫星 B 星下点的经纬度（λ_A，φ_A）和（λ_B，φ_B）表示为

$$\angle AOB=\arccos[\sin\varphi_A\sin\varphi_B+\cos\varphi_A\cos\varphi_B\cos(\lambda_A-\lambda_B)] \tag{4—13}$$

同理，得到卫星 A 和卫星 S 间夹角

$$\angle AOS=\arccos[\sin\varphi_A\sin(\varphi_S)+\cos\varphi_A\cos\varphi_S\cos(\lambda_A-\lambda_S)] \tag{4—14}$$

轨道内星间链路，由于卫星的相对位置不变，因此，这种星间链路除了仰角和方位角发生周期性变化外，链路长度基本不变，且始终可见；而轨道间星间链路的链路长度随时间呈周期性变化。

4.4.3　星间链路的指向性

星间链路的指向性（仰角和方位角）也是链路特性分析中的重要部分，仰角和方位角变化情况可影响卫星上安装星间通信装置的复杂程度。

图 4—5 中，卫星 A、B 位于同一低轨道，卫星 S 位于高轨道。Φ_{AB}，Φ_{AS}，Φ_{SA}分别是卫星 A 到 B、卫星 A 到 S、卫星 S 到 A 的链路仰角。利用球面几何知识，卫星 A 和 B 的地心角 ξ 可由式（4—15）表示，其中 λ 和 φ 分别为卫星星下点的经度和纬度。

$$\xi=\arccos\left[\sin\varphi_A\sin\varphi_B+\cos\varphi_A\cos\varphi_B\cos(\lambda_A-\lambda_B)\right] \tag{4—15}$$

利用球面几何知识，得出同层卫星间链路仰角为：$\Phi_{AB}=\xi/2$。

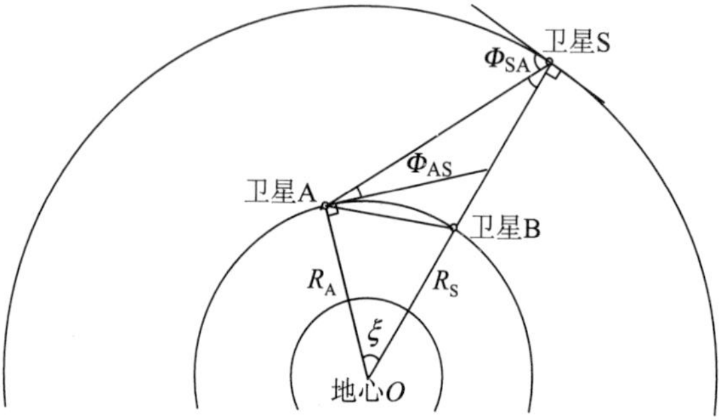

图 4—5　链路长度与仰角示意图

在三角形 AOS 中：$\sin\angle OAS=\cos\angle\Phi_{AS}$，$\sin\angle ASO=\cos\angle\Phi_{SA}$。因此，由正弦定理得

$$\frac{R_S}{\cos\angle\Phi_{AS}}=\frac{R_A}{\cos\angle\Phi_{SA}}=\frac{d_{AS}}{\sin\xi'} \tag{4—16}$$

其中，ξ'为卫星 A 和 S 的地心角。从而，层间星间链路的仰角 Φ_{AS}和 Φ_{SA}如式（4—17）和式（4—18）所示

$$\Phi_{AS}=\arccos\left(\frac{R_S\cdot\sin\xi'}{d_{AS}}\right) \tag{4—17}$$

$$\Phi_{SA}=\arccos\left(\frac{R_A\cdot\sin\xi'}{d_{AS}}\right) \tag{4—18}$$

图 4—5 给出的是卫星 B 位于卫星 S 与地心连线上的一种特殊情况，此时异层卫星 A 与 S 的星间链路方位角和同层卫星 A 与 B 的星间链路方位角（如图 4—6 所示）相等，即 $\Psi_{AS}=\Psi_{AB}$，$\Psi_{SA}=\Psi_{BA}$。根据方位角定义，卫星 A 指向卫星 B 的方位角就是卫星 A 的前向轨

道与卫星 A 和卫星 B 球面连线之间的球面角。图 4－6 中 C 是在卫星 A 的前向轨道上的一点，即卫星 A 在 Δt 时刻后的位置。

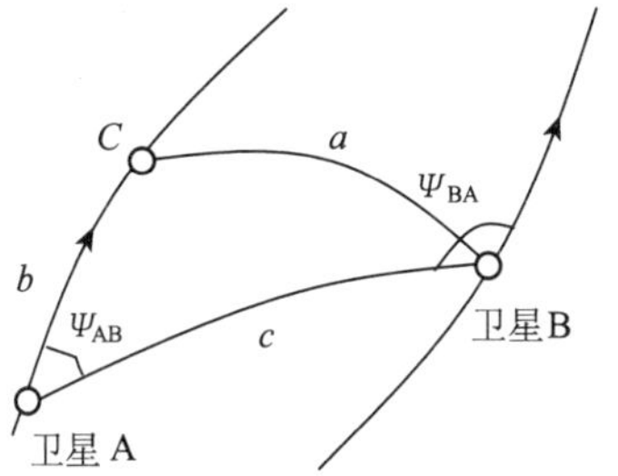

图 4－6　同层轨道卫星星间链路方位角示意图

球面三角形 ABC 中，在不考虑象限的情况下，可得出由卫星 A 指向卫星 B 的方位角为

$$\Psi_{AB} = \arccos\left(\frac{\cos a - \cos b\cos c}{\sin b\sin c}\right) \tag{4-19}$$

$$\begin{cases} a = \arccos[\sin\varphi_C\sin\varphi_B + \cos\varphi_C\cos\varphi_B\cos(\lambda_C - \lambda_B)] \\ b = \arccos[\sin\varphi_A\sin\varphi_C + \cos\varphi_A\cos\varphi_C\cos(\lambda_A - \lambda_C)] \\ c = \arccos[\sin\varphi_A\sin\varphi_B + \cos\varphi_A\cos\varphi_B\cos(\lambda_A - \lambda_B)] \end{cases} \tag{4-20}$$

同样可得到卫星 B 指向卫星 A 的方位角 Ψ_{BA} 。

方位角象限的判断方法是：卫星 A 的轨道将其所在天球分为两半，使用左手定则，指尖指向卫星 A 运行的方向，掌心向着地心，如果卫星 S 或者卫星 B 在卫星 A 的轨道平面的拇指方向时，结果不变；否则，方位角需要加上 180°。

4.5　星间链路动态特性

4.5.1　星间链路的长度变化率

星间链路长度变化率为星载发射机自动功率调节功能提供有效

参考依据，通过计算星间链路长度变化率，可得到功率调节所需基本指标参数，包括功率调整范围和调整速度等，同时星间链路的长度变化率可用于拓扑更新周期的计算。

轨道内卫星间相对位置比较固定，星间链路几何参数变化不明显，对星载天线和收发机的指标要求较低；而轨道间星间链路和不同层间星间链路参数变化迅速，根据微分公式可以得到星间链路长度的时间导数，即星间链路的长度变化率。

对于轨道间星间链路的长度变化率，分别对式（4—11）和式（4—13）求导，得到

$$\frac{\partial d_{\mathrm{AB}}}{\partial t}=\frac{1}{2}\sqrt{2}(R+h)\frac{1}{\sqrt{1-\cos(\angle AOB)}}\sin(\angle AOB)\cdot\frac{\partial(\angle AOB)}{\partial t} \tag{4—21}$$

$$\begin{aligned}\frac{\partial(\angle AOB)}{\partial t}&=\frac{\partial\{\arccos[\sin\varphi_{\mathrm{A}}\sin\varphi_{\mathrm{B}}+\cos\varphi_{\mathrm{A}}\cos\varphi_{\mathrm{B}}\cos(\lambda_{\mathrm{A}}-\lambda_{\mathrm{B}})]\}}{\partial t}\\&=-\frac{1}{\sqrt{1-x^2}}\cdot\frac{\partial x}{\partial t}\end{aligned} \tag{4—22}$$

其中，$x=\sin\varphi_{\mathrm{A}}\sin\varphi_{\mathrm{B}}+\cos\varphi_{\mathrm{A}}\cos\varphi_{\mathrm{B}}\cos(\lambda_{\mathrm{A}}-\lambda_{\mathrm{B}})$

$$\begin{aligned}\frac{\partial x}{\partial t}=&\cos\varphi_{\mathrm{A}}\sin\varphi_{\mathrm{B}}\frac{\partial\varphi_{\mathrm{A}}}{\partial t}+\sin\varphi_{\mathrm{A}}\cos\varphi_{\mathrm{B}}\frac{\partial\varphi_{B}}{\partial t}-\\&\sin\varphi_{\mathrm{A}}\cos\varphi_{\mathrm{B}}\cos(\lambda_{\mathrm{A}}-\lambda_{\mathrm{B}})\frac{\partial\varphi_{\mathrm{A}}}{\partial t}-\cos\varphi_{\mathrm{A}}\sin\varphi_{\mathrm{B}}\cos(\lambda_{\mathrm{A}}-\lambda_{\mathrm{B}})\frac{\partial\varphi_{\mathrm{B}}}{\partial t}-\\&\cos\varphi_{\mathrm{A}}\cos\varphi_{\mathrm{B}}\sin(\lambda_{\mathrm{A}}-\lambda_{\mathrm{B}})\frac{\partial\lambda_{\mathrm{A}}}{\partial t}+\cos\varphi_{\mathrm{A}}\cos\varphi_{\mathrm{B}}\sin(\lambda_{\mathrm{A}}-\lambda_{\mathrm{B}})\frac{\partial\lambda_{\mathrm{B}}}{\partial t}\end{aligned} \tag{4—23}$$

再对式（1—5）和式（1—6）求导，得到

$$\frac{\partial\varphi}{\partial t}=\frac{\sin i\cos\theta}{\sqrt{1-(\sin i\sin\theta)^2}}\cdot\frac{\partial\theta}{\partial t}=\frac{w\cdot\sin i\cos\theta}{\sqrt{1-(\sin i\sin\theta)^2}} \tag{4—24}$$

$$\frac{\partial\lambda}{\partial t}=\frac{\cos i\sec^2\theta}{1+(\cos i\tan\theta)^2}\cdot\frac{\partial\theta}{\partial t}=\frac{w\cdot\cos i}{[1+(\cos i\tan\theta)^2](1-\sin^2\theta)} \tag{4—25}$$

分别将式（4—22）～式（4—25）代入式（4—21）得到轨道间星间链路长度变化率公式，同理可以得到不同层间星间链路的长度变化率公式。

4.5.2　星间链路的指向性变化率

星间链路指向性变化率可以指导星载天线自动跟踪功能的设计和应用，通过分析星间链路指向变化率特征，自动调整星载天线的跟踪准确度和跟踪速度，可使星载天线始终处于良好的接收状态。指向性变化率可具体分为仰角变化率和方位角变化率。

对于星间链路的仰角变化率，分别对式（4—17）和式（4—18）求导，得到

$$\frac{\partial \Phi_{AS}}{\partial t}=-\frac{R_S}{\sqrt{1-\left(\frac{R_S\cdot\sin\xi}{d_{AS}}\right)^2}}\cdot\left(\frac{\cos\xi}{d_{AS}}\cdot\frac{\partial\xi}{\partial t}-\frac{\sin\xi}{d_{AS}^2}\cdot\frac{\partial d_{AS}}{\partial t}\right)\tag{4—26}$$

$$\frac{\partial\xi}{\partial t}=-\frac{1}{\sqrt{1-x^2}}\cdot\frac{\partial x}{\partial t}=-\frac{\partial(\angle AOB)}{\partial t}\tag{4—27}$$

分别将式（4—27）、式（4—22）～式（4—25）代入式（4—26），得到星间链路的仰角变化率公式。

对于星间链路的方位角变化率，对式（4—19）～式（4—20）求导，得到

$$\frac{\partial \Psi_{AB}}{\partial t}=-\frac{1}{\sqrt{1-y^2}}\cdot\frac{\partial y}{\partial t}\tag{4—28}$$

其中，$y=\dfrac{\cos a-\cos b\cos c}{\sin b\sin c}$，$x=\sin\varphi_A\sin\varphi_B+\cos\varphi_A\cos\varphi_B\cos(\lambda_A-\lambda_B)$

$$\frac{\partial y}{\partial t}=\frac{-\sin a\cdot\frac{\partial a}{\partial t}+\sin b\cos c\cdot\frac{\partial b}{\partial c}+\cos b\sin c\cdot\frac{\partial c}{\partial t}}{\sin b\sin c}-\frac{\cos a-\cos b\cos c}{\sin^2 b\sin c}\cdot\cos b\cdot\frac{\partial b}{\partial t}-\frac{\cos a-\cos b\cos c}{\sin b\sin^2 c}\cdot\cos c\cdot\frac{\partial c}{\partial t}\tag{4—29}$$

$$\frac{\partial c}{\partial t}=-\frac{1}{\sqrt{1-x^2}}\cdot\frac{\partial x}{\partial t} \tag{4—30}$$

同理，得到 $\frac{\partial a}{\partial t}$，$\frac{\partial b}{\partial t}$；将 $\frac{\partial a}{\partial t}$，$\frac{\partial b}{\partial t}$，$\frac{\partial c}{\partial t}$ 及式（4—29）代入式（4—28）可得到星间链路方位角变化率。

由于星间链路采用的是 Ka，EHF 或激光等较高频段，天线的波束非常窄，加上星间链路两端都是处于运动中的卫星，而且卫星间距离较远，因此卫星的瞄准系统相当复杂。如果星上天线跟瞄系统不能够及时调整使收发信机间的天线对准，使接收机不能够跟踪到发射机发出的波束，会导致卫星上接收机接收到的信号强度迅速下降，最终使得通信质量下降。因此，不仅要考虑星间链路的仰角和方位角，也要考虑仰角和方位角的变化率。

4.6 链路性能影响因素

空间信息网络的星间链路除了研究其静态和动态几何特征参数外，还需要研究对传输链路质量具有重要影响的因素，如自由空间传播损耗、多普勒频移、空间环境以及链路信道对传输信号的损害等，这些因素影响严重时会导致链路的不可用，因此有必要对其进行分析提出有效的解决办法，提高链路质量。

4.6.1 自由空间传播损耗

空间信息网络中，信号的传送路径主要是星地链路和星间链路，星地链路的传播特性由自由空间的传播特性和近地大气的各种影响所决定，而星间链路的传播特性可以认为是自由空间传播特性。

自由空间传播损耗是电波传输的主要损耗，它占损耗的大部分。

图 4—7 为不同频段链路的自由空间传播损耗与链路长度的关系曲线。可以看出，静止轨道卫星与低轨道卫星系统链路的传播损耗相差约 30 dB。因此，采用轨道较低的低轨道卫星系统能够有效地降

低自由空间的传播损耗，提高链路的传输质量。

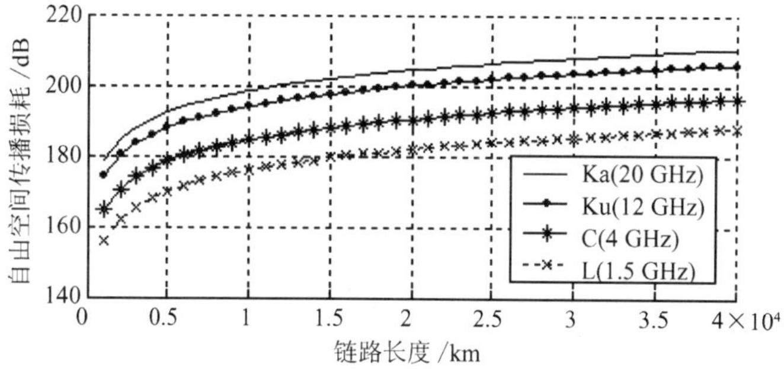

图 4—7　不同频段链路自由空间传播损耗与链路长度的关系

对于星地链路，除了自由空间传播损耗外，还有其他附加损耗，包括大气吸收损耗、雨衰，以及由于折射、散射与绕射、电离层闪烁、多径等引起的附加损耗，这些附加损耗只占总损耗的一小部分，相关内容可参见第 3 章。

4.6.2　多普勒频移

卫星之间存在的相对运动会导致接收端收到的载频发生频移，也就是多普勒效应引起的附加频移，称之为多普勒频移。多普勒频移是卫星通信过程中不可忽视的一个现象，对采用相关解调的数字通信危害较大。在相同通信体制下，星间链路的信道误码率主要取决于多普勒频移造成的噪声。因此，需要对星间链路的多普勒频移进行研究（详见第 2.3 节）。

4.6.3　空间环境

空间信息网络所处的空间环境对卫星通信链路的各种性能有重要影响，本节针对空间环境对链路的影响进行建模及分析。

空间环境对空间信息网络通信链路的干扰主要包括：I_{sun}，I_{earth} 及 I_{error}。I_{sun} 表示太阳对星间链路的影响，即所谓的日凌现象，它是研究星间链路和路由设计时不可忽视的问题，当星间链路两端的接收器朝向或者接近太阳时，太阳辐射将对传输信号产生较强的背景干扰，影响星间通信质量甚至造成链路中断。I_{earth}表示地球阻挡对卫星通信的影响，即所谓的星蚀现象，是指在卫星运动过程中，由于地球的阻挡不能接受太阳照射时，卫星只能依赖星载蓄电池提供电能。I_{error}表示链路误码率对通信质量的影响，空间存在的各种宇宙射线也会影响卫星的通信信道，星间链路越长这种影响就越大，相应的误码率就越高。空间环境干扰 Interference 可表示为

$$\text{Interference} = I_{sun}^{\alpha} \cdot I_{earth}^{\beta} \cdot I_{error}^{\gamma} \tag{4-31}$$

其中，α，β，γ 分别为 I_{sun}，I_{earth}，I_{error}对应的影响因子，$\alpha \leqslant 0$，$\beta \leqslant 0$，$\gamma \leqslant 0$。

卫星通信链路所处空间环境复杂多变，可编制相应的空间环境模式来对空间环境分布状态进行描述。空间环境模式分为静态模式和动态模式，前者反映空间环境参量在静态情况下的平均特征及分布规律，后者主要是反映空间扰动事件的模式，如太阳质子事件模式、地磁暴模式等。

4.6.4 信道对传输信号的损害

在卫星通信系统中，实际星地链路或星间链路的非理想信道会对传输信号造成损害。这种信号的损害不是由于噪声或外部干扰造成的，而是由于信道的线性失真和非线性失真引起的。

信道的线性失真分为幅度频率失真和相位频率失真，幅度频率失真是由于在信号带宽内信道不能提供平坦的增益特性而造成；相位频率失真是由于相位频率特性的非线性而产生，也就是说在信号带宽内不能提供平坦的群延时特性。

信道的线性失真对于数字信号序列，将引起符号间的串扰，即通常所说的码间串扰。克服信道线性失真的方法一般是采用均衡措施，尤其是相位频率特性的均衡对减少数字序列的码间串扰非常重要。

在信道特性未知和时变的情况下，自适应均衡的方法是克服符号间干扰、改善系统性能的有效措施。在接收端采用自适应均衡器能够有效地消除码间串扰和噪声，减少误码率，提高通信质量。

另外，在空间信息网络中还可采用盲均衡方法，降低信道的线性失真对信号造成的损害。

第 5 章　空间信息网络拓扑结构

5.1　网络拓扑结构分类

网络的拓扑结构就是指网络中节点与节点之间的相互连接关系。网络的拓扑结构决定了每个节点的通信链路数、传输路径以及到达目标节点的远近。从根本上说，对于卫星网络拓扑结构的研究就是设计卫星网络的基本结构，是卫星网络设计首先要解决的问题，也是路由设计的基础。在卫星网络的应用中，星形拓扑、环形拓扑、树形拓扑和网状拓扑是最常用到的基本拓扑结构，由静止轨道卫星、中轨道卫星、低轨道卫星构成的多层卫星网络拓扑（如图 5—1 所示）是由星形拓扑、环形拓扑、树形拓扑和网状拓扑构成的混合结构。

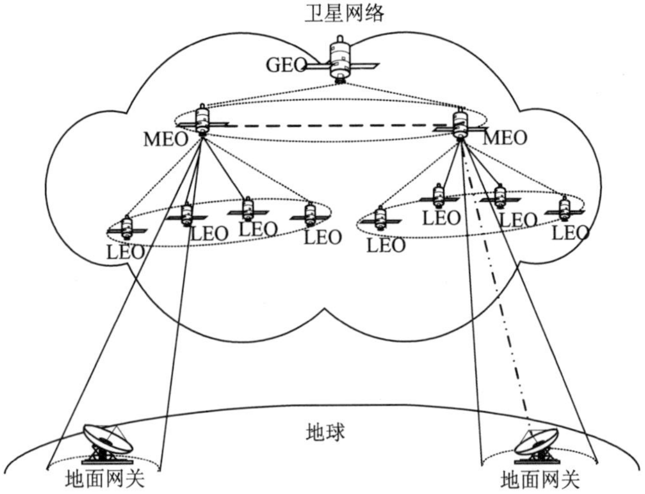

图 5—1　多层卫星网络拓扑结构示意图

5.1.1　星形拓扑结构

在星形拓扑结构中，中心节点位于网络的中心，网络中其他从节点均与中心节点相连，而从节点之间没有链路连接，从节点之间的通信都要依靠中心节点中转，如图 5－2 所示。星形网络结构简单，易于实现，中心节点控制全网通信，任何从节点之间的通信都经过中心节点，但网络中心节点的故障可能造成整个网络的瘫痪。

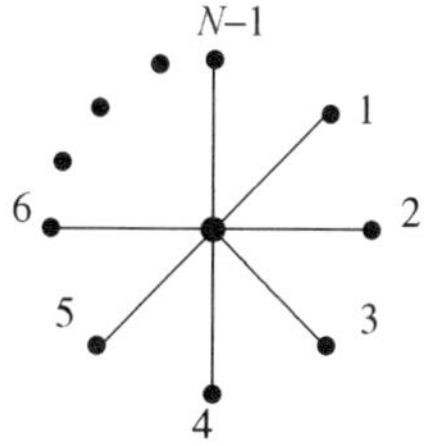

图 5－2　星形拓扑结构

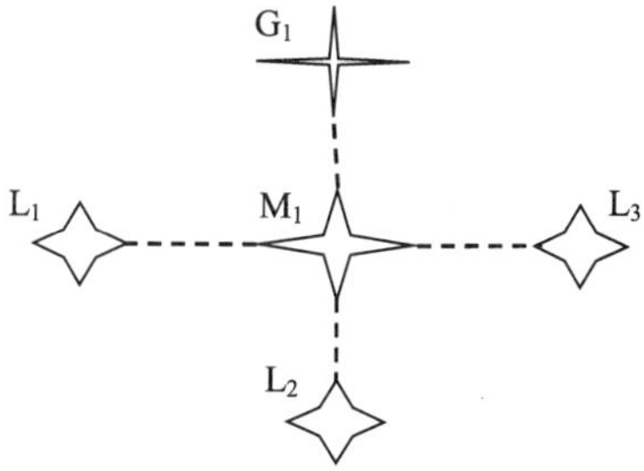

图 5－3　星形拓扑结构

对卫星网络来说，星形拓扑结构比较适合于一些执行具体任务的应用型卫星网络，通常由 1 颗卫星作为中心节点，其他卫星通过中心节点卫星进行通信。这种星形拓扑结构的缺点是整个卫星网络的可靠性较差，中心节点卫星的负担较重，一旦中心节点卫星失效，整个网络就会崩溃。

如图 5－3 所示，静止轨道星座中的 G_1，中轨道星座中的 M_1 以及低轨道星座中的 L_1，L_2，L_3 一起构成星形拓扑结构；M_1 是中央节点；G_1，L_1，L_2，L_3 构成分布节点。

5.1.2　环形拓扑结构

环形拓扑是以网络节点依次按照点对点方式连接成环形的静态互连拓扑。单环拓扑，就是将线性阵列的首尾两端连接起来所形成的网络结构，如图 5－4 所示。单环拓扑具有很好的对称性，每个节点以 2 个端口与其相邻的节点连接，构成闭合环形系统。带弦环拓扑结构，是在单环拓扑中把相距一定距离的节点连接起来形成的拓扑结构，如图 5—5 所示。

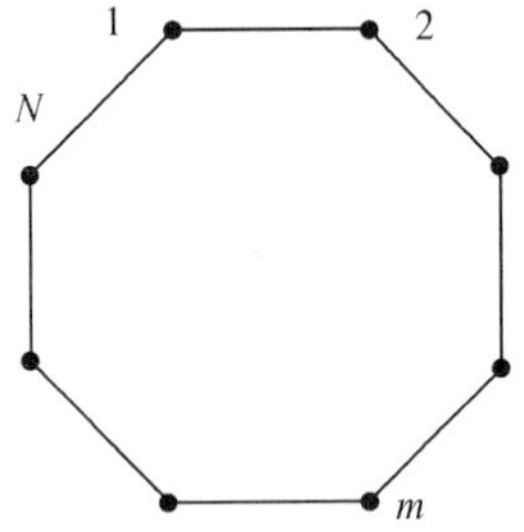

图 5—4　环状拓扑结构

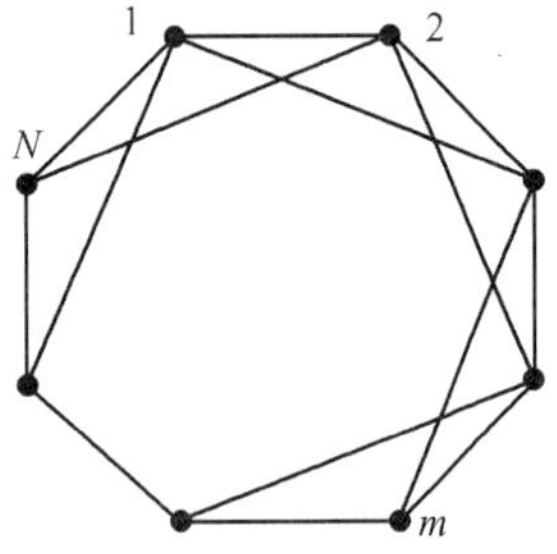

图 5—5　带弦环拓扑结构

卫星网络中，在同一个轨道面内的每颗卫星都与相邻的卫星相连，构成 1 个封闭环形的链路，这种结构就是环形拓扑。环形卫星网络的主要优点是结构简单，并且使得路由选择、通信接口和网络管理相对简单，容易实现。采用环形拓扑结构的大多数是中高轨道的卫星网络，以尽可能少的卫星数量来获得较大的地球覆盖。环形卫星网络的主要缺点是网络节点较多时，会导致系统传输效率降低，网络的响应时间延长。

如图 5—6 所示，静止轨道星座同一轨道面内的 G_1，G_2，G_3，以及中轨道星座同一轨道面内 M_1，M_2，M_3 构成环形拓扑结构。

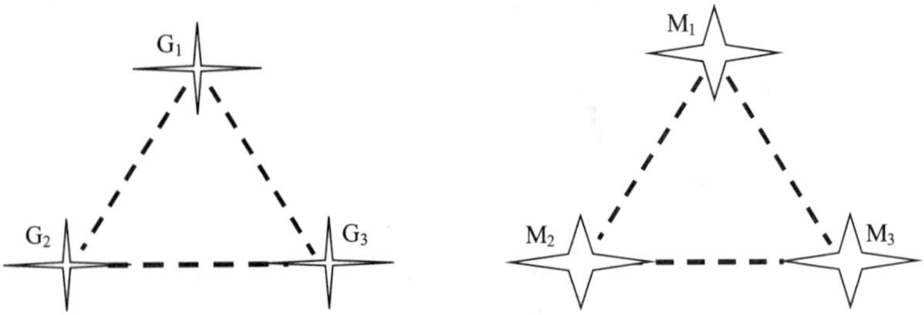

图 5—6　环形拓扑

5.1.3　树形拓扑

如图 5—7 所示，静止轨道星座中的 G_1，中轨道星座中的 M_1 和 M_2，以及低轨道星座中的 L_1，L_2，L_3，L_4 一起构成树形拓扑结构，根节点为 G_1，根节点以下为分支 M_1 和 M_2，每个分支还可带子分支。根节点接收各节点发送的数据，然后再广播发送到全网。

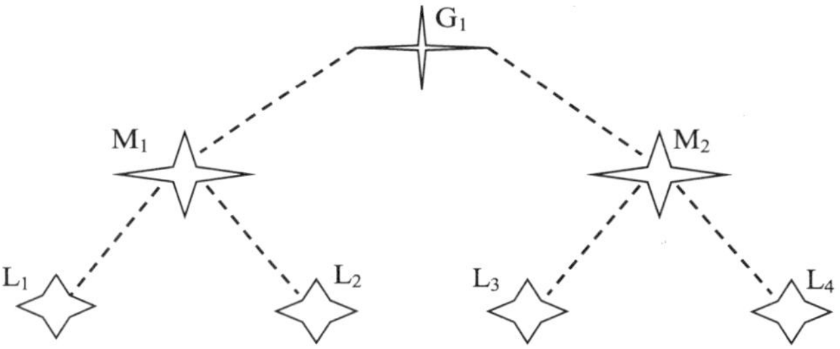

图 5—7　树形拓扑

5.1.4　网状拓扑结构

网状拓扑是将邻近节点按照规则的平面图形相互连接而成。网状拓扑结构又被称为分布式网络拓扑结构。网状拓扑的形式很多，主要有四边形网格（Quadrangle mesh）、六边形网格（Hexagon mesh）和三角形网格（Triangle mesh）等，如图 5—8 所示。

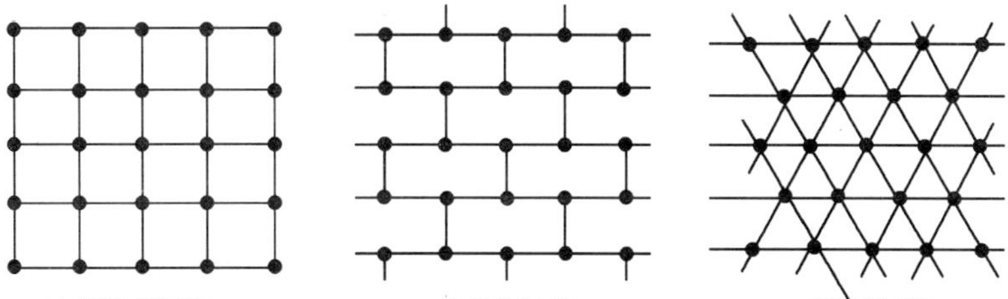

(a) 四边形网格　(b) 六边形网格　(c) 三角形网格

图 5—8　网状拓扑结构

在具有网状拓扑的卫星网络中，每一颗卫星都与至少 2 颗以上的卫星构成连接，因而整个卫星网络具有非常高的可靠性。采用网状拓扑结构的卫星网络的优点是星间链路的冗余备份充分，系统可靠度高，可扩展性强，时延小，可以实现全球覆盖。但是网状拓扑的缺点是卫星网络的建造成本高，要求足够多的卫星数量，通信设备复杂。

由于每个节点都与其他节点有充足的冗余路径，网状拓扑结构是可靠性最高的网络拓扑结构，具有较强容错能力。

5.2 空间信息网络拓扑结构描述

空间信息网络的拓扑结构是实现信息交换和共享的基础，也是动态拓扑网络路由面对的首要问题。空间信息网络拓扑结构描述的重点是要体现出空间信息网络拓扑的动态性。

5.2.1 拓扑结构的规律性

尽管空间信息网络的拓扑结构是动态变化的，但拓扑结构还是有一些规律可循，研究拓扑结构的变化规律对于路由算法的研究具有重要意义。

1）可预测性。空间信息网络中各种类型卫星星座的参数都是固定的，且其运动都有规律可循。根据这些星座参数可以预测卫星的运转特性，例如在任意时刻卫星所处的空间位置。因此，卫星网络的拓扑结构及其变化是受控的，能够预先知道卫星的动态拓扑结构。

2）周期性。在最初设计星座时，一定要考虑星座的回归特性，这样使得卫星运行具有周期性，网络的拓扑结构也会周期性地重现，这大大简化了网络拓扑的变化，并使网络拓扑的变化具有较好的可重复性和周期性。

3）规则性。空间信息网络的拓扑结构图具有较强的规则性，从单层卫星到多层卫星网络存在相似的路径。

4）持续性。一旦空间信息网络形成，卫星节点个数不会发生很大变化，即使出现卫星故障，也会发射补充卫星或使用备用卫星。

5.2.2　拓扑结构的图表示法

将卫星看作节点，链路看作边，则卫星网络拓扑结构可表示为 G（V，E），其中 V 是卫星节点的非空集合，E 是有限边集。若卫星链路是双向的，则该边为无向边；若卫星链路是单向的，则该边为有向边。因此，网络拓扑结构可用图（有向图或无向图）来表示和分析，拓扑结构的问题就转化为图的问题，可以使用图论的方法进行研究。

5.2.2.1　邻接矩阵表示法

邻接矩阵表示法将图以邻接矩阵的形式存储在计算机中。如果 2 点间有 1 条弧，则邻接矩阵中对应的元素为 1，否则为 0，如图 5—9 所示。设图 G（V，E）中的节点数为 n，则 G 的邻接矩阵是一个 $n \times n$ 的矩阵 $\boldsymbol{A}$，其中 $A[i,j]=\begin{cases}1,若(v_i,v_j)\in E\\0,否则\end{cases}$。

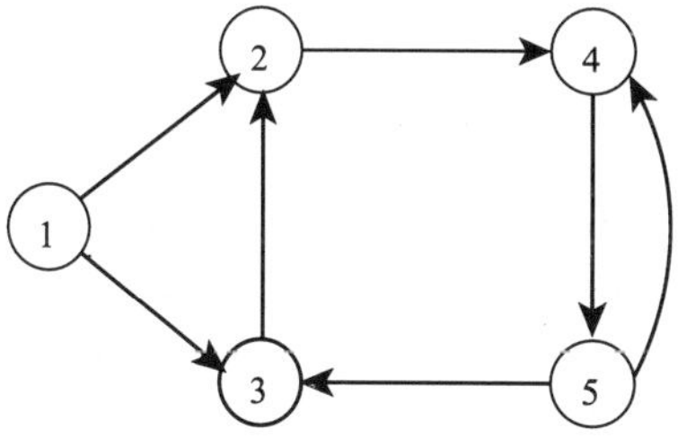

(a)有向图

$$\begin{bmatrix}0&1&1&0&0\\0&0&0&1&0\\0&1&0&0&0\\0&0&1&0&1\\0&0&1&1&0\end{bmatrix}$$

(b)邻接矩阵

图 5—9　有向图及其邻接矩阵表示

使用邻接矩阵容易判别任意 2 点的连接关系，容易计算 2 点之间长度为 n 的路径数目，有利于进行路由方案的分析。邻接矩阵的元素也可以直接用于表示边（v_i，v_j）的权值。

矩阵在程序设计语言中用数组表示，数组的申请和释放大都是静态的，操作方便，但对网络节点数大于预先申请数组长度的情况，不容易进行处理。弧上有多少种权，就要有多少个邻接矩阵，对存储空间的浪费较大。对于加权图的邻接矩阵表示，弧所对应的元素不再是1，而是相应的权值，对应权值代表的意义不同，可表示时延、距离、带宽等。利用邻接矩阵表示 n 个点的有向图需要 n^2 位，如果图中边很少而节点较多时，邻接矩阵表示法会浪费大量的存储空间。

5.2.2.2 弧表表示法

弧表表示法将图以弧表的形式存储在计算机中，该表示法直接列出所有弧的起点和终点，共需 $2m$ 个存储单元（m 为弧的个数）。此外，对于网络中每条弧上的权，也要对应地用额外的存储单元表示。假设图5—9（a）有向图中弧1～弧8的权分别为8，9，6，4，0，3，6，7，则弧表表示如表5—1所示。

表5—1 有向图的弧表表示

项　目	弧1	弧2	弧3	弧4	弧5	弧6	弧7	弧8
起点	1	1	2	3	4	4	5	5
终点	2	3	4	2	3	5	3	4
权值	8	9	6	4	0	3	6	7

弧表表示法的特点是由于不存储无用的数据，存储空间可以减小，单从存储方面考虑弧表表示法是比较有优势的，但寻找某一条弧的代价比较大。

5.2.2.3 邻接表表示法

邻接表表示法是以链表的形式分别列出图中每个节点所有相连的节点，图5—9（a）有向图的邻接表如图5—10所示。用邻接表表示有 n 个节点、e 条边的图需要 $O(n+e)$ 位。

邻接表表示法的特点是用链表存储弧，具有非常好的灵活性及较小的存储空间，弧的寻找也比较简单，大多数程序存储网络结构都用邻接表。缺点是：弧的加入和删除涉及到内存“零散”的动态申请和释放，程序的正确性不容易把握；为确定1条边的存在，需

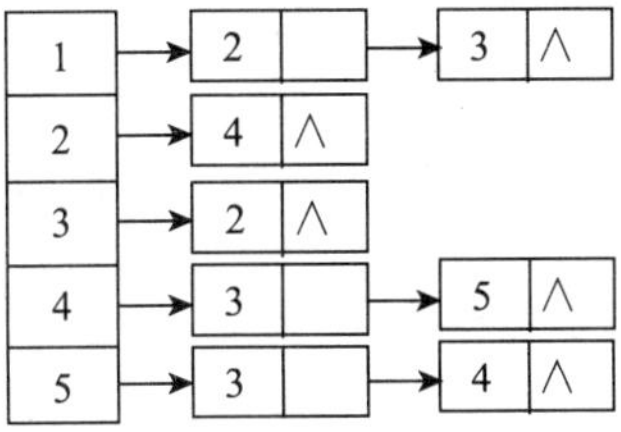

图 5－10　图的邻接表表示

要花费 $O(n)$ 时间。如果删除节点 i 和它相连的边，必须搜索所有点的邻接表并从表中删去节点 i。

5.2.2.4　其他表示方法

拓扑结构的图表示法除了上述几种外，还有关联矩阵表示法、星形表示法、十字链表表示法等。不同的表示法各有优缺点，实际中可根据网络拓扑结构情况及程序设计需要选择合适的表示方法。

5.2.3　网络拓扑结构特征参数

近年来，人们在用图刻画简单和复杂网络的拓扑结构特性方面提出了很多概念和方法，其中值得特别说明的有 3 个基本指标，包括度、平均最短路径和平均聚集系数，可以用这些参数描述空间信息网络拓扑。

5.2.3.1　度

设 N 是一个网络，$\boldsymbol{V}(N)$ 是所有顶点的集合，$\boldsymbol{E}(N)$ 是所有边的集合。顶点 V 的度 $d_v(v \in V)$ 是指与此顶点连接的边的数量，即

$$d_v = \sum_{e \in E} \delta_e^v \tag{5-1}$$

其中，当边 e 包含顶点 v 时，δ_e^v 记号取值为 1；否则为零，即

$$\delta_e^v = \begin{cases} 1, \text{如果 } e \text{ 包含 } v \\ 0, \text{如果 } e \text{ 不包含 } v \end{cases} \tag{5-2}$$

度值的分布特征是网络的重要几何性质，它与网络是完全对应的，度分布可以完整地描述网络。规则网络中各节点的度值相同，

因而符合 δ 分布；随机网络中各节点的度值符合泊松分布；无尺度网络存在幂律形式的度分布。在判断 2 个网络是否相似的时候，就可通过度之间的相关性来描述 2 个网络之间的相互关系，即度分布的相关性。

5.2.3.2　平均最短路径

设 $d(v,w)$ 表示节点 v 和 w 之间的最短路径，C_n^2 是网络中的总节点对数，则网络的平均最短路径（Average Shortest Path，ASP）l 可表示为

$$l=\frac{1}{2C_n^2}\sum_{v\in V}\sum_{w\neq v\in V}d(v,w) \tag{5-3}$$

例如，对于图 5-11 所示的 1 个包含 5 个节点和 5 条边的简单网络，可以计算出 $l=\dfrac{(1+1+2+1+1+1+2+2+2+3)}{\dfrac{1}{2}\times 5\times 4}=$ 1.6 。

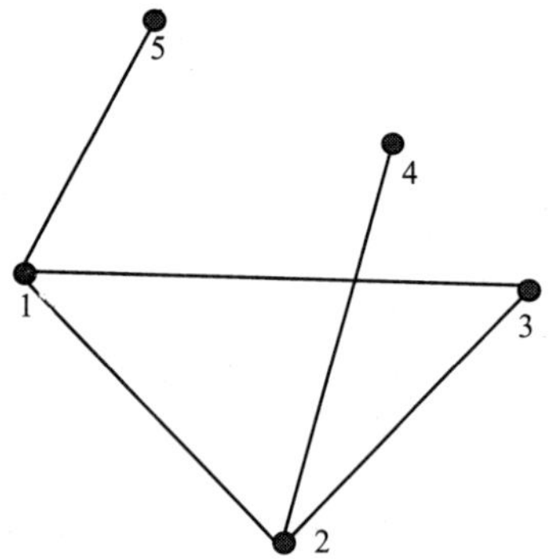

图 5-11　1 个简单网络示意图

当网络是 n 个节点的完全连接图时，任意 2 个节点之间的最短路径都为 1，故 $\sum_{v\in V}\sum_{w\neq v\in V}d(v,w)=n(n-1)$ ，则 $l=\dfrac{n(n-1)}{2C_n^2}=1$ ，此时平均最短路径 l 的值最小。可见，l 的值越大，网络中信息流的传输平均时延就越长，因此，l 的值越小越好。

5.2.3.3　平均聚集系数

集聚系数（Clusting Coefficent，CC）是指网络集团化的程度，节点 v 聚集系数 γ_v 表示为

$$\gamma_v = \frac{|\Gamma_v|_\varepsilon}{\binom{k_v}{2}} \tag{5-4}$$

式中　Γ_v ——节点 v 的邻居节点集合；

$|\Gamma_v|$ ——节点集合中的节点的数目；

$|\Gamma_v|_\varepsilon$ ——节点集合 Γ_v 中连接 2 个节点的边数；

k_v ——节点 v 的度数；

$\binom{k_v}{2}$ ——邻居节点之间可能存在的最大连接边数。

图 5—12 为网络聚集系数分析示意图。图中，黑色节 点代表节点 v 的邻居节点，邻居节点之间的连接用粗线表示。$k_v = |\Gamma_v| = 6$，故节点 v 的聚集系数 γ_v 为

$$\gamma_v = \frac{|\Gamma_v|_\varepsilon}{\binom{k_v}{2}} = \frac{5}{15} = \frac{1}{3}$$

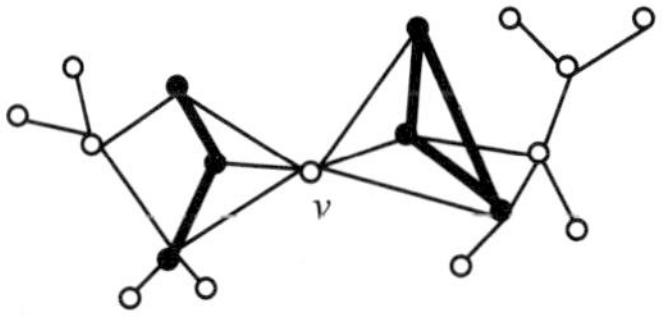

图 5—12　网络聚集系数分析示意图

对于有 n 个节点的网络而言，定义网络平均聚集系数为

$$\gamma = \frac{1}{n}\sum_{v\in V}\gamma_v \tag{5-5}$$

可见，该指标反映出整个网络的连通状况，γ 值介于［0，1］之间，γ 值越大，网络的连通性越强。当网络是完全连通时，对任一节点 v 有

$$\gamma_v = \frac{|\Gamma_v|_\varepsilon}{\binom{k_v}{2}} = \frac{(n-1)(n-2)/2}{\binom{n-1}{2}} = 1$$

进而，$\gamma = \frac{1}{n}\sum_{v\in V}\gamma_v = \frac{1}{n}\cdot n\cdot 1 = 1$

γ 还可用于度量网络的局部传递特性，γ 越大，表示网络的局部互连程度（密度）越高，它的局部传播效率就越高，抗外部攻击的能力就越强。

5.3 拓扑结构生成与更新方法

5.3.1 拓扑结构生成

根据空间信息网络中卫星的初始状态、运行规律、星间和星地连通条件等因素，决定经过 Δt 时间后卫星的运行方位及星间和星地的链路长度和互联关系，生成卫星系统的动态拓扑结构，并动态更新，演示空间信息网络不同时刻拓扑结构的动态变化，如图 5—13 所示。

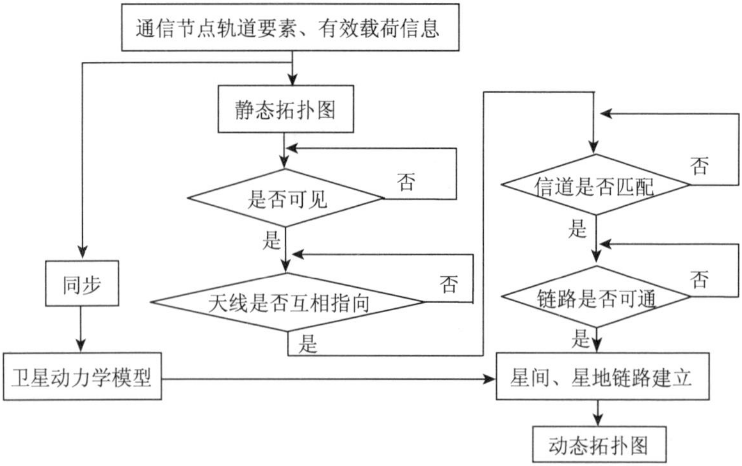

图 5—13　空间信息网络动态拓扑结构的生成流程图

5.3.1.1　卫星可见性分析

(1) 卫星可见性

针对空间任意 2 颗圆轨道卫星的可见性，可以提出最大可见链路长度和最大可见地心角的概念。考虑地球及其大气层对星间链路的遮挡，空间任意 2 颗圆轨道卫星之间的星间链路长度应有一个最大值，即最大可见链路长度。

图 5—14 为过 2 颗不同高度的卫星 A 和 S 的天球剖面图，R_D 等于地球半径加上大气层高度。在图 5—14 中所示位置，当卫星 A 和 S 连线与 R_D 垂直即与地球大气层相切时，卫星 A 和 S 间星间链路长度达到最大值 d_{max} ，这时卫星 A 和 S 所成的地心角也达到了最大值 ξ_{max} 。d_{max} 即为卫星 A 和 S 的最大可见链路长度。由图 5—14 可得出

$$d_{max} = \sqrt{R_A^2 - R_D^2} + \sqrt{R_S^2 - R_D^2} \tag{5—6}$$

$$\xi_{max} = \arccos\left(\frac{R_D}{R_A}\right) + \arccos\left(\frac{R_D}{R_S}\right) \tag{5—7}$$

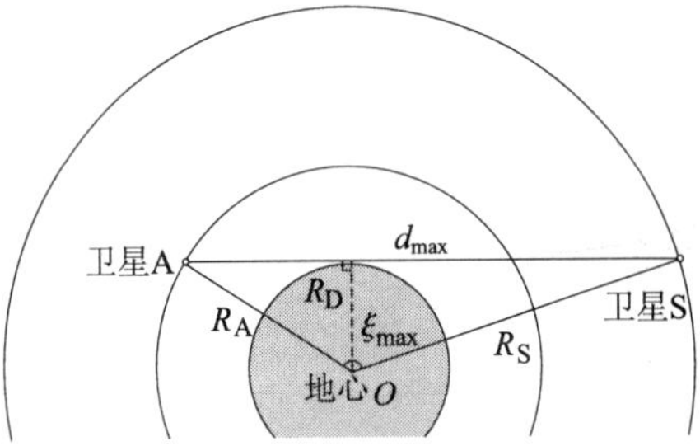

图 5—14　卫星可见性示意图

同样的道理，卫星与地面站之间的星地链路也存在着最大可见链路长度以及星地最大可见地心角。假设地面站 E 相对于卫星 A 的最小仰角为 γ_{min} ，R_E 为地球半径，则最大可见星地链路距离 d_{max} 和最大可见地心角 ξ_{max} 分别为

$$d_{max} = \sqrt{R_A^2 - R_E^2 \cdot \cos^2\gamma_{min}} - R_E \cdot \sin\gamma_{min} \tag{5—8}$$

$$\xi_{max} = \arccos\left(\frac{R_E \cdot \cos\gamma_{min}}{R_S}\right) - \gamma_{min} \tag{5—9}$$

(2) 星座覆盖特性

对于全球覆盖的低轨道卫星星座，卫星位置随时间不断变化，需要协同覆盖，存在着大量的重叠覆盖区，重叠覆盖区内的卫星用户在大多数时候能够同时见到多颗卫星。

星座覆盖特性包括覆盖率、覆盖时间、覆盖重数、覆盖度等指标，由星座设置而定，它影响卫星切换、卫星分组、拓扑更新等性能。覆盖度是指 1 颗高层卫星能同时覆盖的低层卫星的个数，又称为星座的层间连接度。单颗卫星单波束覆盖情况如图 5－15 所示。图中，O 为地心，S 为高层卫星，A 为低层卫星，R_S 为卫星 S 的轨道半径，R_A 为卫星 A 的轨道半径，γ 为卫星 A 对 S 的仰角，ξ 为 γ 对应的地心角，φ 为 ξ 对应的半锥角，d_{AS} 为卫星 S 到卫星 A 的距离，即 2 颗卫星间的星间链路长度。

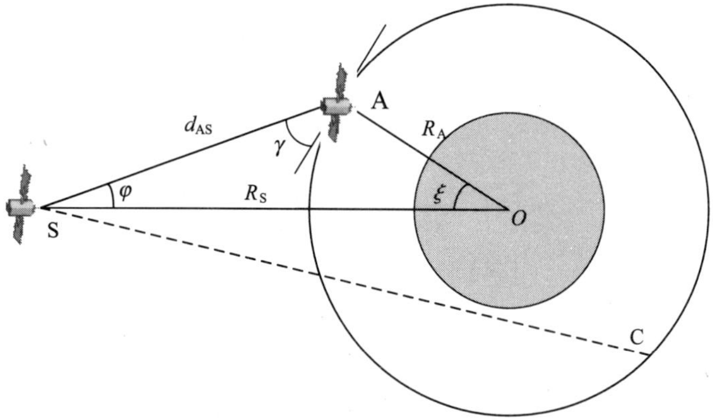

图 5－15　卫星间覆盖示意图

可以求得，卫星 A 与 S 所成的地心角 ξ 同仰角 γ 之间的关系为

$$\xi = \arccos\left(\frac{R_A \cdot \cos\gamma}{R_S}\right) - \gamma \tag{5-10}$$

星间链路的长度 d_{AS} 同仰角 γ 之间的关系为

$$d_{AS} = \frac{R_S \cdot \sin\xi}{\cos\gamma} \tag{5-11}$$

根据ξ可求得卫星S对卫星A的覆盖范围（球冠面积）A_{COVER}以及覆盖率R为

$$A_{COVER}=2\pi\cdot R_A^2\cdot(1-\cos\xi) \tag{5-12}$$

$$R=\frac{A_{COVER}}{A_{EARTH}}=\frac{1-\cos\xi}{2} \tag{5-13}$$

当γ达到其最小值γ_{min}时，地心角ξ、星间链路长度d_{AS}、覆盖范围A_{COVER}及覆盖率R都达到了最大值。式（5—10）～式（5—13）对于星间链路与星地链路都是成立的，即假若A为一地面站，R_A为地球半径，则地心角、链路长度、覆盖范围及覆盖率几个参数与地面站对卫星S的仰角γ之间的关系仍然成立。但需要注意的是，在星间通信中，卫星A对S的仰角可以取得负值而仍然具有可见性。如图5—15所示，若对角度不加限制，当卫星A位于C处时，仍然可以被高层卫星S覆盖，若要求星座之间满足一定的覆盖重数时，这种情况是允许的。经过分析可知，这种情况下式（5—10）～式（5—13）仍然成立。

于是便得覆盖性的判决方法：限定γ_{min}为通信的最小仰角，若$\gamma\geqslant\gamma_{min}$，则低层卫星被高层卫星覆盖。

5.3.1.2　天线方向图模型

天线方向图通常都有2个或多个瓣，其中辐射强度最大的瓣称为主瓣，其余的瓣称为副瓣或旁瓣。在主瓣最大辐射方向两侧，辐射强度降低3 dB，即功率密度降低一半的2点间的夹角定义为波瓣宽度$2\theta_{0.5}$，又称波束宽度或主瓣宽度；$\theta_{0.5}$称为半功率角，如图5—16所示。

天线方向图增益一般表示为$G(\theta,\varphi)$，其中θ与φ的定义如图5—17所示。圆O是一天线面，位于XOY面，垂直于Z轴，点P是空间中一点，点P'是P点在XOY面的投影，φ是OP'与X轴的夹角，称为方位角，θ是OP与Z轴的夹角，称为指向偏离角。

天线方向图的建模一般比较困难，主要是由于天线种类繁多，难以建立统一模型。本书通过方向图解析函数计算得到天线方向图。

天线方向图解析函数需要依据星载天线的类型确定，不同类型

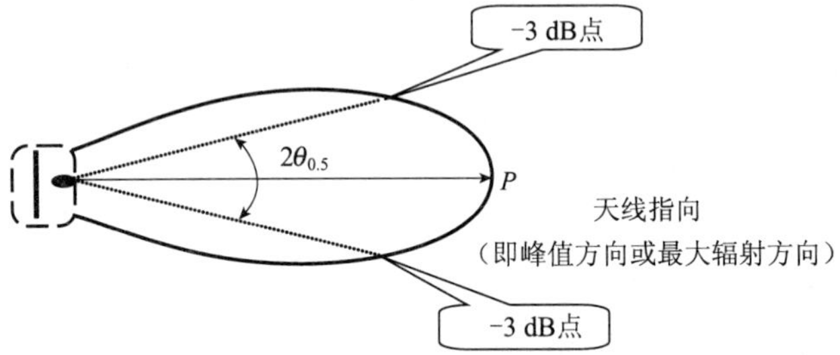

图 5—16　天线方向图

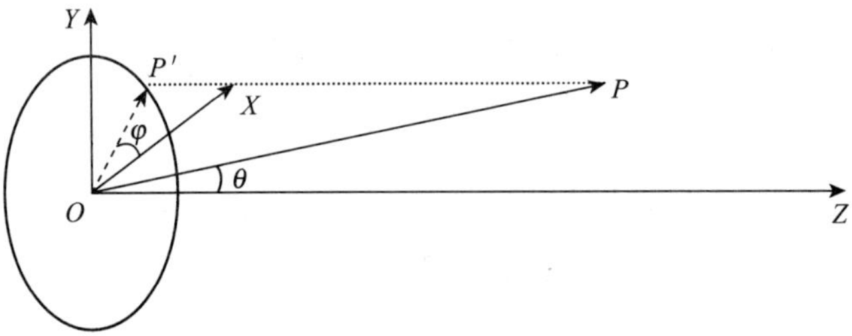

图 5—17　天线方位角与指向偏离角示意图

天线的方向图解析函数一般不同。

仿真时我们采用轴对称的口径天线，其天线方向图的解析函数可以表示为

$$G_{n,u}(\theta) = 4\left[\frac{J_1(u)}{u}\right]^2 \text{（圆口径天线）} \tag{5—14}$$

$$G_{n,u}(\theta) = 64\left[\frac{J_2(u)}{u^2}\right]^2 \text{（抛物面口径天线）} \tag{5—15}$$

式中　$u = \frac{\pi D}{\lambda}\sin\theta$；

θ——指向偏离角；

λ——载波波长；

D——口径直径；

$J_1(u)$，$J_2(u)$——一阶、二阶第一类贝塞尔（Bessel）函数。

由第一类贝塞尔函数定义，有

$$J_n(u)=\sum_{k=0}^{\infty}\frac{(-1)^k}{k!\Gamma(n+k+1)}(\frac{u}{2})^{n+2k} \tag{5-16}$$

当 $n=1$ 时，$J_1(u)=\sum_{k=0}^{\infty}\frac{(-1)^k}{k!(k+1)!}(\frac{u}{2})^{2k+1}$；

当 $n=2$ 时，$J_2(u)=\sum_{k=0}^{\infty}\frac{(-1)^k}{k!(k+2)!}(\frac{u}{2})^{2k+2}$。

根据上述公式，可求得两类口径天线的半波宽度。

令 $G_{n,u}$ $(\theta)=0.5$，对圆口径天线有 $u=1.6$，其半波宽度为：$2\theta_{0.5}=2\arcsin\frac{1.6}{\pi}\frac{\lambda}{D}$，对于大圆口径天线，有 $D\gg\lambda$，则：$2\theta_{0.5}=2\arcsin\frac{1.6}{\pi}\frac{\lambda}{D}\approx2\frac{1.6}{\pi}\frac{\lambda}{D}=1.02\frac{\lambda}{D}$。同理，可得抛物面天线的半波宽度为：$2\theta_{0.5}=1.27\frac{\lambda}{D}$。

5.3.1.3　天线指向分析

在可视、天线指向的基础上，物理层可通性是指电磁信号的可达性，主要采用载噪比来描述。由于星间链路采用的是 Ka，EHF 或激光等较高频段，其天线的波束非常窄，加上星间链路两端都是处于运动中的卫星，因此，收发双方的天线不可能完全对准对方，必然存在天线主波束的指向偏离实际需要方向的情况，即存在天线指向误差。所谓天线指向误差，是指天线当前指向的增益［设为 G_r（θ_r，φ_r)］与天线最大增益（设为 G_r）的差。当链路两端的天线相互指向即最大辐射方向相互对准时，链路的天线增益（设为 G_r）最大，天线指向误差最小。当链路两端的卫星天线不能相互对准时，需要计算其天线指向误差。

（1）模型参数抽象

由图 5－18，可把星载天线抽象为 3 个参数，即天线位置矢量 $\boldsymbol{D}$，天线指向矢量 $\boldsymbol{P}$ 和天线半功率角 $\theta_{0.5}$。

坐标系采用地心惯性坐标系。假设 2 个卫星节点 A 和 B，考虑其天线指向矢量位置关系最一般的情况——相互异面，如图 5－18

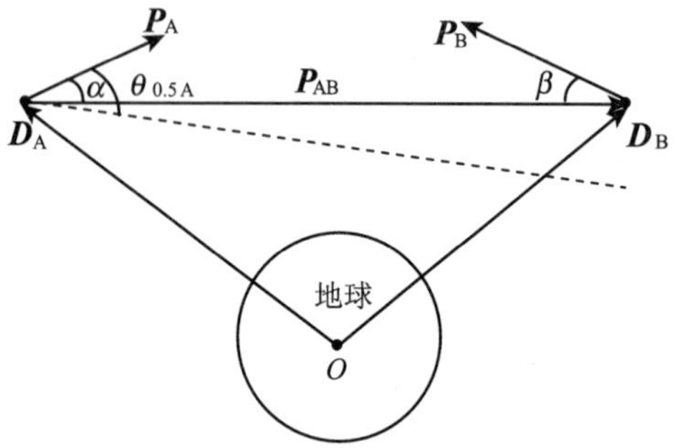

图 5－18　星载天线指向模型示意图

所示。其中，O 是地心，$\boldsymbol{D}_A$、$\boldsymbol{D}_B$ 是 2 颗卫星在地心固定坐标系中的位置矢量，$\boldsymbol{P}_A$ 和 $\boldsymbol{P}_B$ 是星载天线指向矢量，$\boldsymbol{P}_{AB}$ 是卫星 A 指向卫星 B 的矢量，α 是 $\boldsymbol{P}_A$ 与 $\boldsymbol{P}_{AB}$ 夹角，β 是 $\boldsymbol{P}_B$ 与 $\boldsymbol{P}_{BA}$ 夹角，α 和 β 即为指向偏离角，$\theta_{0.5A}$ 是卫星 A 的半功率角。

各个参数的关系如下：

$$\begin{cases} \boldsymbol{P}_{AB} = \boldsymbol{D}_A - \boldsymbol{D}_B \\ \boldsymbol{P}_{BA} = \boldsymbol{D}_B - \boldsymbol{D}_A \\ \cos\alpha = \dfrac{\boldsymbol{P}_A \cdot \boldsymbol{P}_{AB}}{|\boldsymbol{P}_A||\boldsymbol{P}_{AB}|} \\ \cos\beta = \dfrac{\boldsymbol{P}_B \cdot \boldsymbol{P}_{BA}}{|\boldsymbol{P}_B||\boldsymbol{P}_{BA}|} \end{cases} \tag{5－17}$$

（2）天线增益计算

建立天线模型的目的是要确定链路两端卫星天线的天线增益。当两端卫星天线互相指向时，天线增益最大；当不能互相指向时，天线增益有所减少；即其前提是建立星间链路。在满足卫星相互可见、功率可达等条件下还要对天线指向进行判断，以确定星间链路能否建立。

1）判断卫星 A 和卫星 B 是能否相互覆盖。

如果 $\alpha < \theta_{0.5A}$，则卫星 B 落在卫星 A 的覆盖范围内，即卫星 B 可收到卫星 A 的信号；

如果 $\beta < \theta_{0.5\mathrm{B}}$ ，则卫星 A 落在卫星 B 的覆盖范围内，即卫星 A 可收到卫星 B 的信号；

满足上面两个条件之一，卫星 A 和卫星 B 具有相互通信的条件。

2）判断卫星 A 和卫星 B 星载天线的指向是否相向。

设 $\gamma = \arccos \frac{\boldsymbol{P}_{\mathrm{A}} \cdot \boldsymbol{P}_{\mathrm{B}}}{|\boldsymbol{P}_{\mathrm{A}}||\boldsymbol{P}_{\mathrm{B}}|}$ ，如果 $\delta_1 < \gamma < \delta_2$ ，则天线相互指向，卫星 A 和卫星 B 具备通信条件。否则，天线同向，卫星 A 和卫星 B 不能通信。其中 $\delta_1, \delta_2 \in [90°, 180°]$ 。

3）确定星间链路的天线指向增益。

对于天线口径为 D（m）的圆口径天线、抛物面天线等面状天线主瓣方向上的增益最大值 $G_{\max}$ 可按下式计算

$$G_{\max} = \eta \frac{4\pi A}{\lambda^2} \tag{5-18}$$

式中　A——天线的口面面积（m^2）；

η——天线效率；

λ——载波波长（m）。

考虑天线指向误差后，天线的实际增益 $G(\theta)$ 可按下式计算

$$G(\theta) = G_{\max} \cdot G_{n,u}(\theta) \tag{5-19}$$

设卫星 A 和 B 的星载天线增益函数分别为 $G_{n,u\_\mathrm{A}}(\theta_{\mathrm{A}}, \varphi_{\mathrm{A}})$ 、$G_{n,u\_\mathrm{B}}(\theta_{\mathrm{B}}, \varphi_{\mathrm{B}})$ ，仿真时采用轴对称的天线，这里：$G_{n,u\_\mathrm{A}}(\theta_{\mathrm{A}}, \varphi_{\mathrm{A}}) = G_{n,u\_\mathrm{A}}(\alpha)$ ，$G_{n,u\_\mathrm{B}}(\theta_{\mathrm{B}}, \varphi_{\mathrm{B}}) = G_{n,u\_\mathrm{B}}(\beta)$ ，带入式（5—19）可得到天线的实际增益 $G_{\mathrm{A}}(\alpha)$ ，$G_{\mathrm{B}}(\beta)$ 。

5.3.1.4　物理层可通性分析

（1）载噪比

在正常的情况下，物理层可通性是指电磁信号的可达性，主要采用载噪比来描述。仿真时，星间链路采用微波信道，参考模型以电磁波自由空间传输模型为基础，考虑天线指向和多普勒频移等因素得到

$$[C] = [\mathrm{EIRP}(\theta_t, \varphi_t)] + [G_{\mathrm{r}}(\theta_{\mathrm{r}}, \varphi_{\mathrm{r}})] - [L_{\mathrm{p}}] - [L] \quad (\mathrm{dB}) \tag{5-20}$$

则通信链路的载噪比 $[C/N_0]$ 为

$$[C/N_0]=[\mathrm{EIRP}(\theta_t,\varphi_t)]+[G_r(\theta_r,\varphi_r)/T]-[L_p]-[L]+228.6\quad(\mathrm{dB\cdot Hz})\tag{5-21}$$

其中，$\mathrm{EIRP}(\theta_t,\varphi_t)=P_t+G_t(\theta_t,\varphi_t)$ (dB)，称为等效全向辐射功率。P_t 是信号发射功率（dB），G_t 和 G_r 分别是天线的发射和接收的实际增益（考虑了天线指向误差），$[G_t(\theta_t,\varphi_t)/T]$ 为接收系统的品质因子（dB/K），T 为接收系统总的等效噪声温度，自由空间传输损耗 $L_p=20\lg d+20\lg f+92.45$，$d$ 是传播距离（km），f 是信号的传播频率（GHz）。$L(L>1)$ 是综合损耗值，可包括系统损耗、空间环境噪声损耗、多普勒频移损耗等。

在给定载噪比门限 $[C/N_0]_{\min}$ 的条件下，将得到的载噪比 $[C/N_0]$ 与之比较，当 $[C/N_0]<[C/N_0]_{\min}$ 时，判为不可通信；否则，是可通信的，此时可将通信质量分为 4 个等级：优、良、中、差，以较好地反映通信性能。一般来说，接载噪比门限 $[C/N_0]_{\min}$ 越低，则通信链路越易建立，越易通信。但 $[C/N_0]_{\min}$ 越低则对通信系统的要求就越高，设备复杂度、成本也会增大。故选择合适的 $[C/N_0]_{\min}$ 对于通信系统的设计、通信链路的设计是很重要的。

（2）误码率

在通信链路没有受到敌方的干扰时，链路接收端的载噪比 $[C/N_0]$ 主要随链路长度变化而变化，且变化范围较大；可通性判断应同时考虑载噪比和误码率这 2 个因素。在通信链路受到敌方的干扰时，链路的误码率会变化较大，可能会发生突变，致使通信链路不能正常通信。故误码率的分析、判断对于链路的可通性判断也是很重要的。

误码率即是码元在传输系统中被传错的概率，其定义如下

$$\mathrm{BER}=\frac{m_{\mathrm{error}}}{N_{\mathrm{total}}}\tag{5-22}$$

式中 m_{error} ——错误接收的码元数；

N_{total} ——传送的总码元数。

当 $\mathrm{BER}\geqslant\mathrm{BER}_{\mathrm{th}}$（$\mathrm{BER}_{\mathrm{th}}$ 为通信系统要求的最低误码率）时（载

噪比 [C/N_0] 也达到要求)，认为 2 个通信节点是可通的，否则是不可通的。

5.3.2　拓扑结构更新

由于空间信息网络的网络拓扑结构是动态变化的，间隔一定的时间需要对网络拓扑进行更新。网络拓扑更新周期（Topology Update Period，TUP）并不是越小越好，如果周期较短，网络拓扑可能没有发生明显的变化，不需要进行更新；而且周期很短时，网络拓扑的更新次数会大大增加，从而造成不必要的开销。因此，拓扑更新周期应存在下限值。对于采用 Walker delta 星座的多层卫星网络，链路切换主要是由星地链路、异层星间链路引起的，直接影响网络拓扑。而这两种切换的次数主要是由卫星覆盖时间的大小决定的，因此可以通过计算卫星的覆盖时间来估计网络星间链路的 1 个上限值。此外，对于多媒体应用的 QoS 指标有时延抖动的限制，通过时延抖动门限值（Time Delay Skip Threshold，TDST）来估计星间链路的另外 1 个上限值。因此采用拓扑更新周期估算方法，用来估计网络拓扑更新周期的上、下限，其流程如图 5－19 所示。

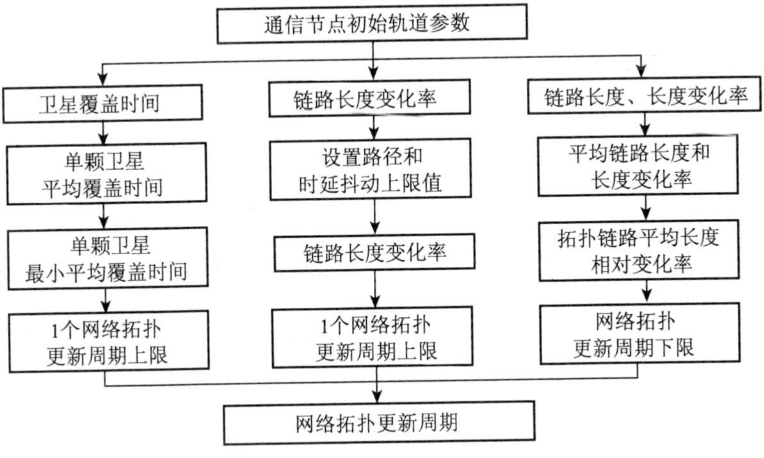

图 5－19　网络拓扑更新周期的估算流程图

拓扑更新周期估算的具体方法如下：

1）拓扑更新周期上限值（Upper Limit of Topology Update Period，ULOTUP）的估算。

设路径 p_s 由 n 条链路 link_i（$i=1, 2, \cdots, n$）构成，链路长度平均变化率（Link Length Mean Rate，LLMR）为 LLMR_i（km/s），路径长度变化率（Path Length Rate，PLR）为 $\text{PLR}=\sum_{i=1}^{n}\text{LLMR}_i$，通过时延抖动限制，计算得到拓扑更新周期上限值，可表示为

$$\frac{\text{PLR}\times T_{\text{ULOTUP}}}{c}\leqslant \text{TDST}$$

$$\text{即 } T_{\text{ULOTUP}}\leqslant \frac{\text{TDST}\times c}{\text{PLR}} \tag{5-23}$$

式中 T_{ULOTUP}——拓扑更新周期上限值；

TDST——时延抖动门限值；

c——光速（km/s）。

2）拓扑更新周期下限值（Lower Limit of Topology Update Period，LLOTUP）的估算。

假设网络拓扑中存在 n 条链路 link_i（$i=1, 2, \cdots, n$），每条链路的平均长度（Link Mean Length，LML）为 LML_i（km），链路长度平均变化率为 LLMR_i（km/s），且 $\text{LLMR}_i\neq 0$。定义拓扑链路平均长度（Topology Link Mean Length，TLML）$\text{TLML}=\sum_{i=1}^{n}\text{LML}_i/n$（km），拓扑链路长度平均变化率（Topology Link Length Mean Rate，TLLMR）为 $\text{TLLMR}=\sum_{i=1}^{n}\text{LLMR}_i/n$（km/s），拓扑更新周期下限值可表示为

$$\frac{\text{TLLMR}\times T_{\text{LLOTUP}}}{\text{TLML}}\geqslant \text{TLMLRRT}$$

$$\text{即 } T_{\text{LLOTUP}}\geqslant \frac{\text{TLMLRRT}\times \text{TLML}}{\text{TLLMR}} \tag{5-24}$$

式中 T_{LLOTUP}——拓扑更新周期下限值；

TLMLRRT——链路平均长度相对变化率门限。

根据式（5－23）、式（5－24）结合单颗卫星的平均覆盖时间，对不同信息传输路径的拓扑更新周期上限值和下限值进行估算，不同信息传输路径的拓扑更新周期范围是不同的，这主要是由它们不同的链路长度特性引起的。利用此方法可以先估算拓扑更新周期的范围，再根据具体的情况在这个范围内对拓扑更新周期取值。

第6章　空间信息网络移动性管理

移动性管理是移动通信系统必须解决的问题。目前新型的移动卫星通信多采用多波束实现对服务区的无缝覆盖，伴随波束越来越窄的趋势，移动性管理的要求日益突出。虽然地面已有比较成熟的移动性管理技术，但在卫星上应用还要做适当修改，尤其是对低轨道卫星而言，多星覆盖及网络拓扑时时变化的特点，对移动性管理提出更高的要求。

在地面移动通信中，用户接入技术、信道切换技术和信道分配技术都已经相当成熟了，但是在地面上基站覆盖小区是固定不变的，移动用户在基站覆盖小区内做不规则运动，此时切换是很少发生的。而卫星波束覆盖小区是在地球上高速运动的，虽然卫星用户的运动速度相对于波束覆盖小区的高速运动可以忽略不计，且卫星波束覆盖小区的运动是有规律的，却切换频繁。因此，不能把地面移动通信中的相关技术直接应用到卫星网络通信中，但是可以把相关的概念和方法借鉴过来应用。

在空间信息网络尤其是低轨道卫星系统中，每颗卫星覆盖地球表面的一部分，由于卫星围绕地球不停地转动，当地面终端到卫星的仰角小于某个特定值时，地面终端和卫星（卫星与卫星）之间就需要切换。与此同时，由于星座由为数众多的卫星组成，存在着大量的多重覆盖，就需要在多颗能够完成切换任务的卫星中优选，而采用不同的切换准则（或策略）时，会使得系统性能的差异较大。切换的存在使网络中的路由不断变化，不仅增加了交换路由更新信息的通信量，而且为路由算法的计算带来了额外的负担。切换技术的好坏将直接影响到切换延时、切换频率、频率利用率、QoS 保证、最大瞬时仰角、呼叫阻塞率等指标，从而影响整个系统的性能。

6.1　空间信息网络拓扑动态性

空间信息网络不同于地面网络的平面拓扑结构，是一个具有三维立体拓扑结构的网络，并且卫星的高动态特性决定了其拓扑结构的不固定性。由于卫星的运行，整个网络的拓扑结构随着时间变化，且变换具有可预测性、周期性、规则性和持续性。因此，空间信息网络是具有可预测性的四维拓扑结构的动态网络。在具有星间链路的动态卫星网络中实现路由的最大挑战是卫星网络拓扑的时变特性和空间环境对目前已有硬件技术的限制。与传统的地面固定网络相比，空间信息网络具有以下动态性特点。

1）拓扑结构的时变性：静止轨道卫星由于与地球同步，从地面上看是静止不动的，因此，静止轨道卫星之间的星间链路可以始终维持不断。然而由于低轨道卫星和中轨道卫星都围绕地球表面高速旋转，星间链路长度也随着卫星的运动而不断变化。轨道间星间链路在越缝（Cross－seam）或者经过极地高纬度地区时还必须断开。这些特点导致空间信息网络的拓扑结构不断变换，从而各种地面网络使用的路由协议不能直接应用于卫星通信网络中。

2）切换对路由的影响：以中轨道卫星为例。中轨道卫星通信系统中，当地面、海上和空中的通信终端到卫星的仰角小于某个特定值时，它们就必须在各中轨道卫星的覆盖域内进行切换。同时低轨道卫星向中轨道通信卫星传输数据时，也会因为相互移动而必须在各中轨道卫星的覆盖域内进行切换。切换使卫星网络的拓扑不断变化，引起路由的重新计算，同时也增加了路由更新信息的通信量。

在空间信息网络中，路由问题包括 3 个方面：拓扑测算、路由表计算和路由转发。拓扑测算是卫星网络中特有的，指根据卫星网络拓扑变化的周期性，对可能出现的网络拓扑进行归类，把连续变化的拓扑转换为离散变化，从而可以把动态网络拓扑结构下的路由简化为静态网络拓扑结构下的路由（当然，并非所有的系统都需要这一步骤，这和星座设计有关)。路由表计算，指针对某种拓扑，计算节点间的转发路径，生成路由表。路由转发，指根据路由表中内容，查找出到目的节点的路径（可能不止 1 条），并按一定的策略对收到的数据进行转发。解决空间信息网络的路由关键技术需要解决寻址、最短路径的计算、边界路由等问题。

由于移动卫星的高速运行，使得卫星网络拓扑具有高度的动态性，因而无法用常规的静态网络拓扑结构分析方法来描述和研究卫星网络系统的拓扑结构。解决卫星网络动态性的主要思想是利用卫星网络所表现出的特殊性质，如可预测性、周期性和规则性等，对星座网络拓扑变化进行某些简化或抽象，从而对路由协议隐藏星座网络的变化。具体来讲主要有以下 3 种抽象方法。

1）虚拟拓扑。虚拟拓扑路由方法利用了卫星星座拓扑的周期性和可预测性。它将卫星网络划分成很多个周期为 T 的小时间间隔，在 1 个周期内将网络拓扑看作是固定不变的，卫星的移动、网络拓扑的变化以及切换都假设是在时间间隔的开始和结束发生。由于间隔时间很小，可将各星间链路上的开销视为常数，而且一般可以根据特定函数来计算这些开销，比如，为处于高纬度或易于断开的链路分配较大的开销值。这种基于虚拟拓扑的路由选择方法可以为路由协议屏蔽卫星的移动性，从而可以使用诸如 Dijkstra 最短路径等算法来计算最短路径。

2）虚节点。虚节点的概念是利用了星座拓扑的规则性，其目的同样是为了对运行于卫星星座的路由协议隐藏卫星的移动性。在该方法中，涉及地面星座用户以及如何与它们通信的信息都表示为与地球上的区域有关的状态信息，并且保存在相对地球表面固定位置的一些虚实体或称虚节点上，星座网络的用户只需要与含有这些状态信息的虚实体进行通信。卫星在不停地移动中，路由表项或信道分配信息等状态持续地从一颗卫星传到另一颗卫星，而这些变化都可以反映在地球上的虚节点中，路由功能通过使用一种普通的路由协议，在由虚节点组成的固定网络中进行就可以实现星座网络路由选择功能。

3）基于地理位置的地址机制。这种机制是基于这样一个假设，即在 1 个具有规则网状拓扑结构的移动卫星通信系统中，一系列局部最优的路由将产生 1 条与全局最优路由最接近的路由。当地球表面被分成许多规则的蜂窝结构时，可以为服务于特定小区的每个卫星节点分配 1 个逻辑地址，同时不同的卫星可以对应 1 个固定的虚节点。然后可以对卫星节点使用一种基于地理位置的地址分配机制，并运行某种简化的路由协议。在这种协议中，每次路由选择都建立在减小到目的端距离的基础上：1 颗卫星在为信息选路时，首先确定到目的端的距离，然后确定它的每颗邻近卫星到目的端的距离。这样，卫星就会将信息转发到能最大限度减小到目的端距离的下一颗卫星。

6.2　卫星网络中的切换

切换是指由于卫星的运行或用户的移动，使用户通信链路发生变化的情况。卫星通常配备多波束天线，卫星的 1 个波束覆盖区就相当于地面系统中的 1 个蜂窝小区，只是卫星波束覆盖区的直径在几百至几千千米，远大于地面蜂窝小区的直径。由于卫星和用户都可能是移动的，在用户的通信过程中很可能会发生用户从一个波束覆盖区进入另一个波束覆盖区的情形。为确保通信不中断，系统必须能在该用户穿过相邻波束覆盖区边界时，自动为其在新的波束中分配 1 条信道并完成相应的接续控制，然后收回在原来波束中使用的信道和停止接续控制，这就是切换需要研究的问题。切换的实质是卫星通信网络的路由重建过程，对路由选择具有重要影响。

卫星网络的切换可分为以下 3 种类型：卫星间切换、链路切换和点波束切换。

6.2.1 卫星间切换

卫星间切换是指地面终端通信的卫星发生改变，新的卫星进入/退出2个用户的通信路径，通信从一颗卫星转移到另一颗卫星上，如图6—1所示，假设用户A和用户B进行通信，用户A和用户B分别在卫星1和卫星2的覆盖区内，开始时通信路径包括卫星1和卫星2，随着卫星的运动，用户B将落入卫星3的覆盖区内，为了维护呼叫的连续性，新的通信路径中应该包括卫星3。卫星切换必然造成原有路由的失效，为了维护通信的连续性，必须更新原有的路由。卫星切换首先应该快速，使切换造成的延迟最小，保证切换过程中呼叫的连续性和相应时延指标不被破坏。新的连接路径要能够继续保证已确认的用户QoS要求，同时快速完成重新路由以减少通信中断的时间，这就要求重新路由算法既要简单，又要保证切换前的服务质量。

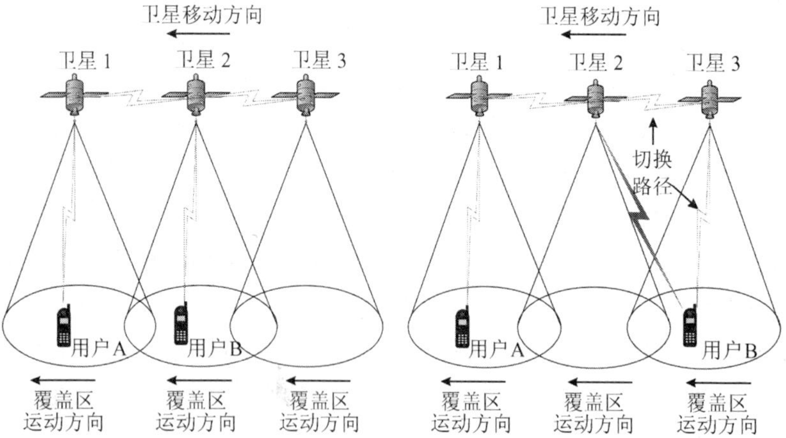

图6—1 卫星间切换示意图

重新路由有3种基本的连接重建立方法：完全连接建立、部分连接重建立以及组播连接重建立。完全连接建立方法向对待新的连接一样对已有连接重新计算优化路由，得到的路由虽然总是最优的，但是带来的通信重新路由的延迟和信令开销都很大。为了减轻这个问题，部分连接重建立方法在保留原有路由的部分路径基础上，重新建立部分路径，路由更新过程仅涉及局部路径的部分改变，能够快速完成，但是新建立的通信路径不一定是优化的。组播连接重建立方法中，在初始呼叫确认过程中建立虚拟组播连接树，在切换时使用已经建立的路由，重新路由能够立即完成；其缺点是建立组播连接树需要预先分配资源，网络资源的利用率低。

下面讨论覆盖域切换重新路由协议（Footprint Handover Rerouting Protocol，FHRP）。

Akyildiz 提出了 FHRP 覆盖区切换路由算法，结合全路由重建和部分路由重建的优势，该算法分为 2 个步骤：路由增加和覆盖域重路由。在路由增加阶段，寻找从新的卫星到原来优化路由之间的链路，通过少量的信令延迟和信令开销与原有路由形成新的路由，目标是在切换后无须使用优化路由算法而建立优化的路径。其依据是卫星网络的拓扑结构具有规则性和周期性，从源到目的的初始路由是优化的，切换发生时，从源到目的路径上的每颗卫星都用后续卫星替代，那么这一替代卫星形成的路由可能也是优化的，如果没有找到相应的增加链路，使用路由优化算法计算新的整个通信的连接路径。如图 6－2（a），移动终端从卫星 1 的覆盖区移动到卫星 2 的覆盖区，根据覆盖域切换重新路由协议，系统首先进入路由增加阶段，新路由表示为原路由加上从卫星 1 到卫星 2 的扩展路由，此时的新路由可能是非最优化的。最优的含义是最小跳数，即路由中星间链路条数最少。在重路由阶段，如图 6－2（b），到移动终端的新的最优化路由被重新计算。

路由增量算法的缺点是在几次增量过程之后，由于卫星上通信流量和链路特性等改变，形成的路由可能不是优化的，因此需要在一定时间间隔更新路由，末端用户（算法假设源端）确定更新路由的时间间隔。在覆盖域重路由阶段，首先源端通过发送重路由请求进行初始化，源端卫星试图建立新的优化路由，路由成功则删除当

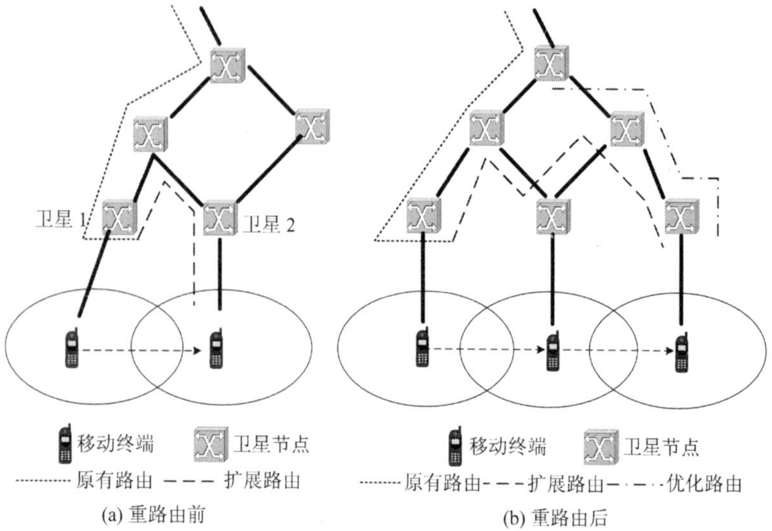

图 6—2　卫星切换中重路由示意图

前路由，最后用户终端更新路由信息。覆盖域切换重新路由协议要求用户终端存储连接路由信息，适用于面向连接的网络。

6.2.2　链路切换

卫星的高速运行使得卫星网络具有动态的拓扑结构，卫星在接近极地或处于反向缝上时关闭与邻轨道其他卫星的星间链路，经过这些链路的通信需要重新路由，由此带来的切换称为链路切换。在链路切换时，重新路由的尝试会导致大量的网络信令开销，因网络资源不足而阻塞通信过程，或连接重路由的延迟大。因此，路由算法要考虑链路切换的影响。

下面讨论概率路由协议（Probabilistic Routing Protocol，PRP）。

概率路由协议算法利用卫星网络拓扑结构的可预知性，在新的连接建立阶段，去掉在连接生存期或卫星切换前经历链路切换的星间链路，减少由于链路切换引起的重路由次数。由于连接保持时间是随机变化的，不能确定连接的生存期或用户终端的位置，只能按一定的概率估计连接的时间。概率路由协议算法计算出一个时间段，用户终端在这个时间段内以一定的概率（称为目标概率）不经过任何链路切换。由于概率路由协议在计算路由时删除了某些链路，网络的阻塞概率会增加，因此在链路阻塞概率和因链路切换而重新路由的次数之间存在折中，同时要区分新的呼叫连接和切换连接，切换连接的阻塞概率应小于新呼叫连接的阻塞概率。概率路由协议算法可以同卫星切换重路由算法并行处理，能够应用到覆盖域切换重新路由协议路由中。

6.2.3　点波束切换

点波束切换包含释放切换终端与当前点波束的连接，以及在新的点波束中分配新连接切换终端。这 2 个点波束都在同 1 颗卫星中，点波束切换由同 1 颗卫星完成。由于点波束覆盖面积小，卫星运动速度快，点波束切换是最频繁的切换。

考虑切换连接的阻塞概率应该小于新呼叫连接的阻塞概率，点波束切换算法为切换连接赋予较高的链路分配优先级。在非地面同步卫星网络中，已提出守护信道、切换排队、动态信道分配以及连接管理控制技术，解决点波束切换问题。

守护信道切换（Handover with Guard Channel，HG）算法保留一定数量的信道用于切换请求，减少切换连接阻塞的概率。守护信道的个数等于系统总的信道数减去设置的阈值，如果忙信道的个数大于阈值时，新的呼叫请求被拒绝。增加守护信道的数量可以减少切换连接阻塞的概率，但增加新呼叫请求的阻塞概率，在切换连接的阻塞和新呼叫连接的阻塞之间存在折中。

切换排队（Handover Queuing，HQ）算法利用切换的 2 个点波束之间的重叠覆盖区域。当地面终端进入重叠覆盖区域时，发起切换过程。如果新的点波束中信道可用，就将它分配给地面终端；否则切换请求放入请求队列。当信道可用时，服务队列中的切换请求连接。切换排队减少了切换连接阻塞的概率，但性能依赖于新呼叫的到达率和重叠覆盖区域的大小。动态信道分配能够对切换排队算法进行修正，在每个呼叫完成后重新分配信道，但因切换频繁导致卫星的系统信令开销很大，对星上处理能力提出了很高的要求。

为了建立有效的切换排队算法，必须解决虚假切换请求问题，并恰当定义优先权。

按照软切换原则，一个地面终端可能同时保持多个点波束上的多条信道。但是如果此终端的相对运动方向朝向原接入点波束，那么处在前向位置上的点波束就根本没有必要提供切换信道。这种切换请求称为虚假切换请求。在切换算法中应当设法识别并拒绝这种请求，以减少不必要占用其他点波束信道的情况。在天线系统没有定向能力的情况下，切换区以和星下点相同的速度扫过地表。由于卫星的运动速度远高于地面终端，所以可以认为地面终端总是向后继卫星和后继点波束方向做相对运动。如果切换请求来自一个通过其后继点波束或后继卫星接入的终端，就可以认为这是一个虚假请求。

如果未来空间信息网络采用具有定向能力的天线系统，那么在每一个覆盖区的指向保持不变的时段内，卫星和点波束的覆盖区以及相应的切换区都稳定地指向地面上的一片固定区域。这时系统除了在重新分派波束指向时进行统一的切换，还必须处理地面高速移动单元在这个时段内的切换问题。对地表的任意一个移动单元，确定其相对于切换边界的运动方向是比较麻烦的。但是我们知道，随着距离的变化，移动单元所接收到的引导信号强度和多普勒频移都会发生相应变化。因此，可以通过引导信号的这些变化推断移动单元的相对运动方向。例如，通过一段时间的监测，如果终端接收到的来自切换目标的信号变强了，说明这是个有必要进行的切换；反之，则判断为虚假切换。

通信过程中，各种业务对实时性的要求是不同的。数据业务对实时性的要求比较低，而语音业务对实时性的要求则比较高，这就要求对切换请求进行排队的时候考虑业务特点。另一方面，不同的终端通过切换区的相对角度和速度不尽相同，较晚发出切换请求的终端有可能先进入切换目标卫星或波束的核心覆盖区。考虑到这些情况，我们认为在进行切换排队时，仅仅采取先进先出算法是不够的，应当适当地定义优先权，全面反映系统的各种优先性考虑。典型地，定义优先权至少应当考虑业务种类和终端的相对运动方向和运动速度等几个因素。

连接确认控制（Connection Admission Control，CAC）算法利用切换预测来预留部分资源，新的呼叫请求到达点波束时，将它与用户将来有一定概率访问的相邻点波束的列表相关联。该方法虽然减少了切换的阻塞概率，但不能保证该概率的上界，也降低了网络资源的利用率。地理连接管理控制（Geographical CAC，GCAC）算法基于用户位置数据库估计将来切换阻塞的概率，使用全球定位系统更新用户位置数据库，如果新呼叫阻塞概率小于目标切换概率就接受，否则拒绝呼叫。该算法具有较小的切换阻塞概率，具有一定的 QoS 保证。

6.2.4　基本切换准则

在卫星通信系统中，可采用的切换准则主要有 6 种：最近卫星准则、最强信号准则、最长可视时间准则、最小负荷准则、最短传播路径准则和最小跳数准则。

1）最近卫星准则：认为距离用户终端最近的卫星能够提供最好的 QoS，用户终端在任何时候都选择距离最近的卫星。该准则实现简单，但一般不会在实际系统中采用，因为它既没有考虑无线信号在空中的传播条件，也没有考虑网络的运行状况。

2）最强信号准则：终端在任何时候选择能够接收到最强信号的卫星。拥有足够高的信号强度是无线通信的一个基本条件，可以认为最强信号卫星能够提供最好的服务质量。然而该准则未考虑信号传输的距离或时延等因素，在实际系统中一般也不会采用。

3）最长可视时间准则：在切换发生时，选择可以提供最长通信连接保持的卫星，并且在仰角（或者信噪比）低于给定门限前，始终保持和当前卫星连接。通信双方都选择具有最长可视时间的卫星，能够使得 2 次切换之间的间隔较长。由于实际系统中的用户终端很难找出连接保持最久的路由，该准则实现起来比较困难。

4）最小负荷准则：终端在任何时候都选择连接到负荷最轻的卫星上。采用该准则可以使得全网的负荷分配比较均衡，有利于流量工程的实现等。

5）最短传播路径准则：终端在任何时候都选择使数据传播路径最短的卫星，其传播延时是最小的。但由于低轨道卫星相对于地面高速移动，不论是星间链路本身的距离，还是卫星与用户的距离，都处于连续变化之中。

6）最小跳数准则：终端在任何时候都选择能够为其提供最少跳数路径的卫星。在具体实现过程中，通信双方周期性检测其可见卫星中是否有比当前通信路径的跳数更少的路径，如果存在则进行切换，否则继续使用当前卫星进行通信。当然，如果通信双方的当前卫星出现低于最小仰角（或信号门限）时，也需要进行切换。假定卫星系统使用准静态路由算法，路由表项中带有卫星到卫星的路由跳数，路由信息随着网络拓扑变化由系统自动刷新。

6.3 典型路由切换策略

在通信过程中，由于卫星相对于地面的高速移动和用户终端的移动性，当卫星用户离开与之相连的卫星时，需要进行切换；与此同时，由于星座由为数众多的卫星组成，存在着大量的多重覆盖，就需要在多颗能够完成切换任务的卫星中作出选择，而采用不同的切换准则（或策略）时，会使得系统性能的差异较大。此外，星上路由与切换过程本身就是一个有机整体，切换发生的同时往往也要求重新路由。

假设卫星通信网络中，源节点为 S，目的节点为 D，那么在 S 和 D 之间可能存在多条路由 $P_1(S \to D)$，$P_2(S \to D)$，…，$P_i(S \to D)$。所有连接 S 和 D 的路由 $P(S \to D)$ 的集合定义为 S 和 D 之间的路由集，用 $\{P(S \to D)\}$ 表示。

连接源节点 S 和目的节点 D 的路由 $P(S \to D)$ 由多条首尾相接的星间链路构成

$$P(S \to D) = S \to \mathrm{ISL}(S \to S_1) \to S_1 \to \mathrm{ISL}(S_1 \to S_2) \to \cdots \to S_n \to \mathrm{ISL}(S_n \to D) \to D \tag{6-1}$$

6.3.1　距离最短路由切换策略

距离最短路由切换策略（Shortest Distance Routing Handover Strategy，SDRHS）使用最短传播路径切换准则，该准则要求终端在任何时候都选择使得数据传播路径最短的卫星，其传播时延是所有策略中最小的。在具体实现过程中，通信双方检测可见卫星中是否有比当前通信路径的传播距离更短的路径，如果存在则进行切换，否则继续使用当前卫星进行通信。

用 $\mathrm{Dis}(P_i(S \to D))$ 表示 S 和 D 之间的第 i 条路由的距离，规定 S 和 D 之间的距离最短路由为 $P_{\mathrm{dis}}^{\mathrm{opt}}(S \to D)$，$P_{\mathrm{dis}}^{\mathrm{opt}}(S \to D)$ 为路由集 $\{P(S \to D)\}$ 中具有最短距离的路由。

路由距离表示为

$$\mathrm{Dis}(P(S \to D)) = \sum_{\mathrm{ISL}_{i,j} \in P(S \to D)} D(\mathrm{ISL}_{i,j}) \tag{6-2}$$

因此，SDRHS 可以表示为

$$P_{\mathrm{dis}}^{\mathrm{opt}}(S \to D): \mathrm{Dis}(P_{\mathrm{dis}}^{\mathrm{opt}}(S \to D)) = \min(\mathrm{Dis}(P_i(S \to D))), P_i(S \to D) \in \{P(S \to D)\} \tag{6-3}$$

源和目标卫星间的链路长度公式为

$$d_{\mathrm{AS}} = \sqrt{R_{\mathrm{A}}^2 + R_{\mathrm{S}}^2 - 2R_{\mathrm{A}}R_{\mathrm{S}}\cos\xi} \tag{6-4}$$

式中　$\xi = \arccos[\sin\varphi_{\mathrm{A}}\sin\varphi_{\mathrm{S}} + \cos\varphi_{\mathrm{A}}\cos\varphi_{\mathrm{S}}\cos(\lambda_{\mathrm{A}} - \lambda_{\mathrm{S}})]$；

λ_{A}，φ_{A}，λ_{S}，φ_{S} ——卫星 A 和 S 的经纬度。

根据卫星的空间位置和地面信号源和目的地的位置坐标，利用上述公式实时计算卫星间的链路长度，如果在下一时刻有比当前更短的路径则进行切换。当链路由于卫星位置的变化而断开时，同样需要进行路由切换。一般使用最短路径算法（Dijkstra）计算源、目的间的最短路径，当网络拓扑发生变化时，自动进行链路长度的计算，并利用Dijkstra算法重新计算最短路径。总之，在连接的建立和保持过程中，始终根据链路的长度来判决是否需要切换以及切换到哪颗卫星上。

随着卫星高度的增加，卫星覆盖范围增加，路由切换次数明显降低，但是路径的距离增加了很多，从而增加了路径的传播时延。距离最短路由切换策略能够始终保持路径距离最短，但缺点是，由于卫星尤其是低轨道卫星相对于地面高速移动，星间、星地链路的距离都处于连续变化之中，而且多数路径需要多条星间链路，更增加了路径发生切换的概率。因此，最优路径可能会很快失效，源和目标可能由于切换不得不重新选择路径。该策略未考虑链路的其他特性，具有很大的不可预见性，而且未能利用卫星星座运行规律的先验知识，不能有效地降低切换请求到达率。

6.3.2 时延最小路由切换策略

在通信网络中，端到端的时延是QoS的重要指标之一，而对该指标影响最大的是链路传播时延，还包括星上交换和处理时间。信息从源节点传输到覆盖其的源卫星上，然后根据信号的目的节点，卫星网络要决定哪颗邻近的卫星担负通信任务，信息从一个节点传输到下一个节点，直到到达目标为止。

用 $\text{Delay}\,(P_i(S\rightarrow D))$ 表示 S 和 D 之间的第 i 条路由的时延，规定 S 和 D 之间的时延最小路由为 $P_{\text{delay}}^{\text{opt}}(S\rightarrow D)$，$P_{\text{delay}}^{\text{opt}}(S\rightarrow D)$ 为路由集 $\{P(S\rightarrow D)\}$ 中具有最小时延的路由。

路由的时延表示为

$$\text{Delay}\,(P(S\rightarrow D)) = \sum_{\text{ISL}_{i,j}\in P(S\rightarrow D)} \text{Delay}(\text{ISL}_{i,j}) \qquad (6-5)$$

因此，时延最小路由切换策略（Least Delay Routing Handover Strategy，LDRHS）就是在源、目的节点对之间选择具有最小时延的路径，时延最小路由切换策略可以表示为

$$P_{\text{delay}}^{\text{opt}}(S \to D):\text{Delay}(P_{\text{delay}}^{\text{opt}}(S \to D)) = \min(\text{Delay}(P_i(S \to D))),$$
$$P_i(S \to D) \in \{P(S \to D)\} \quad (6-6)$$

1）离散化卫星的运行周期：将卫星周期分为若干个离散的时间区间，在该区间内可以认为卫星静止不动，如果希望减小误差，可以减小时间区间的长度。因此，$t = k \cdot \Delta t$，式中 $k=0$，1，2，…，K，Δt 为离散化的时间区间，在每个时间区间开始的时刻计算可以通信的路径的时延值，比较时延得到时延最小路径。

2）端到端时延：D_{u} 表示上行链路时延，是从源节点到源卫星的传输时延。D_{d} 表示下行链路时延，是从目标卫星到地面接收者的传输时延。$D_{\text{ISL}_{ij}}$ 表示从卫星 i 到 j 的星间链路传输时延。T_s 表示星上交换和星上处理所需的时间。TD 表示该条路径传输总时延。P 表示所有可能路径的集合 $P = \{p_1, p_2, \cdots, p_v\}$，$|P| = V$，$s$ 表示路径上的卫星节点。端到端时延可表示为：

$$\text{TD} = \sum_{i,j \in p_v} D_{\text{ISL}_{ij}} + D_{\text{u}} + D_{\text{d}} + \sum_{s \in P} T_s \quad (6-7)$$

3）星上交换和处理时延 T_s：假定数据包到达的间隔时间服从参数为 γ 的负指数分布，通信持续时间服从参数为 λ 的负指数分布。卫星节点的业务模型可简化为 $M/M/1/n$ 排队模型，n 是指卫星节点可容纳排队等待处理的数据包数目。如果节点中排队等候处理的数据包数目达到 n 个后将新接收的数据包丢掉。通过排队理论分析得出，星上交换和处理时延值可表示为

$$T_s = \frac{1}{\lambda - \gamma} - \frac{n \cdot \gamma^n}{\lambda(\lambda^n - \gamma^n)} \quad (6-8)$$

根据排队理论和卫星网络的业务分布可以计算星上交换和处理时延值，在仿真过程中为简化计算，可假定每颗卫星的星上交换和处理时间为 10 ms。n_s 表示该条路径上的卫星数目，此时式（6－7）所示的端到端时延可表示为

$$\mathrm{TD} = \sum_{i,j \in p_v} D_{\mathrm{ISL}_{ij}} + D_{\mathrm{u}} + D_{\mathrm{d}} + n_s \times T_s$$

在一个由 m 颗卫星构成的网络中，任何 2 个卫星节点可以构成 1 条路径，这样的节点对共有 $\frac{m \cdot (m-1)}{2}$ 个。将此切换策略用于低轨道和中轨道卫星网络中，同样采用 Dijkstra 算法，中轨道卫星路径切换频率明显要比低轨道卫星的小，但是最小时延要比低轨道卫星的大很多。这是由于随着卫星高度的增加，星间链路的长度增加从而导致传播时延增加；同时卫星高度的增加使得卫星覆盖范围增大，降低了卫星的切换频率。可见，减小时延与降低切换频率间存在一定的矛盾。

时延最小路由切换策略能够保证路径具有最小时延，从而符合 QoS 的时延指标。这种路由策略的缺点是：最优路径可能会很快失效，源和目标不得不重新选择路径。最差的情况是，路径在某个时间区间内失效，新的路径还未产生，通信发生中断。当然这种情况在中轨卫星系统中很少发生，因为中轨卫星覆盖范围大，路径持续时间长，但是对于切换频繁的低轨卫星系统，通信中断发生的概率很大。

6.3.3 跳数最小路由切换策略

跳数最小路由切换策略（Minimal-Hop Routing Handover Strategy，MHRHS）使用最小跳数切换准则，该准则要求用户在任何时候都选择能够为其提供最少跳数路径的卫星，即使这条路径的距离或者时延不是最优，这样能够占用较少的星间链路，节约卫星资源。在具体实现过程中，通信双方周期性检测其可见卫星中是否有比当前通信路径的跳数更少的路径，如果存在则进行切换，否则继续使用当前卫星进行通信。

用 $\mathrm{Num}\,(P_i(S \to D))$ 表示 S 和 D 之间的第 i 条路由的跳数，规定 S 和 D 之间跳数最小的路由为 $P_{\mathrm{Num}}^{\mathrm{opt}}(S \to D)$，$P_{\mathrm{Num}}^{\mathrm{opt}}(S \to D)$ 为路由集 $\{P(S \to D)\}$ 中具有最小跳数的路由。

路由的跳数表示为

$$\text{Num}\,(P(S\rightarrow D))=\sum_{\text{ISL}_{i,j}\in P(S\rightarrow D)}\text{Num}(\text{ISL}_{i,j})\qquad(6-9)$$

因此，跳数最小路由切换策略可以表示为

$$P_{\text{Num}}^{\text{opt}}(S\rightarrow D):\text{Num}(P_{\text{Num}}^{\text{opt}}(S\rightarrow D))$$
$$=\min(\text{Num}(P_i(S\rightarrow D))),P_i(S\rightarrow D)\in\{P(S\rightarrow D)\}$$
$$(6-10)$$

当然，如果通信双方的当前卫星出现低于最小仰角（或信号门限）时，也需要进行切换。使用 Dijsktra 算法计算源、目的节点间的跳数最小路由，跳数最小路由切换策略的具体实现步骤为：

1）生成星上路由表。计算出所有卫星对（S_{SRC_i}，S_{DEST_j}）之间的路由及其跳数 Hop_{ij}（$i=1\sim N$，$j=1\sim N$，N 为卫星总数）。

2）建立路由。假定当前覆盖源节点的卫星有 m 颗，可记为 S_{SRC_1}，S_{SRC_2}，…，S_{SRC_m}；覆盖目的节点的卫星有 n 颗，表示为 S_{DEST_1}，S_{DEST_2}，…，S_{DEST_n}，选择 2 颗卫星组成的卫星对（S_{SRC_i}，S_{DEST_j}），$i=1\sim m$，$j=1\sim n, i\neq j$，分别与通信两端相连，建立通信连接。该卫星对之间的跳数在所有卫星对中最少。以某 Walker delta 星座为例，某时刻的卫星对（$S_{\text{SRC}_{11}}$，$S_{\text{DEST}_{54}}$）之间的跳数为 7，通信路径为卫星节点 211 → 212 → 213 → 214 → 224 → 234 → 244 → 254 间的星间链路。该通信连接是卫星对（$S_{\text{SRC}_{11}}$，$S_{\text{DEST}_{54}}$）之间所有可能连接中跳数最小的。

3）路由切换。在通信过程中，如果覆盖源、目的节点的卫星仰角小于最小仰角或者有跳数更少的路由存在，则进行路由切换，根据步骤 2）重新计算跳数最少的路由。

最小跳数路径的跳数变化仍比较频繁，但是要比距离最短路由切换策略和时延最小路由切换策略的切换次数有了一定的减少。原因是：最小跳数路径占用较少的星间链路，星间链路数目越少切换概率相对会越低，因此，跳数最小路由切换策略一定程度上能够降低切换概率。

跳数最小路由切换策略在连接的建立和保持过程中，始终根据链路的跳数来判决是否需要切换，以及切换到哪颗卫星上。该路由切换策略虽然减少了对星间链路的占用，选择跳数最小的路径，但是切换频率的降低并不明显，反而增加了源节点到目的节点之间的时延。

6.3.4 持续时间最长路由切换策略

在空间信息网络中，由于卫星的快速移动切换非常频繁，为了减少切换开销，需降低切换请求到达率，可以在呼叫建立和切换时摈弃选用距离最短的卫星，而选取可见卫星中对当前源节点覆盖时间最长的卫星优先接入，当该卫星无空闲信道时，再在余下覆盖卫星中寻找覆盖时间较长者优先接入。

持续时间最长路由切换策略（Longest Time Routing Handover Strategy，LTRHS）使用最长可视时间准则：该准则要求在切换发生时，选择可以提供最长通信连接保持的卫星，并且在仰角（或者信噪比）低于给定门限前，始终保持和当前卫星连接。这就要求在多颗覆盖用户的卫星中优先选择覆盖时间最长的卫星，通信链路一直持续到该卫星移出用户，之后选择另一颗覆盖时间最长的卫星。

持续时间最长路由切换策略利用了系统星座运行先验知识，延长了所接入卫星对呼叫的服务时间，可以有效地降低切换请求到达率，减少由切换引起的服务中断和系统开销。

因为实际系统中的用户终端很难找出连接保持最久的路由，所以在计算时，为减小复杂度而作了一些改动：通信双方在连接建立和切换时，都连到仰角最大（距离最近）的卫星，然后一直使用这些卫星进行数据转发，直到通信双方中出现低于给定的最小仰角才进行切换。改动后的准则具有较低的切换频率和一定的实用性。

选用仰角最大的卫星作为持续时间最长的卫星有以下原因。

在低轨道卫星系统中，卫星与地面节点间的仰角总是在不断变化着，而仰角的大小直接影响信道的特性。当地面节点与卫星间建立 UDL 时，电波在穿越大气层时，要受到大气、云雾、降雪、降雨等造成的衰减损耗，这些损耗直接受仰角大小的影响。而且信号在传播过程中，直射分量会受到障碍物阻挡，形成遮蔽效应，仰角较小时遮蔽效应对通信的干扰很大。信号衰减损耗、遮蔽效应与仰角之间存在着密切的关系，当仰角趋近最小仰角时，卫星信道严重恶化，会严重影响信号的传输质量。

在持续时间最长路由切换策略中，由于要优先接入覆盖时间最长的卫星，则接入时卫星处于低仰角的概率很大。因此，在持续时间最长路由切换策略的基础上改进，既保留持续时间最长路由切换策略的优点，又避免较低仰角带来的信道恶化，所以选用仰角最大的卫星作为持续时间最长的卫星。同时，为了切实提高路由的持续时间，在路由中的卫星仰角低于最小仰角之前，即使有更大仰角的卫星也不进行路由切换。

用 $\mathrm{Ele}(P_i(S\rightarrow D))$ 表示 S 和 D 之间的第 i 条路由上 S 和 D 之间的仰角，规定 S 和 D 之间持续时间最长的路由为 $P_{\mathrm{Ele}}^{\mathrm{opt}}(S\rightarrow D)$，$P_{\mathrm{Ele}}^{\mathrm{opt}}(S\rightarrow D)$ 为路由集 $\{P(S\rightarrow D)\}$ 中具有最大仰角的路由。

路由仰角表示为

$$\begin{aligned}\mathrm{Ele}(P(S\rightarrow D)) = {} & \mathrm{Ele}(\mathrm{ISL}_{S,1}) + \mathrm{Ele}(\mathrm{ISL}_{1,2}) + \cdots + \\ & \mathrm{Ele}(\mathrm{ISL}_{i,j}) + \cdots + \mathrm{Ele}(\mathrm{ISL}_{n,D})\end{aligned} \tag{6-11}$$

式中　$\mathrm{Ele}(\mathrm{ISL}_{i,j})$ ——节点 i 和 j 之间的仰角。

因此，持续时间最长路由切换策略可以表示为

$P_{\mathrm{Ele}}^{\mathrm{opt}}(S\rightarrow D)$：

$$\begin{cases}\mathrm{Ele}(P_{\mathrm{Ele}}^{\mathrm{opt}}(S\rightarrow D)) = \max\limits_{P_i(S\rightarrow D)\in\{P(S\rightarrow D)\}}(\mathrm{Ele}(P_i(S\rightarrow D))) \\ \mathrm{Ele}(P_{\mathrm{opt}}^{t-1}(S\rightarrow D)) \leqslant \min(\mathrm{elevation}) \\ P_{\mathrm{Ele}}^{\mathrm{opt}}(S\rightarrow D, t-1)\mathrm{Ele}(P_{\mathrm{opt}}^{t-1}(S\rightarrow D)) > \min(\mathrm{elevation})\end{cases} \tag{6-12}$$

$P_{\mathrm{Ele}}^{\mathrm{opt}}(S\rightarrow D, t-1)$ 表示（$t-1$）时刻具有最大仰角的路由。

源和目的节点间的路由 $P(S\rightarrow D)$ 的仰角并不像距离和时延一样是各个星间链路仰角的简单相加。

下面简单推导一下 $\mathrm{Ele}(P(S \rightarrow D))$ 的计算公式，同层卫星和不同层间卫星的路由仰角计算示意图如图 6—3 所示。

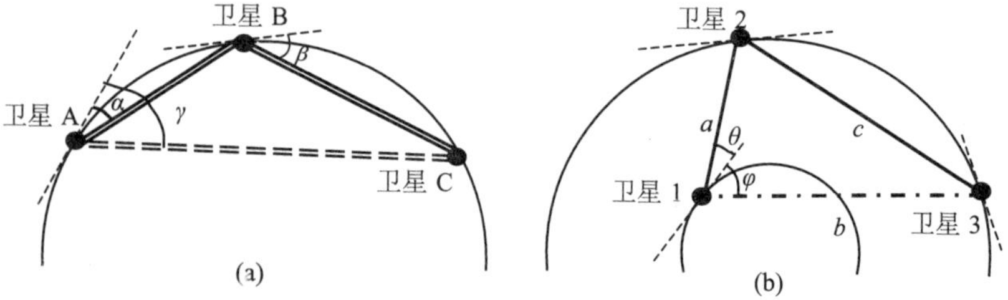

图 6—3　同层和不同层间经过中间卫星后的卫星仰角计算

图 6—3（a）为同层间卫星经过中间卫星后的卫星仰角计算，即卫星 C 与卫星 A 间没有星间链路必须通过卫星 B 或其他卫星转发。如图 6—3（a）所示：卫星 A 选择具有最大仰角的卫星 B 作为转发卫星向卫星 C 转发数据，形成链路 卫星 A→ 卫星 B→ 卫星 C 。图 6—3（a）中卫星 A 与卫星 C 间的链路实际上并不存在，而是一条虚拟链路；同样，卫星 A 与卫星 C 的仰角实际上也不存在，这里是作为一个虚拟值用于仰角的判断。在进行路由选择过程中，如果卫星 A 与卫星 B 以及卫星 B 与卫星 C 之间的仰角最大，那么卫星 A 与卫星 C 间的虚拟仰角也是最大，在路由选择过程中要选择各仰角最大的路径。

对于同层卫星，利用几何知识计算得到：$\gamma = \alpha + \beta$，其中 γ 为卫星 A 与卫星 C 间的虚仰角，α 为卫星 A 与卫星 B 间的仰角，β 为卫星 B 与卫星 C 间的仰角。

图 6—3（b）为不同层间经过中间卫星后的卫星仰角计算，与同层间卫星仰角的意义类似，只是卫星 2 与卫星 1 和卫星 3 不在同一轨道上。利用几何知识计算得到

$$\varphi = \arccos\left(\frac{a^2 + b^2 - c^2}{2ab}\right) - \theta \tag{6—13}$$

式中　φ——卫星 1 与卫星 3 间的虚仰角；

θ——卫星 1 与卫星 2 间的仰角；

a，b，c——卫星 1 到卫星 2、卫星 2 到卫星 3、卫星 1 到卫星 3 的距离。

将持续时间最长路径的时延与时延最小路由切换策略下的时延进行比较，可以看出：持续时间最长路径虽然降低了切换概率，但是路径的时延相对增加了。切换概率的降低是以时延的增加为代价的。

分别比较持续时间最长路由切换策略与其他路由切换策略：虽然持续时间最长路径仍存在路由的切换，但切换的频率明显降低了。由于低轨道卫星的覆盖范围有限，因此每隔一定的时间源和目的卫星会发生切换，从而导致了路径的切换。因此，持续时间最长路由切换策略虽然降低了切换概率，但是星间链路的跳数明显高于其他路由切换策略的跳数。另外，持续时间最长路径虽然降低了切换概率，但是路径的时延增加了很多。

持续时间最长路由切换策略能够有效地降低路由切换，使得路径具有较长的持续时间，从而减少了由于切换引起的一系列开销和通信中断等问题。但是切换频率的降低是以路径时延和跳数的增加为代价的。

6.3.5　负荷最小路由切换策略

负荷最小路由切换策略（Least Load Routing Handover Strategy，LLRHS）使用最小负荷切换准则，该准则要求在任何时刻都选择具有最小负荷的路径作为传播路径，从而使网络资源得到均衡使用，有利于流量工程的实现。

在实际空间信息网络中很难确定链路以及用户的负荷大小，要找出源和目的节点间负荷最小的路径也比较困难，因此，我们对负荷最小路由切换策略进行改进，采用链路利用率来衡量路径的负荷大小。如果链路利用率较大，则表示路径的负荷较大；否则，表示负荷较小。改进后的策略具有较小的复杂度，并能够反映路径负荷的大小。

随着对空间信息网络的不断开发和应用，网络流量将迅速增加。而对于卫星网络中的设备升级比较困难，因此会导致一些链路发生拥塞。这就需要提高网络资源的利用率，减少对某些链路过多的使用，从而减少空闲链路。研究负荷最小路由切换策略，能够提高网络资源的有效利用。

用$U(P_i(S\rightarrow D))$表示S和D之间的第i条路由的负荷，规定S和D之间的负荷最小路由为$P_U^{opt}(S\rightarrow D)$，$P_U^{opt}(S\rightarrow D)$为路由集$\{P(S\rightarrow D)\}$中具有最小负荷的路由。

路由的负荷表示为

$$U(P(S\rightarrow D)) = \max_{\mathrm{ISL}_{i,j}\in P(S\rightarrow D)} U(\mathrm{ISL}_{i,j}) \tag{6-14}$$

因此，负荷最小路由切换策略可以表示为

$$\begin{aligned}&P_U^{opt}(S\rightarrow D):U(P_U^{opt}(S\rightarrow D))\\&=\min(U(P_i(S\rightarrow D))),P_i(S\rightarrow D)\in\{P(S\rightarrow D)\}\end{aligned} \tag{6-15}$$

负荷最小路径的时延要比前面几种切换策略得到的路径时延大。也就是说，负荷最小路由切换策略能够均衡网络流量，有效避免链路的拥塞，使得各链路的利用率达到均衡，防止有的链路负荷过大发生拥塞，而有的链路却因为距离、时延、跳数等因素没有流量。但是流量的均衡是以路径时延的增加为代价的。

至于负荷最小路由切换策略下路径的切换频率与网络负荷大小所造成的链路利用率变化快慢有关。如果在一定的时间内，网络流量较小，链路利用率变化不大，则链路的切换就少；如果网络流量较大，链路利用率持续变化，则路径的切换就多。

负荷最小路由切换策略在路径的建立和保持过程中，始终根据负荷的大小来判断是否需要切换，以及切换到哪颗卫星上。该路由切换策略能够很好地均衡网络流量，减小链路的拥塞概率，但是增加了路由的时延。

6.3.6　其他路由切换策略

目前一些文献提出的比较典型的路由切换策略有一个共同点：先分别选择对源节点和目的节点覆盖时间最长的卫星作为接入卫星，然后计算接入卫星间的时延最小路径等。

1）根据持续时间最长路由切换策略，分别为源和目的节点选择 2 颗具有最长持续时间的卫星 A 和 B，作为接入卫星；

2）根据时延最小路由切换策略或时延抖动最小路由切换策略，为 2 颗接入卫星 A 和 B 选择 1 条最佳路径；

3）当网络的拓扑结构发生变化时，若源和目的节点与接入卫星 A 和 B 之间的连接关系不变，则保持原有路由不变；

4）若源和目的节点的任一接入卫星 A 和 B 发生切换后，根据准则 1）重新为其选择新的接入卫星。

据此得到的源和目的节点间的时延最小路径实际上并不是时延最小的路径。这 2 颗接入卫星可能相隔较远，但对源、目的节点的持续时间最长，这样就造成 2 颗接入卫星之间的距离/时延增加，或者需要较多的中间卫星，而且还有可能增加卫星的链路切换。

我们将上述路由切换策略称为切换策略 1（Handover Strategy 1）。则切换策略 1 比时延最小路由切换策略的中间卫星数目要多，这样会占用较多卫星的星上资源，对于星上资源有限的空间信息网络会造成极大的浪费。

切换策略 1 下的路径切换频率要大大低于时延最小路由切换策略。切换策略 1 确实能够有效改善链路的切换性能，提高路径的持续时间，从而减少由于切换带来的一系列问题。但切换策略 1 存在 2 个很严重的问题：一是，前面提到的切换策略 1 计算的最佳路径的中间卫星数目较多，对卫星有限的星上资源是极大的浪费；二是，切换策略 1 计算的最佳路径的时延较大。

通过对切换策略 1 和时延最小路由切换策略的时延性能进行仿真分析，发现切换策略 1 的路径时延要比时延最小路由切换策略的路径时延大很多。切换策略 1 路径时延的增加是由于中间卫星数目较多，导致较多数目的星间链路，形成较大的传播时延。同时，较多的中间卫星累积形成较大的星上处理时延，这两方面原因导致切换策略 1 的路径时延较大。

因此，切换策略 1 虽然能够减少路径的切换次数，极大地提高链路的持续时间，但以路径时延的增加以及卫星资源的过多占用为代价。一些对时延敏感的实时业务，时延是非常重要的一个 QoS 指标，因此通过时延的增加来换取切换频率的降低是不可取的。同时由于星上资源有限，卫星发射后的升级比较困难，更需要合理地利用有限的资源。因此，切换策略 1 存在很大的不足，需要研究新的路由切换策略改善其性能。

6.4　综合路由切换策略

上述几种典型的路由切换策略，各有不同的侧重点：距离最短路由切换策略侧重于选择具有最短距离的路径，使其具有最小的传播时延，但是由于卫星的不断运动，切换比较快，不能有效地降低切换请求到达率；时延最小路由切换策略侧重于选择具有最小时延的路径，将 QoS 的重要指标之一时延作为重点，包括了链路传播时延、星上交换和处理时间，但是这条最优路径可能会很快失效，也不能有效降低切换频率；跳数最小路由切换策略使用最小跳数作为切换准则，能够减少对星间链路的占用，对切换性能的改善较小，路径的时延却增加了；持续时间最长路由切换策略侧重于选择具有最长可视时间的路径，这样能够有效地降低切换请求到达率，但这是以时延的增加为代价的；负荷最小路由切换策略侧重于选择具有最小负荷的路径，这样能够有效地防止链路的拥塞，均衡网络流量，但是路径的时延增加了。

以上路由切换策略并不能很好地满足空间信息网络的多种要求，必须提出一种新的路由切换策略，使其能够综合上述路由切换策略各自的优点。

6.4.1　综合路由切换策略概述

路由切换策略的设计必须考虑 3 方面需求。首先，必须减少路由切换概率，使得选择的路径具有较长的有效时间，即路径的持续时间较长，这样才能够减少切换的发生，从而避免一系列由于切换引起的问题；第二，必须减少路由切换对已有中断路由性能的影响，即降低切换后重路由过程的时间以及重路由路径的时延，以减少对已有中断路由时延等性能指标的影响；第三，必须减少切换后重路由路径对其他未中断路由性能的影响，即通过降低重路由过程对星间链路和网络信令资源使用，以减少路由切换后重路由过程对网络资源的消耗，保证网络整体路由性能不能因部分路由切换的重路由过程而降低。综合路由切换策略（Compositive Routing Handover Strategy，CRHS）主要考虑以下因素。

1）要考虑路径的持续时间。在进行路由选择过程中最重要的是保证通信在任何时刻不发生中断，要求通信路径能够持续较长时间，也就是说持续时间最长是个非常重要的条件。因此，进行路由切换过程中首先应该考虑具有最长持续时间的路径，故综合路由切换策略应该包含持续时间最长路由切换策略，能够选出具有较长持续时间的路径。

2）要考虑路径的时延。时延是通信网络 QoS 的重要指标之一，尤其是一些对时延比较敏感的语音或视频业务，时延成为路由选择不可忽视的重要问题之一。因此，综合路由切换策略应该包含时延最小路由切换策略，能够选出具有较小时延的路径。

另外，距离最短路由切换策略的目的是选择具有最短距离的路径，从而降低路径的传播时延。而传播时延是路径时延的一个主要组成部分，因此，时延最小路由切换策略从某种程度上能够反映距离最短路由切换的变化趋势。通过前面对中轨道卫星网络的距离最短路径和时延最小路径的比较可以看出：二者基本一致，也就是说在一定的情况下，距离最短路由切换策略和时延最小路由切换策略的选路结果是一样的。因此，在综合路由切换策略中不考虑距离最短路由切换策略。

3）要降低对网络资源的消耗。可以分为两个方面：一是占用较少的卫星个数，从而减少对卫星星上资源的消耗；二是选择具有较少负荷的路径，从而减少对其他路由的影响。

由于卫星的快速移动，较少的跳数意味着较少的切换概率，源和目的节点间的中间卫星数目越多，链路发生切换的概率就越大，而链路切换将带来很多其他的问题。考虑到对星上资源的有效利用，较多的跳数将占用较多的卫星从而造成资源浪费，同时较少的跳数会有较少的星间链路则受到外界影响也会小。因此，综合路由切换策略应该包含跳数最小路由切换策略，能够选出具有较少跳数的路径。

由于卫星设备的升级比较困难，需要高效地利用网络资源，使网络流量得到均衡，因此综合路由切换策略应该包含负荷最小路由切换策略，选出具有较少利用率的路径，从而减少对其他路由性能的影响。

4）在切换后路由的重路由折中考虑完全重路由和部分重路由方式。在一定的条件下采用部分重路由能够减少路由切换后路由重新建立的时间，从而缩短路径的重路由时间。但是部分重路由会导致路径包含非最优路径，大量非最优路径将导致空间信息网络动态拓扑网络的卫星和星间链路资源被大量占用，造成资源浪费，网络整体性能将随之下降。因此，一定的部分重路由次数后就需要进行完全重路由，及时对扩展路由进行优化，使非最优路径转变为最优路径，减小对网络资源的消耗。当然完全重路由过程要比部分重路由过程消耗更多的网络信令资源，而且频繁的路由优化过程也使得网络的时延性能下降，因此必须在二者之间进行折中，选择一个比较恰当的切换门限，即部分重路由次数达到这个门限后就进行完全重路由以优化路径。

综合路由切换策略的路由切换包括以下步骤。

步骤 1：在第 k 个时间区间，有 1 个新的用户接入空间信息网络的卫星网络，需要建立新的路径。

1）根据持续时间最长路由切换策略，利用源节点 S 的地理坐标，为源节点选出持续时间最长的卫星作为接入卫星 A，这样能够降低卫星的接入切换概率。

2）根据时延最小路由切换策略为源节点 S 的接入卫星 A 和目的节点 D 计算 N 条具有最小时延的路径。路径集合为 $P=\{p_1,p_2,\cdots,p_i,\cdots,p_N\}$，$N$ 为路径条数。这样能够使路径具有较小的传播时延以及星上交换和处理时延。

3）根据跳数最小路由切换策略在 N 条路径中选择具有最小跳数的 M 条路径作为传播路径，路径集合为 $P=\{p_1,p_2,\cdots,p_i,\cdots,p_M\}$，$M$ 为路径条数。这样能够有效地减少中间卫星的使用，节约星上资源，也减小了卫星间链路切换发生的频率。

4）根据负荷最小路由切换策略在 M 条最小时延及最小跳数路径中选择具有较小负荷的路径 p_{opt} 作为最终传播路径，这样能够使网络的带宽资源得到均衡使用。

步骤 2：在第 $k+1$ 个时间区间，如果卫星网络的拓扑结构发生变化，则根据情况进行路径切换。设时延门限值为 TPD，它将根据不同应用的 QoS 要求来设定。

1）如果卫星网络的拓扑结构发生变化，而源节点 S 的接入卫星 A 不变，如果上一时刻覆盖目的节点 D 的卫星继续覆盖目的节点，且该路径的时延低于时延门限，假定该路径的时延值为 TD_{k+1}，即 $\text{TD}_{k+1}<\text{TPD}$，则保持原有路径 p_{opt} 不变。这样是以时延的增加为代价，能够使时间区间 k 的路径的有效持续时间加长，从而降低切换频率。

2）如果由于卫星网络的拓扑结构变化导致源和目的节点间路径的时延大于时延门限，即 $\text{TD}_{k+1}>\text{TPD}$，则需要进行完全路由重构，也即按照步骤 1 重新计算源节点 S 的接入卫星 A 与目的节点之间的路径。

3）如果覆盖目的节点 D 的卫星 B 在区间 $k+1$ 不能继续覆盖目的节点，则按照步骤 1 重新计算源节点 S 的接入卫星 A 与目的节点之间的路径。

步骤 3：在某个时间区间，假定为 $k+2$，如果源节点 S 的接入卫星 A 发生切换，则需要为源、目的节点计算新的路径。

1）如果源节点 S 的接入卫星 A 在区间 $k+2$ 发生切换，则根据持续时间最长路由切换策略为源节点计算新的接入卫星 A′，如果 A' 与 $k+1$ 区间的接入卫星 A 之间有星间链路，则形成新的路径 p_{k+2}：$p(S\rightarrow D)=p(S\rightarrow A')\cup p(A'\rightarrow A)\cup p(A\rightarrow D)$，$p(A'\rightarrow A)$ 表示扩展路径，即：

源节点→新的接入卫星 A′→$k+1$ 区间的接入卫星 A→$k+1$ 区间的路径 p_{k+1}→目的节点。

假定该路径的时延值为 TD_{k+2}，如果该路径的时延低于时延门限 $TD_{k+2}<TPD$，则该路径 p_{k+2} 即为新的传播路径。此时的路径 $p(S\rightarrow D)$ 可能不是源节点 S 和目的节点 D 之间的最优路由。这样能够降低路径 p_{k+1} 上的卫星的切换概率，也就是说接入卫星发生切换后的路径比切换前的路径增加了 1 颗新的接入卫星 A′，而区间 $k+1$ 时的接入卫星 A 则成为路径上的 1 颗中间卫星，这就是部分路由重构，也称之为路由扩展。

2）如果存在下列情况之一，则需要对源节点 S 和目的节点 D 进行完全路由重构，按照步骤 1 重新计算源节点 S 与目的节点 D 之间的路径。即根据持续时间最长路由切换策略为源节点 S 重新计算接入卫星，根据时延最小路由切换策略、跳数最小路由切换策略和负荷最小路由切换策略为源节点 S 的接入卫星和目的节点选择合适的路径 p。

- 源节点 S 新的接入卫星 A′与区间 $k+1$ 的接入卫星 A 之间不存在链路；
- 扩展路径的时延不满足时延门限，$TD_{k+2}>TPD$；

• 路由扩展达到一定次数后，需要进行路由优化，即进行完全路由重构；

• 路径中的某颗中间卫星或者星间链路发生故障，将故障卫星或链路从网络中删除后，重新进行完全路由重构。

6.4.2　综合路由切换策略性能

判断切换策略优劣的原则主要有以下几个方面：1）总的切换次数；2）不必要的切换次数；3）失败的切换次数；4）切换带来的时延。这些方面是相互联系的，由于执行切换时网络要交换大量信息，因此应该尽量避免不必要的切换，限制总的切换次数也必然减少了不必要的切换。好的切换策略不仅能降低切换次数，同时能减少切换带来的时延。

6.4.2.1　综合路由切换策略的性能分析

虽然综合路由切换策略考虑到切换的时间，为了快速形成新的路径，采用了部分路由重构，相比完全路由重构形成的路径可能不是最优的，但是相比切换策略 1 仍然能够减少对卫星资源的占用，而且路径时延也低于切换策略 1 的路径时延。

综合路由切换策略在进行路径切换时首先考虑路径的持续时间，这样能够使得选择的路径具有最长的持续时间，从而减少路径的切换频率；其次，综合路由切换策略考虑了路径的时延、时延抖动、跳数以及负荷等指标，使得路径能够具有最佳的 QoS 指标；第三，综合路由切换策略综合考虑了路径的切换时间，在时延门限允许的情况下，尽量减少路径上卫星的切换，采用部分路由重构的方式争取能够快速地切换到合适的路径上，避免了切换时间过长。

6.4.2.2　几种路由切换策略的时延及时延抖动性能比较

几种路由切换策略的时延和时延抖动性能如下：

1）时延最小路由切换策略的时延性能最好，跳数最小路由切换策略次之，综合路由切换策略略大于最小跳数策略的时延值，持续时间最长路由切换策略的时延性能最差。

2）时延最小路由切换策略的时延抖动性能最好，持续时间最长路由切换策略次之，综合路由切换策略稍大于持续时间最长路由切换策略的时延抖动，跳数最小路由切换策略的时延抖动性能最差。

6.4.2.3 路由切换策略 1 与综合路由切换策略的性能比较

通过前面的分析可知，切换策略 1 的一个主要问题是中间卫星数目较多，而综合路由切换策略克服了这个缺点，只计算源节点的持续时间最长的接入卫星，然后计算接入卫星与目的节点间的时延最小路径，这样得到的路径就与实际中的时延最小路径接近了，而且源节点采用持续时间最长的卫星作为接入卫星，能够减少卫星的接入切换。同时，只要路径上的最后一颗卫星能够继续覆盖目的节点，且时延低于时延门限，则仍使用该路径，这样能够充分降低链路的切换概率。综合路由切换策略既能保证较低的切换频率，又能降低对卫星星上资源的占用，减小路径的时延。综合路由切换策略得到的路径失效概率大大低于切换策略 1 得到的路径失效概率，具有较好的健壮性。在实际仿真中，综合路由切换策略得到的路径时延和时延抖动明显小于切换策略 1 的，具有较好的性能。

6.4.2.4 几种路由切换策略的切换次数比较

对于路由切换策略而言，路径的切换次数是判断其优劣的一个重要标准。通过仿真得到时延最小路由切换策略、跳数最小路由切换策略、持续时间最长路由切换策略、切换策略 1 以及综合路由切换策略的切换次数比较。

综合路由切换策略的切换概率要大大低于时延最小路由切换策略的概率，综合路由切换策略的路径持续时间是时延最小路由切换策略的路径持续时间的数倍。几种路由切换策略的切换性能为：综合路由切换策略的切换性能最好，时延最小路由切换策略的切换性能最差，持续时间最小路由切换策略、切换策略 1、跳数最小路由切换策略的切换性能依次下降。

第 7 章　空间信息网络路由技术

空间信息网络是按照空间信息资源的最大有效综合利用原则，互通互联、有机构成的智能化系统，以信息获取与传输为核心，是多种卫星系统的综合，具有全天候、近实时、不受国界限制、在广阔区域甚至全球范围内获取和快速传递大容量信息的能力。路由问题是空间信息网络中的基本问题，解决它是构建可用网络系统的前提条件，开展在空间约束条件下的路由技术研究具有重要意义。

7.1　空间信息网络路由设计目标

相对地面网络而言，卫星网络所处的天基环境条件更为复杂，包括高误码率、高分组丢失率、链路时延大、传输非对称性、拓扑结构时变性、高度间断性等。考虑天基环境条件对硬件技术的限制，并考虑多种用户对信息传输能力的要求，卫星网络路由协议特别需要满足以下要求，这些内容也是路由协议的设计目标和评价标准。

1）最优化。指路由协议能够选择最优路径以保证网络的良好连通性。不同网络的路由协议都用自己的标准来衡量路由的好坏，要保证网络路径的最优，需要在不同的网络环境中选择恰当的度量。

2）简洁性。也称低开销。路由机制要简单、容易实现，利用最少的软件和开销，提供有效的功能，以适应卫星的存储能力和处理能力。路由协议的开销包括对网络节点资源的开销和网络带宽的开销。路由协议的运行应少占用 CPU 处理时间和信令开销等其他资源。路由协议之间需要互相传送协议报文以获知网络的拓扑变化，这会占用网络带宽，所以路由协议在设计时要充分考虑对网络带宽的占用。

3）收敛性。所谓收敛，是指直接或间接交换路由信息的一组卫星节点在网络的拓扑结构方面或者在网络的路由信息方面达成一致。卫星网络拓扑结构快速变化，通信路径频繁切换，这就要求路由协议能够很快收敛，以适应网络拓扑结构的变化。路由设计时整个网络必须做到全局路由同步，否则会出现异常的路由循环或不可达。

4）坚固性。也称健壮性。路由协议作为保障网络连通的信令协议，必须健壮、稳定。路由协议处于非正常或不可预料的环境时，如硬件故障、遭受强烈干扰、负载过高或操作失误时，都应能正确运行，能长时间承受各种异常情况的发生。

5）安全性。路由协议的安全性主要侧重于可靠性的保障，即确保收到的路由报文是可靠而没有经过擅自改动的，从而保证得到正确的路由信息。

6）灵活性。路由协议可以快速、准确地适应各种网络环境。例如，某个节点发生故障，路由协议要能很快发现故障，并为使用该网段的所有路由选择另一条最佳路径。

7）可扩展性。卫星是分批分阶段发射的，并且卫星系统在运行过程中存在数目增减，路由协议要适应整个网络体系的结构与功能的逐步成长、扩展。由于卫星发射后不能更新其硬件，其存储和处理能力在设计时不要用尽，以便以后软件升级。

8）兼容性。可以兼容选用多种网络协议和通信体制，包括与其他卫星网络以及与地面网络的一体化连接。

7.2 空间信息网络路由设计面临的问题

自从通信网络诞生之日起，路由技术问题就一直是通信网络研究领域的重点问题之一，要实现组网必须要解决路由问题，对多颗卫星组成的空间信息网络仍然如此。当前空间信息网络设计面临如下一些问题。

1）星上资源有限。由于技术条件的限制和空间环境的影响（高强度的电磁辐射、功耗限制等)，存储空间、处理能力等星上资源都是有限的，而且对发射的卫星进行升级改造非常困难。受限的星上资源要求星载路由器所运行的路由协议必须具有较低的实施复杂性(如低计算复杂度、低存储空间、低协议开销等)。

2) 卫星链路传输时延长、误码率高。由于卫星与卫星之间物理距离远，使星间链路传输时延较长，低轨道卫星之间的星间链路传输时延一般为 15～25 ms，中轨道卫星之间的传输时延一般为 40～60 ms。卫星链路一般采用微波链路、毫米波链路和激光链路，由于受到空间环境的影响，星地链路的信道误码率远高于地面网络的信道误码率。

3) 节点编址。无论是地面网络还是空间信息网络，节点之间要建立路由进行数据转发，必须要对网络中的每个节点进行编址，而且每个节点的标识在网络中必须唯一。地面国际互联网采用 IP 地址来标识网络中的各个节点。在空间信息网络中，每颗卫星都围绕地球进行高速运转，与地面的位置在不断变化，因此为每颗卫星分配一个固定的 IP 地址或者采用移动 IP 地址的管理机制都存在一定的问题。

4) 网络拓扑的频繁动态变化。低轨道卫星和中轨道卫星都按照所设计轨道绕地球高速运行，卫星与卫星之间的相对位置不断变化。星间链路长度也随着卫星的运动而不断变化。对极轨道卫星网络而言，轨道间星间链路在越缝或者经过极地高纬度地区时还必须断开。这些特点导致空间信息网络的拓扑结构频繁变换，从而各种地面网络使用的路由协议不能直接使用于卫星通信网络中。

5) 承载数据流量不均衡。由于地域和时区差异，卫星的运行和地球的自转导致空间信息网络中各颗卫星承载的数据流量不均衡。因为卫星既可能运行到人口稠密区域上空（如大城市)，也可能运行到人烟稀少区域上空（如海洋和极地区域)，用户流量的急剧变化可能导致用户阻塞以及一些切换无法成功。

虽然问题众多，但相对于地面网络而言，空间信息网络具有可预测性、周期性、规则性和持续性等特点，在路由协议的设计中可加以充分利用。

7.3 切换对路由的影响

地面节点连续地通过不同的点波束或卫星获得服务，呼叫转移到新的点波束或卫星上的过程称为切换。卫星网络的切换可分为以下 3 种类型：卫星间切换、链路切换和点波束切换。对路由具有影响的的切换主要有卫星间切换和链路切换（参见第 6.2 节）。进行路由协议设计时应考虑这 2 种切换的影响。

7.4 空间信息网络节点编址

针对卫星节点的空间信息网络节点编址方法主要有 2 种。

1）利用卫星的逻辑位置进行编址。这种方法主要利用卫星星座运行的周期性和可预测性为卫星节点分配地址。在任意时刻，卫星的地理位置可用其星下点经纬度进行表示，即〈Lon，Lat〉；卫星的逻辑位置可用二元数组 $\langle p, s\rangle$ 来表示，其中 p 表示卫星星座的第 p 个轨道面，s 表示轨道面上的第 s 颗卫星。

2）利用卫星的覆盖域进行编址。这种编制方式是基于覆盖区域分割类型路由机制的，地球表面被划分为不同的区域，每个区域都被赋予了固定的逻辑地址。单颗卫星可以覆盖的地面区域被划分为最多 64 个宏蜂窝（SuperCell），每个宏蜂窝又被均分为 9 个蜂窝（Cell），离宏蜂窝中心最近的卫星认为覆盖了这个宏蜂窝。卫星之间的路由根据虚拟地址（Virtual ID），通信时采用被称为“卫星信元”的固定大小的分组，卫星节点在进行路由交换时，可以直接使用包含在信元头中的目的节点地理位置信息。

7.5　典型空间信息网络路由设计机制

7.5.1　系统周期分割类型

系统周期分割类型充分利用卫星星座运行的周期性和可预测性，将星座周期分为若干时间片，在每个时间片内，网络拓扑被看成是一个虚拟的固定拓扑，从而根据可预测的网络拓扑信息提前为各个卫星计算所有时间片的连接表。

将星座周期划分为 n 个时间间隔，并满足：

1）星间链路的连通和断开仅发生在离散时间点 t_1，…，t_n，在时间间隔 $[t_i, t_{i+1}]$ 内，卫星网络的动态拓扑结构能够用固定拓扑结构表示；

2）时间间隔 $[t_i, t_{i+1}]$ 足够小，该区间内各条星间链路的代价可以认为“不变”，这里“不变”指拓扑结构变化很小，不会影响路由算法的选路性能。

在每个时间间隔内卫星网络的拓扑结构是“不变”的，这样就可以将卫星网络的动态拓扑结构转化为多个静态拓扑结构，采用已有最短路径算法如 Dijkstra 算法计算卫星间的最短路径。Werner 提出的基于 ATM 的路由算法和 Chang 提出的基于 FSA 的路由算法，以及 Gounder 提出的快照序列路由算法都可以归结为这种类型。

该类路由算法的优点是：

1）预先计算每对卫星之间的路径，提供优化路由；

2）系统周期分割类型路由机制的特点是将卫星网络动态拓扑划分成一系列连续的静态拓扑，从而在静态拓扑结构的基础上利用现有的路由算法计算路由；

3）路由计算通常由地面预先集中处理，卫星不需要实时计算，仅需在时间分割点更新路由表；

4）路由协议的开销小。

该类路由算法的缺点是：

1）由于系统周期可能形成大量的时间段，因而需要大量的存储空间存放路由信息，需要考虑路由信息的存储问题；

2）对通信流量变化、链路拥塞以及故障等实时情况的适应性较差。

该类路由算法的难点是系统周期的适当划分和网络拓扑结构的抽取，对大运算量、精确性和存储空间大小等进行多目标优化。

7.5.2 覆盖区域分割类型

覆盖区域分割类型路由算法是利用卫星网络拓扑结构的规则性，对路由算法隐藏卫星的移动性。在这种路由机制中，地球表面的覆盖区域被划分为不同的区域，各个区域对应固定的逻辑地址，距离该区域最近的卫星节点的逻辑地址为该区域的逻辑地址，卫星到不同的区域就使用不同的逻辑地址。地面节点与卫星节点或卫星节点间通信时包含有关它们位置的逻辑地址信息。

在卫星移动或用户切换时，路由表或信道分配等状态信息从某颗卫星转移到它的后续卫星上，在这种固定的虚拟网络中，可以使用现有的路由算法计算路由，这是一种独立的路由策略，比较适合无连接的服务，Hashimoto 提出的基于 IP 的路由算法、Mauger 提出的基于时分多址的路由算法都可归为此类。

该类路由算法的优点是：

1）覆盖区域分割类型路由机制的特点是在星上路由中隐藏了卫星的移动性；

2）在源、目的地址信息中包含有地理位置信息；

3）不需要预先计算路由，可根据路由策略以及流量负载、故障等情况实时选择路径，具有较强的自适应性；

4）需要的存储空间比较小。

该类路由算法的缺点是：

1）该类路由机制通常要求网络拓扑结构非常规则；

2）路由计算时使用局部状态信息，路由不一定最优化；

3）对星上处理能力要求较高。

与覆盖区域分割类型相似的还有虚拟节点类型，该类型将卫星网络视为一个由虚拟卫星节点组成的网络，分配固定的地理坐标。根据节点的物理位置和虚拟节点地理坐标的距离进行映射。该类型算法用离散化坐标代表卫星，地面逻辑地址固定不变，屏蔽了卫星星座的动态性。卫星之间不交换网络负载信息，按照时延最短路径传送分组。Ekici 提出的分布式路由算法就可以归为此类。

该类路由算法的优点是：

1）虚拟逻辑节点解决了极地区域和越缝区域的路由失效问题；

2）路由协议的开销小。

该类路由算法的缺点是：

1）一旦出现卫星或链路失效，算法性能急剧下降；

2）路由不一定最优化；

3）仅适用于极地轨道的卫星网络中。

7.5.3　基于数据驱动类型

基于数据驱动类型路由算法在没有数据发送时路由不进行更新，数据包到达触发路由更新，路由更新机制包括后继更新和前继更新 2 种。Darting 算法和 LAOR 算法都可归为此种类型。

该类算法在没有数据包发送时其所维持的网络拓扑信息一直保持不变，只有数据包到达才触发网络拓扑的更新，而且算法进行前继和后继 2 次更新。

该类算法的优点是：正常网络流量情况下，其性能优于普通路由算法。

该类算法的缺点是：当网络过大时会频繁触发网络拓扑更新，其性能不如普通路由算法。

7.5.4　拓扑依赖类型

拓扑依赖类型是针对卫星网络拓扑结构的特性，尤其是卫星系统的切换特性，使用专用的路由算法和协议计算 2 个地面节点间的路径。如覆盖域切换路由协议就是基于拓扑依赖机制的一种路由协议。

拓扑依赖类型的特点是基于该路由机制的路由算法是一种专有算法，它是针对特定拓扑特征的算法，对于卫星网络的拓扑结构以及卫星的移动特性具有较强的认知能力，通过分析当前网络拓扑结构的特点，对不同的拓扑结构采用不同的路由策略。这种算法是严格针对某一特定类型的卫星网络，所以对于不同的卫星网络要分别设计不同的算法，因此算法的适用性受到限制。

7.6 空间信息网络路由分类

7.6.1 集中式路由和分布式路由

根据路由产生的机制，路由协议主要有集中式路由计算策略和分布式路由计算策略 2 种。集中式路由采用一个专门的路由计算节点生成全网路由；分布式路由由每个节点独立完成部分路由，最后合成全局路由。

集中式路由主要由地面的路由计算中心生成，该计算中心不断向卫星上传前向路由列表。这种方式相对于分布式路由来说主要有 3 个好处：首先，所有的拓扑信息存放在一个中心位置，该中心可以采用存储与计算能力非常强的设备，还可执行诸如中继访问控制和网络管理等功能；其次，加强了对卫星的管理，提高了卫星的抗干扰能力，增强了网络的健壮性；再次，更容易采用先进的和复杂的网络路由算法，而且中心路由系统也更容易升级。采用集中式路由计算策略的卫星要完全依靠地面的网络管理中心才能正常工作，星地之间路由信息交互量大。这种策略对于数目少、结构简单，并且星上处理能力和星间链路技术比较弱的卫星网络具有很强的适用性。但是，多层卫星星座比单层卫星星座要复杂得多，还要考虑卫星失效、数目增减、链路拥塞等非规则变化情况，所以当卫星网络日益复杂、功能趋于多样化之后，集中式路由因为计算量和通信量过大并且难以适应网络状态的实时变化，越来越显现出其滞后性。

分布式路由是目前地面网络中最常使用的路由策略，在卫星网络中也有应用的基础。分布式路由的基本思想是各个节点独立计算最短路径，各节点并不需要详细的全网拓扑信息，它仅需要知道到达某一目的节点的路径信息。分布式路由可减少对地面网络管理中心的依赖，减少了与其信息交互量，能够适应复杂、多变的卫星网络。但是，信息交互量减少的代价是卫星节点间信息流量的增加和路由信息处理器数目的增多，对卫星的能力提出了很高的要求。随着星上处理能力和星间链路技术的增强，人们逐步倾向于分布式路由计算策略。

目前典型路由协议设计多是将集中式路由与分布式路由思想结合起来，如 MLSR 利用 3 颗静止轨道卫星计算全网路由，这可称为混合式或者部分集中式路由计算策略。

7.6.2　面向连接与无连接路由

面向连接的路由需要在接到业务请求时发起路径建立，并且在信息传输过程中维持路径；无连接的路由不需要建立连接和维持连接，每个数据包在经过的节点处独立发送。路由技术与数据交换的方式有关。根据组网方式的不同，一般可分为基于 ATM 的电路交换和基于 IP 报文的分组交换 2 类。ATM 交换是面向连接的路由交换，特点是具有可靠的服务质量；IP 报文交换是面向无连接的路由交换，现已成为各种网络互联事实上的标准。卫星网络拓扑的高度动态性和通信服务的实时性需求，使得最初为地面网络设计的这两种交换必须通过相应的改进才能适合卫星网络。

7.6.2.1　ATM 交换

ATM 网络采用面向连接的方式，当 1 个节点要与另一个节点通信时，首先发送 1 个请求连接的信元，信元通过各个交换机时，建立1条虚通道（VP Virtual Path），交换机路由表中每个表项都包含输入端口/VP ID和输出端口/VP ID 2对信息。后续的数据信元都含有1个VP ID，交换机根据信元的输入端口和VP ID查找表项，改变信元的VP ID为与相关输出端口配对的VP ID，并通过该输出端口转发信元。将ATM的交换技术应用到卫星网络中，关键问题就是VP路径的建立和维护。由于卫星网络拓扑结构的连续变化，需要动态建立和维护VP路由表，而卫星网络拓扑结构的频繁改变使得VP路由的路径的切换也非常频繁，带来高的VP路径重建开销。

将卫星系统周期平分为N个时间间隔，在每个时间间隔内，卫星网络拓扑结构没有变化，整个卫星网络的路由问题就转化为N个静态拓扑下的VP路由计算。VP路径计算有2个约束条件：第一，2个卫星节点间VP路径的代价（延迟）要小；第二，2个卫星节点间的VP路径在相邻时间间隔的路由变化要小（减少VP连接的切换）。为此，它采用2步确定卫星间的VP路径：第1步为路径计算，对于每个时间间隔，根据星间链路拓扑数据和路径总延迟最小的要求，为每对通信卫星找出多条最短路径，形成备选VP路径集合；第2步为路径选择，从这些备选VP路径集合中选择优化VP路径，使得相邻时间间隔VP路径变化小。优化路由在地面预先计算后上传给卫星，卫星在时间间隔的分割点修改VP路由表。

7.6.2.2　IP交换

基于IP交换思想的卫星网络路由机制把地球表面按卫星覆盖域进行逻辑编址，每个卫星覆盖的地面区域划分为若干个宏蜂窝（SuperCell），而每个宏蜂窝又划分为若干个小区，称为蜂窝（Cell）。所有宏蜂窝和蜂窝都有独立的标识号，这样地球表面的每个位置都有对应的宏蜂窝和蜂窝编号。认为离宏蜂窝最近的卫星覆盖了这个宏蜂窝，这样每个卫星对应1个带有地理位置信息的虚拟地址（Virtual ID，VID），卫星在位置移动过程中连续改变其虚地址。卫星间通信使用称为“卫星信元”的固定大小的分组，卫星信元的头结构如下：

〈宏蜂窝标识；蜂窝标识；终端标识；分组标识；序列号；TTL〉

其中，宏蜂窝标识、蜂窝标识和终端标识共同组成了目的终端节点的 VID，它包含了终端节点的地理位置信息；分组标识用来区分不同报文；序列号用来区分 1 个报文被分成的多个卫星信元。卫星节点在进行卫星信元路由/交换时，直接使用包含在信元头中目的节点的地理位置信息。地面网关维护 VID－IP 对照表。卫星信元头由地面网关生成，或者由直接与卫星通信的终端节点根据缓存的目的节点的 VID－IP 对照表产生。卫星保存有整个卫星网络系统的拓扑结构图，在任何时刻都知道它所在的地理位置，使用卫星信元头中终端节点的信息，能够计算出卫星信元的下一跳卫星节点，根据星间链路的状态，转发卫星信元到相应的链路上。

对卫星网络路由技术与数据交换方式最早的研究是从卫星链路上的 ATM 机制开始的。很多为低轨道卫星网络开发的路由算法都是假设使用面向连接的体系结构。典型的 Iridium 和 Teledesic 卫星通信系统的设计都使用了基于 ATM 的交换技术。随着 Internet 应用的快速增长以及下一代 Internet 技术研究的深入，在商业和军事卫星网络中传输 IP 流量并实现 IP 路由成为人们的研究热点。

7.6.3　静态和动态路由

从路由算法的动态性方面考虑，主要有 2 种路由算法：一种是静态路由算法，一种是动态路由算法。当网络拓扑发生变化之后，静态路由算法不会自动改变路由表，而动态路由算法则会根据情况改变路由表。

静态路由算法是根据卫星网络的星座进行定义的，离线将卫星的路由表建立好后存放在卫星上，有数据包需要转发时直接查找路由表。静态路由算法能够减小计算量和路由计算时间，降低路由算法的复杂性。基于 FSA 的路由算法和基于快照序列的路由算法是其中比较典型的例子。静态路由算法能够充分利用卫星网络的规律性，算法简单，不用收集链路状态信息，从而减少对卫星及链路资源的占用。而且，路由表是预先计算好的，因此卫星不需要进行路由计算，能够降低对星上处理能力的要求，但需要较大的存储空间用于路由表的存储。当出现卫星节点失效或者发生链路拥塞等意外情况时，算法性能急剧下降。

由于静态路由算法不能根据网络拓扑变化情况对路由表进行更新，通常认为不适用于大型或易变的网络。卫星网络拓扑结构具有动态变化特征，因此使用静态路由算法存在很多问题，卫星网络的很多路由算法都属于动态路由算法，可以定期或者在网络拓扑结构发生变化时收集路由信息，动态更新路由表。单层或多层卫星网络路由算法也都属于动态路由算法，可以动态收集网络拓扑信息用于路由计算，避免了静态算法所需的大量存储路由表的存储空间，能够及时发现卫星或链路失效等意外情况，能够及时处理链路的拥塞等突发情况，有助于满足 QoS 要求。动态路由算法缺点是在网络中各节点需要收集网络拓扑和链路信息，占用了一定的卫星和链路资源。在拓扑变化时需要计算路由，对卫星节点的星上处理能力要求较高，在网络拓扑结构或链路状态变化较快时，算法计算量大，效率较低，而且路由计算时间要远大于静态路由算法中查询路由表的时间。

然而，当卫星网络中的卫星节点较多、网络拓扑变化较快时，动态路由算法会存在网络拓扑信息较多、路由计算量过大，从而占用过多卫星和链路资源的问题。许多路由算法针对这个问题提出采用分组的方式，在卫星组内进行网络拓扑变化信息的传播，能够从一定程度上减小拓扑变化带来的通信开销，但是卫星分组具有很大的复杂性，对卫星提出了较高的要求。也有相关文献从另一个角度提出了一种用于减小卫星网络拓扑变化带来的拓扑更新和路由计算问题的方法。算法通过延迟网络拓扑更新信息的及时传输和减小网络中的通信开销和计算开销，直到有数据包需要传送时才传送网络拓扑变化信息，更新网络拓扑，进行路由计算，从而为数据包选择正确的路由。数据包的到达触发 2 次拓扑更新，一次更新数据包要送达的下一个节点的拓扑信息，一次更新数据包的上一个节点的拓扑信息。这种算法对由于网络拓扑变化引起的通信和计算开销增多具有一定的作用，但是通过仿真表明，这种路由算法在网络业务量较低的情况下确实能够减小拓扑变化信息的传播以及路由计算的增多，性能要优于其他路由算法。但是当网络业务量较大时，由于数据包较多，能够频繁地触发拓扑更新，并不能减小相应的通信开销和计算开销，反而容易导致路由表路由失效性增加，数据包不能找到正确的下一跳节点进行数据转发，容易发生数据包的丢失，算法的性能大大低于其他路由算法。

7.6.4　单层和多层卫星网络路由

7.6.4.1　单层卫星网络路由技术

自 1961 年提出卫星星座的概念以来，卫星网络得到了快速发展。20 世纪 90 年代初出现了中轨道和低轨道卫星网络。随着卫星数目的增加，信息交换技术越来越复杂，传统的空地链路通过地基网络互联的通信方式不再满足要求，有必要在多颗卫星或星座间建立星间链路，进行空间路由选择。

在空间信息系统中要实现卫星间的互联互通必须要解决路由算法的问题。路由算法的目的是为通信网络中的源节点和目的节点找到一条满足限制条件的最优路径。目前，国内外许多专家和学者对卫星网络的路由算法进行了研究，然而适用于卫星网络的路由算法还没有一个标准，具有代表性的单层卫星网络路由算法主要有以下几种。

（1）基于分布式的路由算法

E. Ekici 提出一种分布式的路由算法，该算法基于 Teledesic 卫星星座，将整个地球表面按照卫星的轨道平面 p 以及在轨道上的编号 s 对卫星进行逻辑编址 $\langle p, s\rangle$，而地球表面的逻辑地址固定不变。在某个时刻的逻辑地址是该时刻最靠近该区域卫星的逻辑地址，卫星在运动的过程中动态改变其逻辑地址。在卫星网络中，数据包的转发主要根据卫星的逻辑地址来计算跳数。

分布式路由算法的优点是每颗卫星能够根据自身的逻辑地址、数据包中的地址信息等确定下一个卫星节点，不需要卫星间交换大量信息，不需要维护复杂的路由表。缺点是由于分布式的路由计算方式，每颗卫星计算自身的路由，导致算法的收敛性较差，一旦发生路由切换，算法收敛较慢。在分布式路由算法中信息交换量的减小是以路由信息处理器数目的增加为代价的，要为每颗卫星加入路由器，这样会增加卫星的成本，而且每台路由器的利用率是很低的。

（2）基于有限状态自动机的路由算法

Chang 等提出基于有限状态自动机（Finite State Automata，FSA）的路由算法，该算法将网络拓扑结构按固定时间段进行离散处理，每个时间段的卫星网络拓扑结构称为一个“状态”，这样有机状态自动机算法将卫星网络的动态拓扑结构转换成一个有限状态自动机。该算法采用星间链路动态分配技术解决卫星网络的路由问题，其中星间链路的数据结构包括卫星节点的可见矩阵和流量约束矩阵，算法根据可见调节和流量约束调节将链路分配问题转换为混合的整数线性规划问题，能够计算出每对卫星节点间的最佳路由。

基于有机状态自动机的路由算法的优点是对网络资源最优化使用，算法的优化目标是星间链路的利用率，通过动态规划来解决链路分配与路由分配的联合优化问题。缺点是算法选择路径标准不是路由最短原则，因此，所选路由时延指标不能得到保证。而且，算法中的链路状态分配技术对于卫星网络实现难度过高，算法的计算复杂性太大，因此，路由计算一般是在地面预先完成的，对地面网络的依赖程度较高。

（3）基于快照序列的路由算法

Vidyashankar V. Gounder 把卫星网络的动态拓扑结构分离成一

系列的静态拓扑结构，卫星系统在某一时刻的网络拓扑有一个网络快照相对应，一旦星间链路发生变化（新增或断开），则形成一个新的快照，从而卫星网络的拓扑结构可以表示为一系列拓扑快照的循环，循环周期就是卫星系统周期。对于每个快照下的静态拓扑结构，采用已有算法计算路由。该算法的运算量是随着卫星网络中节点数的增加而呈指数增加的，因此，路由计算是离线在地面网络计算，然后再上传到卫星。

快照序列的路由算法能够克服卫星网络拓扑结构的动态变化对路由算法带来的不利影响，但是拓扑快照的选取存在一定困难，相邻快照间的变化较小时，快照的数量会显著增多，对卫星的存储空间造成很大挑战，而且离线路由计算使得算法同样存在对地面网络依赖程度较高的问题。

（4）基于 IP 的路由算法

Y. Hashimoto 等提出了基于 IP 的路由算法，主要解决 IP 技术与卫星网络结合问题，算法以数据包的时延作为路由选择依据。该算法将地球表面划分为一系列的区域，每个区域都有对应的虚地址，距离该区域中心最近的卫星被认为覆盖了该区域，使用该区域的虚地址代表该卫星。在基于 IP 的路由算法中，每个虚地址表示一个相对固定的卫星节点，虚地址不随地球转动而改变。该算法将卫星节点转化为固定的虚地址，在虚地址构成的逻辑平面内计算最短路由，避免卫星的移动性对路由算法带来的影响。

在基于 IP 的路由算法中，每个卫星节点都保存整个卫星网络的拓扑结构，在任何时刻都知道它所在的地理位置并确定对应的虚地址，计算出下一跳卫星节点。该算法的优点是使用分布式的方法使得路由计算时间较短，而且卫星节点对路由表存储量的需求较少。缺点是算法的健壮性较差，一旦网络中卫星节点或者星间链路出现损坏，算法的性能将迅速下降。而且该算法只适应于极轨道卫星网络，对于倾斜圆轨道卫星网络不适用。

（5）基于动态虚拟拓扑的路由算法

Werner 提出基于动态虚拟拓扑的路由算法，该算法可分成 2 个阶段，即虚拟拓扑结构建立阶段和路由选择优化阶段。在第 1 个阶段，算法将动态变化的网络拓扑结构进行离散化，使得卫星网络的拓扑在一个足够小的时间间隔内保持“不变”，这里“不变”是指拓扑变化在一定范围内，不影响路由算法的正常使用。在第 2 个阶段，使用典型的最短路由算法计算两点间的最近路由，在路由计算过程中以链路的切换次数为依据选择路由。

基于动态虚拟拓扑路由算法的优点是在路由计算过程中以一系列虚拟的离散拓扑结构代替卫星网络的动态拓扑结构，减少卫星网络动态拓扑对路由算法带来的影响。缺点是算法以链路的切换次数为路由选择依据，过分强调减少切换次数，使得算法所选路径不能保证路由的时延指标。

（6）基于时延限制的路由算法

W. S. Vincent 和 K. Turgay 研究了卫星网络的时延限制路由算法，算法从满足路由请求时延限制条件的若干条路由中选择生存时间指标最长的路由。该算法属于有限制条件的优化问题，难点在于限制条件和优化条件之间可能存在相互抵触的问题。比如，卫星网络高纬度的星间链路时延较小，从降低时延的角度需要选择高纬度的星间链路，但是高纬度的星间链路存在切换过于频繁的问题，二者相互抵触。因此，在时延限制路由算法中需要考虑路径的生存时间指标。

该类算法的优点是既考虑了路由的时延指标，同时也考虑了路径的生存时间，减小链路的切换次数。缺点是它使用分布式方法计算路由，由于星间链路传播时延较大，分布式方式会造成路由建立时间过长。在拓扑结构快速变化的卫星网络尤其是低轨道卫星网络中，路由建立时间过长会导致路由有效生存时间减少，从而导致路由切换频率增加。而且该算法将星间链路分成轨道内和轨道间 2 类，假定同一类型内的星间链路具有相同的时延指标。而实际上星间链路时延与星座参数、星间链路所处纬度参数都有关系，因此，该算法得到的路径不一定是最佳路径。

(7) 其他单层路由算法

除了上述几种比较有代表性的单层卫星网络路由算法以外，国内学者也对其他算法进行了大量研究，比较典型的有以下几种。

姚晔等研究了具有星间链路的低轨道卫星网络的路由算法，该算法能够根据通信量和拓扑结构进行自适应的路由计算，可以增大系统的流量。但是算法中将星间链路权重均设为1，无法判断链路的长度、时延等信息，而且算法将卫星周期分为72张拓扑快照，假定快照内网络拓扑结构不变，这种假设与实际情况有出入，存在一定的问题，有可能在拓扑快照内发生链路切换或者卫星失效等问题，导致路由失效。

卢锡城等研究了基于分时的低轨道卫星网络路由算法，在低轨道卫星网络中引入“离线”式路由计算思想，算法使用无环备份路由和路由表压缩机制，对网络流量具有自适应能力，星上开销小。但是由于采用离线式路由计算，算法对地面网络的依赖程度较高，而且对卫星或链路失效等突发状况不能及时、有效地处理。

王亮等研究了低轨道卫星网络的时延限制路由算法，针对路由建立时间长、有效生存时间短及路由切换概率高等问题，提出了源节点集中式路由算法。通过预先计算卫星节点间连接关系来降低路由建立时间和切换概率，但是路由算法的求解复杂性较高，增加了相应低轨道卫星节点的计算负担，还会引起路由计算失效的问题。

徐小龙等借鉴 Y. Hashimoto 和 E. Ekici 的思路，提出一种新型的符合低轨道卫星网络拓扑动态变化特点的基于地理位置信息的分布式动态路由算法，该算法能够提供较好的通信质量，具有较短的通信时延。缺点是采用分布式的路由计算，算法的收敛性较差，一旦出现卫星或者链路失效，算法的性能将急剧下降，而且算法只适用于极轨道星座。

刘刚研究了适用于我国的低轨道卫星数据通信系统的最小时延

路由算法。卫星网络中没有星间链路，算法充分利用卫星星座的周期性，在地面网络和信关站的支持下，能够确定出最佳路由。该算法对地面网络和信关站的依赖程度很高，而且信关站要求在我国自主控制范围内，具有很大的局限性。

李晖等提出使用 Hopfield 神经网络路由算法解决卫星网络中的路由问题。Hopfield 神经网络路由算法需要大量的神经元，消耗大量的运算时间，李晖等针对卫星网络减少了神经元数量，加快运算时间，能够得到全局最优解，具有一定的优势。但是 Hopfield 网络是典型的全连接网络，而卫星网络通常为 4 连接或 8 连接，因此算法的应用受到限制，而且算法对星上处理能力要求较高。

7.6.4.2　多层卫星网络路由技术

由于不同高度的单层卫星网络具有一定的局限性，单层卫星网络很难满足全球或区域性通信系统的要求，越来越不能满足系统设计需求，促使多层卫星网络迅速发展。多层卫星网络相比单层卫星网络具有许多优点，越来越受到人们的重视，越来越多的人展开对多层卫星网络的研究。现有的多层卫星网络路由算法主要有以下几种。

（1）低轨道/中轨道双层卫星网络的路由算法

Kimura 首先提出了低轨道/中轨道双层卫星网络的路由算法。在该算法中，中轨道卫星除使用星间链路与相邻卫星相连外，还使用层间星间链路与在其覆盖范围内的低轨道卫星相连；低轨道卫星只通过层间星间链路与覆盖自己的中轨道卫星相连。在双层卫星网络路由算法中首次采用低轨道/中轨道双层星座提供卫星移动通信系统服务，这是多层星座卫星网络雏形。Kimura 指出双层卫星网络能提供比单层卫星网络更好的覆盖特性，在该算法中低轨道层采用极轨道星座，中轨道层采用赤道轨道，星间链路性能较差；采用在卫星通信中很少使用的泛洪算法发布网络拓扑变化和资源信息。

胡剑浩等在 Kimura 提出的网络模型基础上将中轨道卫星数目增加到 16 颗，并要求中轨道卫星与其覆盖范围内的每颗低轨道卫星建立“强连接”，以提高多层卫星网络的稳定性。这种方法虽然能够增强多层网络的稳定性，但卫星实现起来难度较大。而且中轨道卫星同时与多颗低轨道卫星建立星间链路，要求中轨道卫星具有多个星间链路收发设备，导致中轨道卫星有效载荷增加，实现难度加大。这种路由算法采用了基于 Dijkstra 算法的时延最短路由算法和时延抖动最小路由算法，与单层卫星网络的路由算法具有一定的相似性。该路由算法有一点值得肯定的是低轨道和中轨道卫星网络均采用 Walker delta 星座，在卫星运行过程中同一层面的卫星间相对关系保持不变，有利于卫星之间建立相对稳定的路由关系。

在上述低轨道/中轨道双层卫星网络中存在一个很严重的缺点：低轨道卫星间没有星间链路，必须通过中轨道卫星进行转发，而低轨道卫星仅作为中轨道卫星的接入卫星是极大的浪费。

（2）SoS 路由算法

Jaeook 提出 SoS（Satellite of Satellite）网络结构和适用于 SoS 网络的动态自适应路由算法。与低轨道/中轨道双层卫星网络相比，SoS 网络的特点是：中轨道卫星仅有 2 颗卫星，不形成星座，主要用于低轨道卫星网络内路由信息的汇总，并对低轨道卫星进行中继服务。算法中低轨道层的卫星按照位置划分成多个组，每组低轨道卫星向邻近的中轨道卫星报告链路延迟状态信息。中轨道卫星之间交换收集到的信息，形成全局路由信息。中轨道卫星同时将形成的全局路由信息返回给所管理的低轨道卫星。该算法的缺点是网络中的中轨道卫星数目过少，导致网络的稳定性不高；而且算法主要使用中轨道卫星进行路由决策，导致网络对路由信息更新频率较为敏感，不利于算法的稳定。

（3）静止轨道/低轨道路由算法

针对静止轨道/低轨道双层卫星网络的结构特点，Durresi 提出一种基于静止轨道卫星覆盖域分割的分层路由算法。算法一方面根据低轨道卫星的运行规律将系统周期化分为一系列时间区间，计算各区间内的静态连接矩阵并存储到静止轨道卫星上；另一方面，各静止轨道卫星覆盖范围内的低轨道卫星定期发送链路状态信息，静止轨道卫星根据静态连接矩阵和链路状态信息确定覆盖范围内的低轨卫星的路由。

由于静止轨道卫星仅需要 3 颗就能实现全球覆盖，降低了低轨道与中轨道卫星间可视角变化频繁、天线对准和跟踪技术等问题对路由算法带来的影响。静止轨道卫星之间不进行链路状态信息交互，减小了算法的通信开销。但是，由于静止轨道卫星需要与覆盖范围内的所有低轨道卫星建立层间星间链路，不仅增加了系统连接的复杂度，而且导致静止轨道卫星需要大量星间链路收发设备，增加了卫星实现的难度。而且极地上空的低轨道卫星由于天线转向控制的限制，很难实现与静止轨道卫星间的层间星间链路。

（4）多层星座结构路由算法

Akyildiz 提出了多层星座结构（Multi-Layer Satellite Network，MLSN）的路由算法。MLSN 网络由静止轨道卫星、中轨道卫星和低轨道卫星 3 层卫星网络组成，其中静止轨道卫星用于路由计算，中轨道卫星用于实现全球覆盖，低轨道卫星主要实现对地面终端的接入。MLSN 路由算法的优点是采用 Bellman 算法计算最短路径，在网络流量较大的情况下，性能优于单层卫星网络。缺点是系统的复杂性较高。在 MLSN 结构中，静止轨道与中轨道卫星、中轨道与中轨道卫星、中轨道与低轨道卫星、低轨道与低轨道卫星间都有星间链路，为维持低轨道卫星与中轨道卫星、静止轨道卫星间的星间链路，低轨道卫星必须拥有大量星间链路收发设备，造成低轨道卫星实现难度增加。而且，MLSN 系统建立在“强连接”模型上，卫星间存在的路由选择较多，使得静止轨道卫星的路由计算较为繁重，每次网络结构的变化都需要对路由表进行大规模更新。

（5）其他多层路由算法

苑吉等提出了一种针对双层卫星网络的分层动态路由算法 DL-RA，通过在链路状态通告中增加一个“跳数限制”字段来控制通告的泛洪范围，使每颗低轨道卫星只掌握自己周围数跳范围内的网络拓扑，而中轨道卫星需要收集全网络的拓扑状态信息。算法中未说明低轨道和中轨道卫星间的连接度关系，每颗中轨道卫星要计算到各低轨道卫星的所有存在路径，且采用分布式路由计算，复杂性较高。而且，中轨道层采用泛洪方式收集网络的拓扑信息，通信开销较大。

王亮等研究了多层卫星网络结构化路由算法的设计问题。针对多层网络中存在的双层传输问题，提出了混合层选择策略 HLS，以路径时延和可持续通信时间 2 个指标作为路由决策变量，并将其与 MLSR 的单准则静态层选择策略进行了对比仿真，发现混合层选择策略可以具有相当的优势。缺点是在多层网络中中轨道卫星与地面站及静止轨道卫星与低轨道卫星间没有星地或层间链路，静止轨道与低轨道卫星间的链路信息收集及路由表下发必须通过中轨道卫星通信，将增加中轨道卫星的负载量；静止轨道卫星负责收集链路信息及维护网络路由表，复杂度较大。

李喆等分析了低轨道/中轨道卫星网络路由算法与自组网的相同之处，借鉴了自组网路由中适用于卫星网络的部分，提出在低轨道/中轨道卫星网络中运用自组网思想的动态路由算法，算法增强了卫星网络的自适应性，能够支持多路路由，在选路时保证 QoS。缺点是在簇间进行信息传递时，以簇为单位进行信息交换，这样会导致信息的不准确性；簇内每颗卫星都要维护一个无环有向图，增加了卫星节点的存储开销；而且算法中并没有体现出低轨道/中轨道双层卫星网络与单层卫星网络以及低轨和中轨卫星在簇内的区别，没有明确说明簇首的选择标准以及簇的划分依据。

李映对多层卫星网络动态路由算法进行了研究，算法以提高卫星网络的利用率和包传输效率为目的，以距离矢量路由算法和最短路径算法为基础，能够充分利用构成多层卫星网络的 3 个网络的特点，并且利用 NS2 进行了仿真实现。缺点是算法大量借鉴了多层星座结构算法的思想，路由计算复杂性较大。

罗有平在拓扑快照 DT－DVTR 路由算法和多层星座结构算法的

基础上，设计了动态路由算法，算法采用了主动路由和按需路由相结合的方式，使得路由查找时间短、效率高。算法的缺点是，低轨道卫星主要使用同一轨道内的星间链路，尽量少用轨道间星间链路，而且采用被动路由，使得低轨道卫星接收到数据必须通过中轨道卫星进行转发，增加了路由时延。算法中存在较多的无用路由请求信息，增加了网络通信开销，而且所选路径可能不是最优的。

第 8 章　空间信息传输性能评估

8.1　空间信息传输的要求

空间信息传输系统是空间信息网络的“神经网络”，是连接各分系统的纽带和桥梁。空间信息传输能力应该满足以下要求。

1）工作的完整性。具备全天候、全覆盖的完整工作能力，对各种信息实现无缝获取、传输、融合和分发，重点保障区域的通信联络，以保证各种信息的可靠传输，实现空间信息的综合利用。

2）业务的多样性。能够进行大容量、高带宽、综合业务信息的传输，直接面对各个用户单元，满足用户对各种信息的传输需求，业务种类应包括语音、数据、传真、图像以及多媒体综合业务等。

3）质量的可靠性。空间信息传输要求具有实时性、高速率、可靠性、稳定性、高保密性、抗干扰性；各类空间信息平台的数据通过卫星互联网实现实时或准实时信息传输，要求卫星通信能够提供较高的信息传输速率；系统具备很强的抗干扰能力，在自然干扰和强烈的人为干扰的条件下，仍然能够保证最低限度的通信；系统还应具备很好的抗截获能力；扩大频率范围，向更高的频段扩展，能够实施大范围、宽频谱通信；能够整合网络资源而最大限度地提高传输质量。

4）网络的可扩展性。具有可扩展性、可重构性，便于用户接入和系统扩展；具有信息格式的一致性和通信协议的有效性，能够与地面通信网络实现无缝隙的一体化连接。

8.2 信息传输能力评估常用指标

对于执行空间信息传输的卫星网络来说必须具有星间传输和大容量宽带通信能力，信息传输的快速、准确和安全是决定信息从源节点传输到用户节点能力的主要因素，主要包括以下几个方面。

8.2.1 吞吐量

吞吐量（Throughput）指单位时间内正确传送数据包的数量，表征了网络的有效传输速率。吞吐量取决于以下因素：链路特性、带宽、出错率、节点特性、缓冲区容量、处理机能力。总之，通信网的吞吐量依赖于网络中各个节点的处理能力和各条链路的传输能力，网络部件的失效将使网络吞吐量减少。吞吐量计算公式为

$$\text{吞吐量} = n[1 - P(n)]/(n + CV) \tag{8-1}$$

式中 $P(n)$ ——字组差错率；

C ——从一个字组传输结束到下一个字组传输开始的时间延迟；

V ——调解器以比特/秒标识的信号率；

n ——传输总量。

8.2.2 误码率

误码率是衡量信息传输质量的指标，在通信过程中，信息是否能无差错地传输到指挥控制中心，是衡量系统通信能力的重要体现，其值由卫星通信和军事通信的要求决定。

空间信息网络中链路的误码率 P_e 是反映信息在对抗条件下传输质量的最基本参数，它是每比特能量与噪声功率谱密度的比值 E_b/N_0 的函数。E_b 是一个比特持续期内载波的能量，$N_0/2$ 是噪声的功率谱密度。当基带信息以每秒 R 比特传输时，比特持续期 $T_b = 1/R$ ，当噪声带宽为 B 时，噪声功率为 N_0B 。由平均载波功率的定

义可得

$$C=\frac{1}{T_b}\int_0^T E[S^2(t)]\cdot dt \tag{8-2}$$

式中　$S(t)$——一个比特持续时间内的已调载波波形；

E——数学期望。

如果在任一比特时间间隔内载波具有相同的能量 E_b，则

$$C=E_b/T_b \tag{8-3}$$

从而得到

$$\frac{E_b}{N_0}=CT_b\bigg/\left(\frac{N}{B}\right)=T_bB(C/N)=T_bC/N_0 \tag{8-4}$$

$$\begin{aligned}[C/N_0]&=[\mathrm{EIRP}]+[G_R]-[L]-[T_s]-[k]\\&=[\mathrm{EIRP}]+[\frac{G_R}{T_s}]-[L]+228.6\end{aligned} \tag{8-5}$$

式中　EIRP——有效全向辐射功率；

G_R——接收天线增益；

L——总的损耗；

T_s——接收机的有效噪声温度；

k——波耳兹曼常数。

8.2.3　时延

时延（Delay）指一定大小的数据包在网络的 2 个节点之间传送的平均时间，通常以毫秒为单位来表示，记为 T_D。时延又包括：传播时延（Propagation Delay）、交换时延（Switching Delay）和发送时延（Transmit Delay）。

传播时延指电磁波在传输介质中传送时所需要的时间，它与传输介质和传输距离有关，记为 T_p。

交换时延是由网络中的电子设备（如路由器、交换机）产生的，记为 T_s。数据包从输入电子设备到输出，在其中滞留的时间称为交换时延。交换时延可以分为 2 部分：零负荷传递时延和排队时延。其中，零负荷传递时延是指在交换机（路由器）零负荷时，一个数

据包通过交换机（路由器）的时间延迟，这是个固定时延（Fixed Delay，FD）。该时延包括数据包进行交换所需的必要的处理和判断。排队时延（Query Delay，QD）是指在交换机有一定的负载时，数据包等待服务所花费的时间。排队时延和交换机的负载有关，可以应用排队论进行分析。

发送时延是发送数据所需要的时间，它取决于数据包的大小和信道的传输速率，记为 T_t，则

$$T_D = T_p + T_s + T_t \tag{8-6}$$

其中，$T_p = \dfrac{d}{v}$，d 是通信距离，v 是电子波在传输介质中的传输速率。

$T_t = \dfrac{S}{C}$，S 是数据包的大小（bit），C 是信道的传输速率（bit/s）。

下面根据空间信息网络系统从获取信息到将信息传送到指控中心的流程来分析系统的响应时间。系统响应时间是指侦察卫星发送完第 1 个字符开始到指控中心主计算机接收完最后 1 个字符为止所花费的时间。网络时延分配如图 8—1 所示。

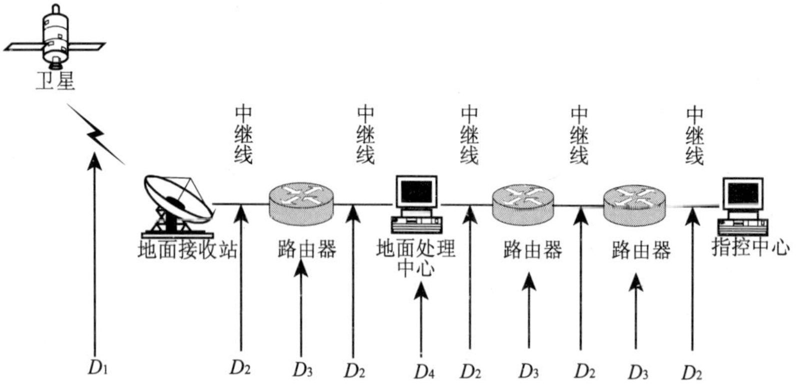

图 8—1　网络时延分配图

如图 8—1 所示，网络时延分为 4 部分：

1）卫星信道传输时延（D_1）；

2）中继线传输时延（D_2）；

3）路由器处理时延（D_3）；

4）地面处理中心处理时延（D_4）。

为了简化处理，假设各中继线传输时延（D_2）相同，各路由器设备处理时延（D_3）相同，则系统响应时间为

$$T = D_1 + 5D_2 + 3D_3 + D_4 \tag{8-7}$$

各段时延计算如下。

1）卫星信道传输时延 D_1。

卫星信道传输时延是数据包从卫星发送到地面接收站所需要的时间。

$$D_1 = \frac{\text{数据包大小}}{\text{卫星信道传输速率}} + \frac{\text{卫星至地面站距离}}{\text{光速}} \tag{8-8}$$

2）中继线传输时延 D_2。

中继线的传输时延和分组的平均长度、线路的传输速率以及线路利用率等因素有关，可表示为

$$D_2 = t_s + t_w (\text{s/ 分组}) \tag{8-9}$$

这里，$t_s = \dfrac{\text{平均分组长度(bit/ 分组)}}{\text{线路速率(bit/s)}}$

$$t_w = \frac{t_s \cdot \rho}{1-\rho} \tag{8-10}$$

式中 ρ——线路利用率，为实际传输速率和线路最大传输速率之比。

3）路由器处理时延 D_3。

路由器的处理时延是指一个分组通过交换机的时间，可表示为

$$D_3 = t_s + t_w (\text{s/ 分组}) \tag{8-11}$$

式中 t_s——平均分组服务时间；

t_w——平均分组等待时间。

t_s 的大小与节点路由器的处理能力、分组的类型和处理类型等多种因素有关。它反映了交换机处理一个分组所需要的时间。我们可以用路由器的分组吞吐量（C）来计算它的平均值

$$t_s = \frac{1}{C} (\text{s/ 分组}) \tag{8-12}$$

如果知道节点路由器的字符吞吐能力，我们也可以用下式计算 t_s

$$t_s = \frac{D}{R}(\text{s/ 分组}) \tag{8-13}$$

式中 D——每分组的平均字符数；

R——交换机每秒钟的字符吞吐量。

t_w 是路由器中排队等待处理或输出所花费的平均时间，它与路由器中采用的排队模型和路由器的忙闲程度有关，可表示为

$$t_w = \frac{t_s \cdot \rho}{K(1-\rho)} \tag{8-14}$$

式中 K——所选的排队模型，若采用 $M/M/1$ 模型，$K=1$；若采用 $M/D/1$ 模型，$K=2$；

ρ——交换机的利用率。

从式（8－14）可见，当路由器中通过的信息流量大，路由器利用率高（ρ 值大）时，路由器的等待时延也大。

$$\rho = \frac{L}{C} \tag{8-15}$$

式中 L——路由器的实际分组吞吐量（负载）；

C——路由器的最大分组吞吐能力。

4）地面处理中心处理时延 D_4。

系统响应时间中的一个关键因素是主计算机处理时延，它处于网络设计人员的控制能力之外，而且时延大小变化很大，可以从数毫秒到数分钟，取决于主计算机的性能和要求完成什么样的任务。

8.2.4 时延抖动

时延抖动（Jitter）是指数据包传输时间的长短变化，通常在接收端增加缓存器来减少时延抖动，但这又必将增加时延。时延抖动表示为

$$\text{时延抖动} = \frac{\sum_{i}^{n}(T_i - \bar{T})}{n} \tag{8-16}$$

式中　T_i ——每个数据包的传输时延；

$\bar{T}$ ——平均时延；

n ——发送数据包数量。

此外，时延抖动可以用时延的变化量（Delay Variation）来描述。时延变化量定义为在给定的网络负载和时间段内，数据包传输时延的变化幅度。它是数据包传输时延的一部分，包括缓冲时延和排队时延。记为 DV，是传输时延的最大值与最小值之差

$$\mathrm{DV} = \max(\mathrm{T_d}) - \min(\mathrm{T_d}) \qquad (8-17)$$

8.2.5　差错率

差错率指在网络传输过程中出错的数据包占发送数据包的百分比。数字传输系统的误码性能与传输信道的特性有关，如线性、带宽等。信道中的噪声分布、信号的调制方式等也影响了系统的误码性能。差错率表示为

$$差错率 = \frac{出错的数据包数量}{发送的数据包数量} \qquad (8-18)$$

8.2.6　丢包率

丢包率（Packet Loss Rate）是指在特定时间间隔，从源端到目的端间往返过程中丢失数据包占所发送数据包的百分比。数据包丢失一般是由网络拥塞引起的，丢包率用来衡量网络正确转发用户数据的能力。丢包率表示为

$$丢包率 = \frac{丢失的数据包数量}{发送的数据包数量} = 1 - \frac{接收到的数据包数量}{发送的数据包数量} \qquad (8-19)$$

8.2.7　跳数

数据包从信源到信宿经过的平均节点数即为跳数。

8.2.8 队列长度

队列长度指在接收节点缓存中排队等待的平均数据包数量。

8.3 空间信息网络性能分析基本模型

从系统工程的观点来看，分析空间信息网络的性能评估问题首先要确定其系统设计的目标，其次分析系统的综合性能评估指标，并对各个指标进行测度建模，运用数值分析方法、统计理论、仿真理论来求得各个测度指标，然后再对整个系统进行综合评估，最后进行结果分析验证，如果不合格则对模型进行修改。因此，空间信息网络系统综合性能评估的研究模式如图 8—2 所示。

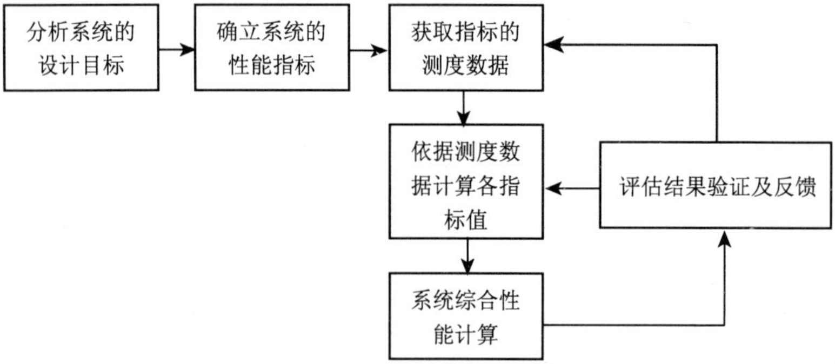

图 8—2 空间信息网络系统综合性能评估的研究模式

空间信息网络的性能是系统可用度、系统可信度和系统综合能力的函数，借鉴美国工业界武器系统性能咨询委员会（WSEIAC）关于建立复杂大系统性能模型的基本思想，系统性能的数学模型可表示为

$$\boldsymbol{E}=\boldsymbol{A}\cdot\boldsymbol{D}\cdot\boldsymbol{C} \tag{8—20}$$

式（8—20）中 $\boldsymbol{E}=[e_1,e_2,\cdots,e_m]$ 为空间信息网络系统的性能指标矢量，$e_i(i=1,2,\cdots,e_m)$ 对应于空间信息网络系统第 i 项任务

要求的性能指标。

$\boldsymbol{A}=[a_1,a_2,\cdots,a_n]$ 为 $1\times n$ 维可用度矢量，是系统在执行任务开始时刻可用度的度量，反映空间信息网络系统的使用准备程度。$\boldsymbol{A}$ 的任意分量 $a_j(j=1,2,\cdots,n)$ 是空间信息网络系统开始执行任务时系统处于状态 j 的概率。j 是就可用度而言系统的可能状态序号。

$\boldsymbol{D}$ 称为任务可信度，由于系统有个可能状态，则可信度 $\boldsymbol{D}$ 是一个 $n\times n$ 矩阵

$$\boldsymbol{D}=\begin{bmatrix} d_{11} & d_{12} & \cdots & d_{1n} \\ d_{21} & d_{22} & \cdots & d_{2n} \\ \vdots & \vdots & \vdots & \vdots \\ d_{n1} & d_{n2} & \cdots & d_{nn} \end{bmatrix} \tag{8-21}$$

式（8—21）中，$d_{ij}(i=1,2,\cdots,n;j=1,2,\cdots,n)$ 是开始使用时刻系统处于 i 状态而在使用过程中转移到 j 状态的概率，显然

$$\sum_{j=1}^{n} d_{ij}=1 \tag{8-22}$$

系统可信度直接取决于可靠性和使用过程中的修复性，也与人员素质、指挥因素等有关。

$\boldsymbol{C}$ 为系统的固有能力，是系统在预定的状态下，完成任务要求的概率描述，即 $\boldsymbol{C}=(c_1,c_2,\cdots,c_n)^{\mathrm{T}}$，其中 c_j 表示系统处于 j 状态时满足任务要求的概率。

特殊情况下，式（8—20）蜕化为3个量的乘积。此时，A 表示系统在使用前处于规定任务准备状态且可靠投入使用的概率；D 是使用中系统可靠工作的概率；而 C 是系统在使用可靠条件下完成规定任务的概率，因此 E 实际上是考虑到系统使用可靠性及使用准备特性的任务性能。

8.4　系统可用度

系统可用度用来描述系统在开始执行任务时的状态，也是表示

系统在规定条件下正常工作的概率。

8.4.1 单系统的可用度

系统可用度（A_0）用公式表示为

$$A_0 = \frac{\text{工作时间}}{\text{工作时间} + \text{不能工作时间} } \tag{8-23}$$

上式右端各项均除以故障次数，得

$$A_0 = \frac{\mathrm{MTBF}}{\mathrm{MTBF} + \mathrm{MTTR} + T_{\mathrm{MLD}}} \tag{8-24}$$

式中 MTBF——平均故障间隔时间；

MTTR——平均故障修复时间；

T_{MLD}——平均保障延迟时间，指除平均故障修复时间以外所有为修复故障而等待的平均延迟时间。

假定系统没有修复等待延迟，则

$$A_0 = \frac{\mathrm{MTBF}}{\mathrm{MTBF} + \mathrm{MTTR}} = \frac{\mu}{\mu + \lambda} \tag{8-25}$$

8.4.2 串联系统的可用度

设系统由 m 台设备串联组成，每台设备的可用度分别为 $A_1, A_2, \cdots, A_m$，则整个系统的可用度 $A_{\text{串}}$ 为

$$A_{\text{串}} = A_1 \cdot A_2 \cdots A_m \tag{8-26}$$

8.4.3 并联系统的可用度

设系统由 m 台设备并联组成，每台设备可用度分别为 $A_1, A_2, \cdots, A_m$，则整个系统的可用度 $A_{\text{并}}$ 为

$$A_{\text{并}} = 1 - (1 - A_1)(1 - A_2)\cdots(1 - A_m) \tag{8-27}$$

例如，某通信网由 1 个中心和 2 个设备、功能完全相同的终端组成，若中心系统的可用度为 A_c，终端的可用度为 A_{s1}, A_{s2}($A_{s1} = A_{s2} = A_s$)，则通信网的可用度 A_N 为

$$A_N = A_c[1-(1-A_{s1})(1-A_{s2})] = A_c[1-(1-A_s)^2] \tag{8-28}$$

设 $A_c = 0.99$，$A_s = 0.918$，则由式（8—28）可以计算出 $A_N = 0.9896$。

8.4.4 可用度指标矢量

在系统的性能模型中，可用度 $\boldsymbol{A}$ 为 $1\times n$ 维的行矢量，$\boldsymbol{A}$ 的任意分量是开始执行任务时系统处于某一状态的可用度。若只考虑系统的“正常工作”和“故障”两种工作状态，则系统的可用度矢量 $\boldsymbol{A}$ 可用下式表示

$$\boldsymbol{A} = (a_1, a_2) \tag{8-29}$$

式中　a_1——系统在任一时刻处于工作状态的概率，

$$a_1 = \frac{\text{MTBF}}{\text{MTBF}+\text{MTTR}} = \frac{\mu}{\mu+\lambda};$$

a_2——系统在任一时刻处于故障状态的概率，

$$a_2 = \frac{\text{MTTR}}{\text{MTBF}+\text{MTTR}} = \frac{\lambda}{\lambda+\mu}。$$

其中，λ 和 μ 分别为系统的故障率和修复率。

8.5 系统可信度

系统的可信度也称为任务可信赖度，是系统在执行任务过程中能够正常运行的度量。它描述的是投入运行的系统，在执行任务过程中，不产生故障，完成任务的概率。

从系统使用的观点看，可用性事件必须首先出现，因此，在讨论系统性能指标时，可信度指标常以可用度指标为前提。如上所述，当可用度指标为 n 维行矢量时，则可信度指标为 $n\times n$ 维矩阵。在只考虑系统“正常工作”与“故障”两种工作状态下，系统可信度矩阵 $\boldsymbol{D}$ 可表示为

$$\boldsymbol{D} = \begin{bmatrix} d_{11} & d_{12} \\ d_{21} & d_{22} \end{bmatrix} \tag{8-30}$$

式中 d_{11} ——开始执行任务时系统处于工作状态，在工作到 t 时刻系统仍处于正常工作状态的概率；

d_{12} ——开始执行任务时系统处于工作状态，在工作到 t 时刻系统变为故障状态的概率；

d_{21} ——开始执行任务时系统处于故障状态，在 t 时刻系统恢复正常工作状态的概率；

d_{22} ——开始执行任务时系统处于故障状态，在 t 时刻系统仍处于故障状态的概率。

由于系统在运行过程中，当出现故障时，则从“正常工作”状态转移到“故障”状态。同样，处于“故障”状态的系统经过恢复以后又会恢复到“正常工作”状态，这一随机过程的转移，只与系统现时所处的状态有关，可由马尔可夫过程求得 **D** 矩阵中各元素的值，即

$$d_{11}=\frac{\mu}{\mu+\lambda}+\frac{\lambda}{\lambda+\mu}\cdot \mathrm{e}^{-(\lambda+\mu)t}$$

$$d_{12}=\frac{\lambda}{\lambda+\mu}-\frac{\lambda}{\lambda+\mu}\cdot \mathrm{e}^{-(\lambda+\mu)t}$$

$$d_{21}=\frac{\mu}{\mu+\lambda}-\frac{\mu}{\mu+\lambda}\cdot \mathrm{e}^{-(\lambda+\mu)t}$$

$$d_{22}=\frac{\lambda}{\lambda+\mu}+\frac{\mu}{\mu+\lambda}\cdot \mathrm{e}^{-(\lambda+\mu)t}$$

当系统在运行过程中出现故障不可修复，即系统为不可修复系统时，**D** 矩阵变为

$$\boldsymbol{D}_0=\begin{bmatrix} d_{011} & d_{012} \\ d_{021} & d_{022} \end{bmatrix} \tag{8—31}$$

式中 $d_{011}=\dfrac{\mu}{\mu+\lambda}$；

$d_{012}=\dfrac{\lambda}{\lambda+\mu}$；

$d_{021}=0$；

$d_{022}=1$。

8.6 系统综合能力

在系统性能的研究中，人们更感兴趣的是系统的综合能力。从前面的分析中可知，在 $\boldsymbol{E}=\boldsymbol{ADC}$ 模型中，$\boldsymbol{A}$ 和 $\boldsymbol{D}$ 在选定状态数 n 下都可由解析法获得，而综合能力 $\boldsymbol{C}$ 的获得就比较困难。$\boldsymbol{C}$ 中的元素很大程度上取决于所评价的系统，一般情况下，应根据所讨论的特定的问题建立 $\boldsymbol{C}$ 的分析计算模型。对于空间信息网络而言，由于涉及其能力的因素很多，我们从系统分析入手，采用层次分析的方法，通过对决定和影响系统综合性能的主要因素的逐层分析分解，便可得到构成能力指标的层次结构。由此可见，问题的关键在于计算能力 $\boldsymbol{C}$ 的值，可以说 $\boldsymbol{C}$ 是理想状况下的系统能力，而 $\boldsymbol{E}$ 是对 $\boldsymbol{C}$ 的一种修正，使之更加接近于实际情况。

求解系统的综合能力主要包括 3 方面的内容：指标权重分配、指标值归一量化和性能聚合。求解系统综合能力的思路如图 8—3 所示。

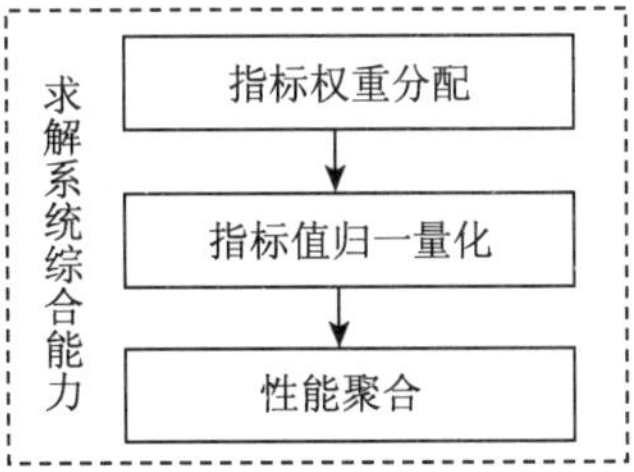

图 8—3 求解系统综合能力思路

8.6.1 层次分析法确定指标权重

由于待评估系统的复杂性，我们采取多指标综合评价法——层次分析的方法。层次分析法（Analytic Hierarchy Process，AHP）是美国匹兹堡大学教授 T. L. Saaty 于 20 世纪 70 年代中期提出的一种定性分析与定量计算相结合的方法。它最大的优点是将人们的思维过程和主观判断数学化，有助于决策者保持思维过程和决策原则的一致性。

层次分析法是利用模糊数学理论和系统工程方法处理那些难以完全用定量方法来解决的复杂问题的有效工具，它体现了人的大脑思维的基本方法——分析和综合。其基本思路是：首先，把需要分析的问题分解为各个组成元素，并按照各元素间的相互关系分组，建立系统的递阶层次结构；其次，制定每层各元素间相对重要性的主观判断的定量标度，通过对同一层次的各元素相对于上一层次中的有关准则的重要性做两两比较，构造两两比较判断矩阵；然后，由判断矩阵计算被比较元素对于该准则的相对权重；最后，计算出各层元素相对系统总目标的合成权重并排序，通过对结果的分析和运用以解决实际问题。

层次分析法曾经应用于美国国防部研究的国防战略应急计划、美国国家科学基金会研究电力在工业部门的分配问题、苏丹政府研究运输问题等。层次分析法作为一种决策过程，提供了一种表示决策因素测度的基本方法。简而言之，该方法的主要特征有：定性和定量分析相结合、理论性强、形式简明、主观判断与问题直接结合，具有适用性、有效性和系统性。

下面详细介绍层次分析法的计算步骤。

8.6.1.1　建立递阶层次结构

层次结构的层次数决定于问题的复杂程度和问题分析所需要的深度。建立层次结构时，必须对问题进行全面、深入的分析，并作充分的调查研究，在此基础上进一步广泛征询专家的意见，反复交换信息，建立一个既科学合理、又符合实际的递阶层次结构。

8.6.1.2　构造判断矩阵

递阶层次结构中，假定将上一层次的元素 C_k 作为准则，它对下一层次的元素 $A_1, A_2, \cdots, A_n$ 有支配关系；采用两两比较的方法对 C_k 下各元素的重要程度赋予比例标度。

由专家或分析者给出判断矩阵 $\mathbf{A}(a_{ij})$ ，其中 $i, j = 1, 2, \cdots, n$ 。判断体系采用 $a_{ij} = 1$ 表示 x_i, x_j 几乎同等重要；$a_{ij} = 2$ 表示 x_i 比 x_j

略微重要；$a_{ij}=3$ 表示 x_i 比 x_j 明显重要；$a_{ij}=4$ 表示 x_i 比 x_j 强烈重要；$a_{ij}=5$ 表示 x_i 比 x_j 极端重要；若 x_i 没有 x_j 重要，则 a_{ij} 取相应取值的倒数。于是得准则 C_k 下的判断矩阵 $\mathbf{A}(a_{ij})$

$$\mathbf{A}=(a_{ij})_{n\times n} \tag{8-32}$$

8.6.1.3　计算重要性排序

得到判断矩阵 **A** 之后，解如下特征根方程

$$\boldsymbol{AW}=\lambda_{\max}\boldsymbol{W} \tag{8-33}$$

所得特征矢量 $\boldsymbol{W}$ 经归一化后，即为元素 $A_1,A_2,\cdots,A_n$ 在 C_k 准则下的重要性排序。近似计算 $\boldsymbol{W}$ 和 $\lambda_{\max}$ 的方法主要有：幂法、和法、根法等方法。

(1) 幂法

计算步骤如下。

1) 设一与判断矩阵同阶的正规化初始矢量 $\boldsymbol{W}_0$，如 $\boldsymbol{W}_0=\left[\frac{1}{n},\ \frac{1}{n},\ \cdots,\ \frac{1}{n}\right]^{\mathrm{T}}$；

2) 计算 $\boldsymbol{W}^{k+1}=\boldsymbol{AW}^k \quad (k=0,1,2,\cdots)$；

3) 令

$$\beta=\sum_{k=0}^{n}\boldsymbol{W}^k$$

计算 $\boldsymbol{W}^{k+1}=\boldsymbol{W}^{k+1}/\beta$，将 $\boldsymbol{W}^{k+1}$ 归一化；

4) 对于预先给定的精确度 ε，当 $\lambda_{\max}=\left[\sum_{i=1}^{n}\left(\frac{W_i^k}{W_i^{k+1}}\right)\right]<\varepsilon$ 成立时，则计算停止，取 $\boldsymbol{W}=\boldsymbol{W}^{k+1}$；否则，继续进行步骤 2)。

(2) 和法

计算步骤如下。

1) 将判断矩阵 **A** 的每一列正规化

$$a_{ij}=\frac{a_{ij}}{\sum_{i=1}^{n}a_{ij}} \quad i,j=1,2,\cdots,n \tag{8-34}$$

2) 将 $\mathbf{A}=(a_{ij})_{n\times n}$ 各行元素相加

$$w_i = \sum_{j=1}^{n} a_{ij} \quad j = 1,2,\cdots,n \tag{8-35}$$

3）将2）所得的行和矢量正规化，得排序权重矢量$\boldsymbol{W}$，其元素为

$$w_i = \frac{w_i}{\sum_{j=1}^{n} w_j} \qquad i = 1,2,\cdots,n \tag{8-36}$$

4）按下式计算$\lambda_{\max}$

$$\lambda_{\max} = \sum_{i=1}^{n} \frac{(\boldsymbol{AW})_i}{W_i} \tag{8-37}$$

式中　$(\boldsymbol{AW})_i$——$\boldsymbol{AW}$的第i个分量。

（3）根法

计算步骤如下。

1）将$\boldsymbol{A}$的元素按行相乘

$$U_{ij} = \prod_{j=1}^{n} a_{ij} \tag{8-38}$$

2）所得的乘积分别开n次方

$$u_i = \sqrt[n]{U_{ij}} \tag{8-39}$$

3）将2）所得的行和矢量正规化，得排序权重矢量$\boldsymbol{W}$，其元素为

$$w_i = \frac{u_i}{\sum_{i=1}^{n} u_i} \quad i=1,\ \cdots,\ n \tag{8-40}$$

4）按下式计算$\lambda_{\max}$

$$\lambda_{\max} = \sum_{i=1}^{n} \frac{(\boldsymbol{AW})_i}{nW_i} \tag{8-41}$$

式中　$(\boldsymbol{AW})_i$ —— $\boldsymbol{AW}$的第i个分量。

8.6.1.4　一致性检验

在构造判断矩阵时，并不要求判断矩阵具有严格的一致性，这是客观事物的复杂性与人们认识的多样性所决定的。但是，要求判断矩阵具有基本的一致性却是必要的。因此，在求出$\lambda_{\max}$后，要进行一致性检验。

若一致性指标值 $CR > 0.1$，需对判断矩阵进行调整，直到满足 $CR \leqslant 0.1$ 为止。一致性检验有以下步骤。

1）计算一般一致性指标 CI。

$$CI = \frac{\lambda_{max} - n}{n - 1} \tag{8-42}$$

当判断矩阵具有满意的一致性时，λ_{max} 稍大于 n，其余特征根接近于 0，此时应用特征根法求得的重要性排序矢量 $\boldsymbol{W}$ 基本符合实际，这正是确定一致性指标 CI 的依据。

2）计算随机一致性指标 RI。

查表 8－1，得平均随机一致性指标 RI，表中的 RI 是多次重复进行随机判断矩阵特征值计算后取算术平均值得到的。

表 8－1　重复计算 1 000 次的 RI

n	3	4	5	6	7	8	9	10	11
RI	0.52	0.89	1.12	1.16	1.36	1.41	1.46	1.49	1.52

3）计算一致性指标 CR。

$$CR = \frac{CI}{RI} \tag{8-43}$$

当 $CR \leqslant 0.1$ 时，认为判断矩阵 $\boldsymbol{A}$ 的一致性是可以接受的。

当 $CR > 0.1$ 时，认为判断矩阵不满足基本的一致性，有必要对判断矩阵中的错误元素进行识别和调整。

8.6.2　指标值的无量纲归一量化

无量纲处理，也即对评价指标数值的标准化、正规化处理，是通过一定的数学变换来消除指标量纲影响的方法，即把性质、量纲各异的指标转化为可以进行综合的一个相对数——量化值。从理论上来讲，无量纲处理非常重要，但在综合评价的实践中，人们往往不顾及各个指标的性质和意义，在处理方法上避难就简，习惯于一律采用直线形的处理方法。其实大多数指标值的变化对量化的影响并不是等比例的。

无量纲处理模型需要借助一定的数学模型来实现。模型应具有以下性质。

1）严格单调。在其一定的区间范围内变化时严格单调，要么单调递增，要么单调递减。

2）函数的表达式中应包含用于比较的标准。标准值一般选用在评价区域系统的范围内各个评价单位指标数值的最大值、最小值以及平均值。因指标的性质不同，一个模型中这 3 个标准值不一定全部出现。

3）函数能够合理反映不同特性指标的变化趋势。常用的归一量化方法是将其统一规划到可以进行度量的无量纲［0，1］区间上，然后在同一度量尺度上进行相关的运算和取值。最基本的量化途径有以下几种。

8.6.2.1 变换法

变换法的实质是将指标属性值经过相应变换式换算到［0，1］区间上某一数值或者某一区间值。许多指标属性的量化变化都是基于变换法演化而成。

8.6.2.2 插值法

插值法是基于变换法的扩展，它以变换法为基础，将［0，1］区间扩展到统一的度量区间［L，M］上，这种方法有时使用起来比较直观。变换法和插值法使用时要求评价指标必须是数值，即为定量指标；同时其所依赖的变换式不明确。这些问题在隶属函数方法中得到进一步细化处理。

8.6.2.3 比值法

比值法是一种最简单、无量纲处理方法。对于那些要求指标值越大性能越好的指标，其变换公式为

$$z_i = \frac{e_i}{M_i} \tag{8-44}$$

对于指标值越小性能越好的指标，其变换公式为

$$z_i = \frac{M_i}{e_i} \tag{8-45}$$

式中　z_i ——第 i 个指标的性能值；

e_i ——第 i 个指标值；

M_i ——第 i 个指标的要求值。

8.6.2.4　线性隶属函数方法

成本型（指标值越小性能越好）评价指标属性量化的线性隶属函数如下

$$\mu_i = \begin{cases} 1 & x \leqslant m_i \\ \dfrac{M_i - x}{M_i - m_i} & x \in (m_i, M_i) \\ 0 & x \geqslant M_i \end{cases} \tag{8-46}$$

成本型评价指标属性归一量化的线性隶属函数如图 8—4 所示。

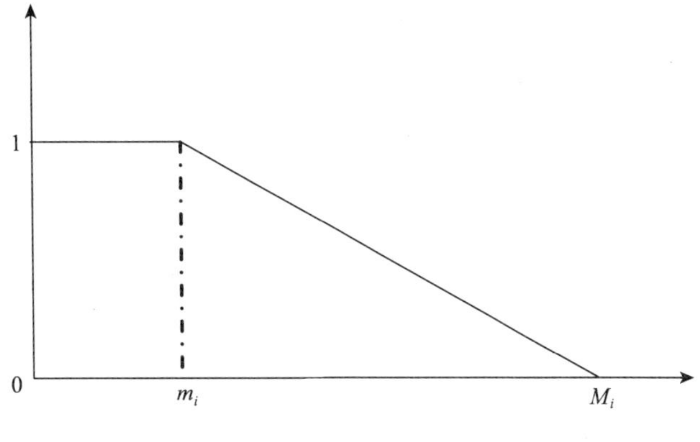

图 8—4　成本型指标属性量化线性隶属度函数

上述给出的评价指标属性归一量化的线性隶属函数方法具有简单、易于操作的特点，是目前较为实用的评价指标属性量化的处理方法，同时也应看到，该方法是对客观实际的一种简化。要想获得更加精确的映射，可以通过 2 种方法：1）寻找更加理想的隶属度函数；2）获取更多的已知信息，比如除了知道 m_i 和 M_i ，还知道得分为 0.5 时的指标值，此时各类型指标具体隶属关系有以下几种类型。

（1）成本型

由领域专家给出性能指标满意度为 0 时的最大数值 c_0 ，满意度为 1 时的数值 c_1 ，满意度为 0.5 时的数值 c_2 ，$c_1 < c_2$ ，则该性能指标的满意度函数如下所示

$$AD=\begin{cases}1 & x\leqslant c_1\\ 1-\dfrac{c_1}{2(c_1-c_2)}+\dfrac{x}{2(c_1+c_2)} & c_1<x\leqslant c_2\\ \dfrac{0.5c_0}{c_0-c_2}-\dfrac{0.5x}{c_0-c_2} & c_2<x\leqslant c_0\\ 0 & x>c_0\end{cases} \tag{8-47}$$

式中　x——实际性能指标数值。

（2）效益型

由领域专家给出性能指标满意度为 0 时的最小数值 c_0 ，满意度为 0.5 时的数值 c_1 ，满意度为 1 时的数值 c_2 ，$c_1 < c_2$ ，则该性能指标的满意度函数如下所示

$$AD=\begin{cases}1 & x\leqslant c_0\\ \dfrac{0.5}{c_1-c_0}x-\dfrac{0.5c_0}{c_1-c_0} & c_0<x\leqslant c_1\\ \dfrac{0.5}{c_2-c_1}x+\dfrac{0.5c_2-c_1}{c_2-c_1} & c_1<x\leqslant c_2\\ 1 & x>c_2\end{cases} \tag{8-48}$$

式中　x——实际性能指标数值。

（3）区间型

由领域专家给出性能指标满意度为 1 时的区间范围 $[c_2, c_3]$ ；满意度为 0.5 时的区间范围 $[c_1, c_4]$ ；满意度为 0 时的数值 c_0, c_5 ；$c_0 < c_1 < c_2 < c_3 < c_4 < c_5$ ，则该性能指标的满意度函数如下所示

$$
\mathrm{AD}=\begin{cases}
0 & x \leqslant c_0 \\
\dfrac{0.5}{c_1-c_0}x-\dfrac{0.5c_0}{c_1-c_0} & c_0 < x \leqslant c_1 \\
\dfrac{0.5}{c_2-c_1}x+\dfrac{0.5c_2-c_1}{c_2-c_1} & c_1 < x \leqslant c_2 \\
1 & c_2 < x \leqslant c_3 \\
1-\dfrac{c_3}{2(c_3-c_4)}+\dfrac{x}{2(c_3-c_4)} & c_3 < x \leqslant c_4 \\
\dfrac{0.5c_5}{c_5-c_4}-\dfrac{0.5x}{c_5-c_4} & c_4 < x \leqslant c_5 \\
0 & x > c_5
\end{cases} \tag{8-49}
$$

式中　x——实际性能指标数值。

上述 3 种类型的性能指标线性隶属度函数如图 8—5 所示。

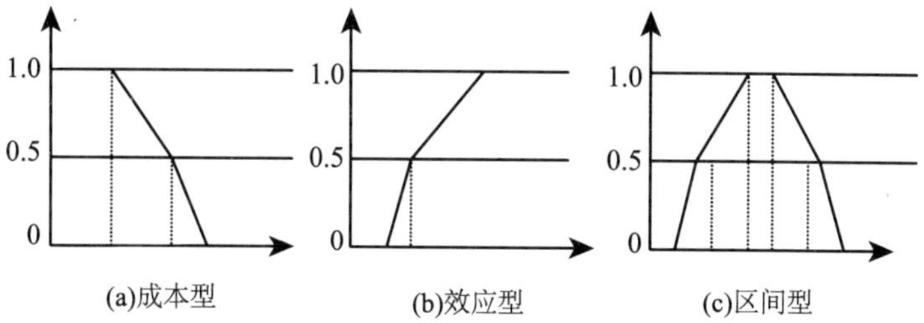

图 8—5　线性隶属度函数

8.6.2.5　指数函数法

运用指数函数和模糊隶属度函数叠加来形成指标量化模型，将模糊隶属度作为指数函数的自变量，其变换模型有以下几种。

（1）效益型

$$
Q(x)=\begin{cases}
1 & x_i \geqslant x_{\max} \\
A\mathrm{e}^{(x-x_{\min})/(x_{\max}-x_{\min})} & x_{\min} \leqslant x_i < x_{\max} \\
0 & x_i < x_{\min}
\end{cases} \tag{8-50}
$$

（2）成本型

$$Q(x)=\begin{cases}1 & x_i<x_{\min}\\ Ae^{(x_{\max}-x_i)/(x_{\max}-x_{\min})} & x_{\min}\leqslant x_i<x_{\max}\\ 0 & x_i\geqslant x_{\max}\end{cases}\tag{8—51}$$

（3）区间型

$$Q(x)=\begin{cases}Ae^{(x-x_{\min})/(x_{\max}-x_{\min})/2} & x_{\min}<x_i<x_{\mathrm{mid}}\\ Ae^{(x_{\max}-x_i)/(x_{\max}-x_{\min})/2} & x_{\mathrm{mid}}<x_i<x_{\max}\\ 0 & x_i\geqslant x_{\max}\text{ 或 }x_i\leqslant x_{\min}\end{cases}\tag{8—52}$$

在上述 3 种模型中，A 为常数，$x_{\min}$ 表示指标的最小取值，$x_{\max}$ 表示指标的最大取值，x_{mid} 为最佳适度值，这 3 个指标的确定可以以国际上最优和最劣的性能指标值作为参考。

8.6.2.6　灰色聚类方法

在系统性能评估的底层指标中有一些为非量化指标，没有确切的度量方法，采用专家打分的方式不可避免地存在模糊性的问题，我们可以引入灰色理论加以解决。下面简要介绍一下使用灰色聚类方法对非定量指标进行归一量化的方法。

（1）确定评价指标的评分等级标准

对指标进行评价时，是由系统向专家提供一定的材料，请专家根据其经验知识给出主观的评价，这种评价是定性的，可以通过制定评价指标评分等级标准来实现平价值的量化。

在指标的评价中，我们将评价等级划分为 5 个等级，即很好、好、一般、差、很差，赋予它们相应的分值为 5，4，3，2，1。

（2）确定评价样本矩阵

假设由 p 位专家参与评价，并且第 k 位评价者按评价因素 V_i 给出的评分是 $d_i^{(k)}$，则得到指标的必要性评价样本矩阵 $\boldsymbol{D}$ 为

$$\boldsymbol{D}=\begin{bmatrix}d_1^{(1)} & d_1^{(2)} & \cdots & d_1^{(p)}\\ d_2^{(1)} & d_2^{(2)} & \cdots & d_2^{(p)}\\ \cdots & \cdots & \cdots & \cdots\\ d_m^{(1)} & d_m^{(2)} & \cdots & d_m^{(p)}\end{bmatrix}\tag{8—53}$$

（3）确定评价灰类

确定评价灰类就是确定评价等级数、灰类的灰数及灰数的白化权函数，这要视具体问题而定。在我们的问题中取 5 个等级，设评价灰类序号为 e，$e=1$，2，…，5；灰数为 $\otimes_1,\otimes_2,\cdots,\otimes_5$；白化权函数采用如下的 5 种。

1）第 1 灰类（$e=1$），灰数 $\otimes_1\in[0,d_1,\infty)$，其白化权函数为 f_1（如图 8—6 所示），阈值为 $d_1=5$，表达式为

$$f_1(d_i^{(k)})=\begin{cases}\dfrac{d_i^{(k)}}{d_1} & d_i^{(k)}\in[0,d_1]\\ 1 & d_i^{(k)}\in[d_1,\infty)\\ 0 & d_i^{(k)}\notin[0,\infty)\end{cases}\tag{8—54}$$

2）第 2 灰类（$e=2$），灰数 $\otimes_2\in[0,d_2,2d_2)$，其白化权函数为 f_2（如图 8—6 所示），阈值为 $d_2=4$，表达式为

$$f_2(d_i^{(k)})=\begin{cases}\dfrac{d_i^{(k)}}{d_2} & d_i^{(k)}\in[0,d_2]\\ \dfrac{d_i^{(k)}-2d_2}{-d_2} & d_i^{(k)}\in(d_2,2d_2]\\ 0 & d_i^{(k)}\notin[0,2d_2]\end{cases}\tag{8—55}$$

3）第 3 灰类及第 4 灰类的灰数分别为 $\otimes_3,\otimes_4$，白化权函数分别为 f_3，f_4，表达式同 f_2，只是阈值不同，f_3，f_4 的阈值分别是 $d_3=3$，$d_4=2$。

4）第 5 灰类（$e=5$），灰数 $\otimes_5\in[0,d_5,2d_5)$，其白化权函数为 f_2（如图 8—6 所示），阈值为 $d_2=1$，表达式为

$$f_2(d_i^{(k)})=\begin{cases}\dfrac{d_i^{(k)}}{d_2} & d_i^{(k)}\in[0,d_2]\\ \dfrac{d_i^{(k)}-2d_2}{-d_2} & d_i^{(k)}\in(d_2,2d_2)]\\ 0 & d_i^{(k)}\notin[0,2d_2]\end{cases}\tag{8—56}$$

（4）计算灰色评价系数

对于因素 V_i，指标 N 属于第 e 个评价灰类的灰色评价系数记为

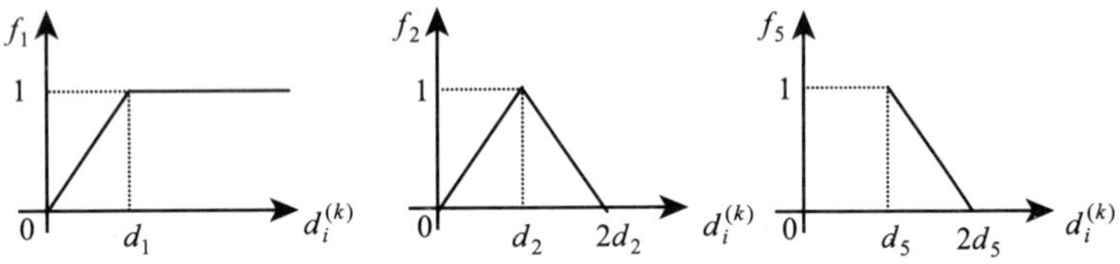

图 8—6　白化权函数

$x_{i,e}$，则有

$$x_{i,e} = \sum_{k=i}^{p} f_e(d_i^{(k)}) \tag{8—57}$$

对于因素 V_i，指标 N 属于各个评价灰类的总灰色评价系数记为 x_i，则有

$$x_i = \sum_{e=1}^{5} x_{i,e} \tag{8—58}$$

（5）计算灰色评价矩阵

将灰色评价矩阵记为 $\boldsymbol{R}$，$\boldsymbol{R}$ 表示所有专家的综合意见，则有

$$\boldsymbol{R} = \begin{bmatrix} r_1 \\ r_2 \\ \cdots \\ r_m \end{bmatrix} = \begin{bmatrix} r_{1,1} & r_{1,2} & \cdots & r_{1,5} \\ r_{2,1} & r_{2,2} & \cdots & r_{2,5} \\ \cdots & \cdots & \cdots & \cdots \\ r_{m,1} & r_{m,2} & \cdots & r_{m,5} \end{bmatrix} \tag{8—59}$$

其中，$r_{i,e} = \dfrac{x_{i,e}}{x_i}$ 。

假设 m 个因素的权重矢量 $\boldsymbol{W} = (w_1, w_2, \cdots, w_m)$，对指标作综合评价，其综合结果记为 $\boldsymbol{B}$

$$\boldsymbol{B} = \boldsymbol{W} \cdot \boldsymbol{R} = (b_1, b_2, b_3, b_4, b_5) \tag{8—60}$$

对 $\boldsymbol{B}$ 所提供的信息可以按最大值原则确定被评价对象所属的灰类等级。

8.6.3　性能聚合方法

在计算出各个指标的权重并对各个底层性能指标进行归一量化

之后，必须通过一定的方法聚合计算出高层的能力值。下面就介绍一些性能聚合的方法。

8.6.3.1　线性加权和法

$$y=\sum_{i=1}^{n} w_i x_i \tag{8—61}$$

式中　y——被评价系统的综合评价值；

w_i——第 i 个评价指标相对于 y 的权重系数；

x_i——第 i 个评价指标的评价值；

n——评价指标的个数。

主要特点分析：

1）该方法适用于各评价指标之间相互独立的场合，各指标对综合评价值的贡献彼此没有什么影响。若评价指标之间不相互独立，求和的结果必然导致信息的重复，就难以得到符合客观实际的综合评价值。

2）各评价指标可以线性地补偿，任一指标评价值的减少都可用其他指标评价值的增加来弥补。因而对不同指标评价值的差异反应不敏感，区分各评价指标的灵敏度较低。

3）权重系数的作用较为明显。各指标评价值在综合评价值中起的作用通过权系数来表现，从而使权系数较大的指标灵敏度较高，其变化对综合评价值的影响有时是举足轻重的。

8.6.3.2　乘法合成方法

常用的乘法合成法的乘法评价模型为

$$y=\prod_{i=1}^{n} x_i \quad (x_i>0) \tag{8—62}$$

一般来说，单个指标的评价值经无量纲化之后，多数是小于 1 的。几个这样的指标连乘之后，综合评价值就会变得很小，直观上易产生错觉。因此，可将连乘法模型变形为乘方法（几何平均法），即

$$y = \left(\prod_{i=1}^{n} x_i\right)^{\frac{1}{n}} \quad (x_i > 0) \tag{8-63}$$

式中　y——被评价系统的综合评价值；

x_i——第 i 个评价指标的评价值；

n——评价指标的个数。

主要特点分析：

1）该方法适用于各评价指标之间有强烈关联的场合。此指标在彼指标的基础上，由各指标的乘积表示为整个系统的综合评价值。

2）强调被评价系统各指标评价值的一致性。要求被评价系统的各指标彼此间差异较小，任何一个指标值较小将使系统综合评价值较小。

3）评价指标权系数的作用不明显。强调各指标的一致性，各指标对系统综合评价值有着同等的重要程度，因而有时不作加权处理。

8.6.3.3　加乘混合法

该方法是兼顾线性加权和法及乘法合成法两者的优点，它将评价指标分成几类，当类内指标之间关系较紧密而各类之间关系不怎么紧密时，可先对类内指标作乘法处理，然后再将各类的积作加法处理。即

$$y = \sum_{k=1}^{n} w_k \times \prod_{i=1}^{nk} x_i \tag{8-64}$$

式中　m——评价指标种类的个数。

主要特点分析：

该方法具有线性加权和法及乘法合成法两者的性质。当被评价系统各指标的内部关系较为明确，有的相对独立，而有的强烈关联时，用该方法较为合适。

8.6.3.4　相对熵法

当规范化输入矢量为 $\boldsymbol{X} = (x_1, x_2, \cdots, x_m)$ 时，输入矢量的熵为

$$S = -\sum_{i=1}^{m}\left[\left(x_i \Big/ \sum_{j=1}^{m} x_j\right) \cdot \lg\left(x_i \Big/ \sum_{j=1}^{m} x_j\right)\right] \tag{8-65}$$

由熵的极值性可知，输入向量各分量的值越接近相等，其熵越大。当各分量完全相等时，熵取最大值为 $S_{\max} = \lg m$ 。于是定义相对熵为

$$S_x = \frac{S_{\max} - S}{S_{\max}} \tag{8-66}$$

由熵的性质可知，$S_x \in [0,1)$ ，S_x 越小，输入矢量各分量越接近，越均衡。所以选择相对熵 S_x 作为量化均衡性的系数是合适的。于是可以利用均衡性系数来修正原线性叠加评价映射模型。基于相对熵的均衡性评价映射模型如下

$$y = (1 - \alpha S_x) \boldsymbol{W} \boldsymbol{X}^{\mathrm{T}} \tag{8-67}$$

式中　y——输出评价；

$\boldsymbol{X}^{\mathrm{T}}$——输入矢量 $\boldsymbol{X} = (x_1, x_2, \cdots, x_m)$ ；

$\boldsymbol{W}$——权矢量 $\boldsymbol{W} = (w_1, w_2, \cdots, w_m)$ ；

α——均衡性重要程度系数，$\alpha \in [0,1)$ ，α 越大，表示均衡性越重要；

S_x——相对熵。

相对熵法考虑了各个输入量的均衡性，是对线性加权法的一种修正。

第3篇
空间信息传输仿真技术

第 9 章　建模与仿真理论

9.1　计算机仿真发展历史

仿真又称蒙特卡罗（Monte Carlo）方法，它是一种通过用随机数做试验来求解随机问题的技术。蒙特卡罗方法，又称随机抽样或统计试验方法，属于计算数学的一个分支。蒙特卡罗方法的基本思想是：当所要求解的问题是某种事件出现的概率，或者是某个随机变量的期望值时，可以通过某种试验的方法，得到这种事件出现的频率，或者这个随机变数的平均值，并用它们作为问题的解。

蒙特卡罗方法通过抓住事物运动的几何数量和几何特征，利用数学方法来加以模拟，即进行一种数字模拟试验。它是以一个概率模型为基础，按照这个模型所描绘的过程，通过模拟试验的结果，作为问题的近似解。可以把蒙特卡罗解题过程归结为 3 个主要步骤：构造或描述概率过程；实现从已知概率分布抽样；建立各种估计量。

蒙特卡罗方法起源于 1876 年，但是 75 年后才被命名，原因是直到数字计算机出现之前，这种方法在许多重要问题上都不能加以利用。1946—1952 年，数字计算机在一些科研机构得到发展，使得冗长的计算成为可能，这种计算正是蒙特卡罗方法所要求的。

经过半个多世纪的发展，建模与仿真技术已经成为以相似原理、模型理论、系统技术、信息技术以及仿真应用领域的有关专业技术为基础，以计算机系统、与应用相关的物理效应设备及仿真器为工具，利用模型对已有的或设想的系统进行研究、分析、设计、试验、运行与评估的一门多学科的综合技术。它包括：

1）由仿真建模理论、仿真系统理论和仿真应用理论构成的理论体系；

2）由模型、仿真系统、应用领域专业知识与技术综合而成的知识与技术体系；

3）由基于相似原理的仿真建模，基于系统论的仿真系统构建，以及被仿真对象全系统及其全寿命、全方位活动中仿真应用等 3 类方法综合而成的方法论体系。

建模与仿真技术的发展经历了 4 个阶段。

1）初级阶段。在第二次世界大战后期，火炮控制与飞行控制系统的研究孕育了仿真科学与技术。从 20 世纪 40—60 年代，相继研制成功了通用电子模拟计算机和混合模拟计算机，属于模拟机仿真阶段。

2）发展阶段。20 世纪 70 年代，随着数字仿真机、专业化仿真软件的诞生，仿真科学与技术不但在军事领域得到迅速发展，而且扩展到许多工业领域，相继出现了一些从事仿真设备和仿真系统生产的专业化公司，使仿真技术进入了产业化发展阶段。

3）成熟阶段。20 世纪 90 年代，为了更好地实现信息与仿真资源共享，促进仿真系统的互操作和重用，在聚合级仿真、分布式交互仿真、并行交互仿真的基础上形成了高层体系结构（High Level Architecture，HLA)，网络化仿真成为典型特征，标志着仿真科学与技术进入成熟阶段。

4）复杂系统仿真的新阶段。20 世纪末和 21 世纪初，对广泛领域的复杂性问题进行科学研究的需求进一步推动了仿真科学与技术的发展，仿真逐渐发展成为具有广泛应用领域的新兴的交叉学科。

建模与仿真技术可极为有效而经济地用于科研、设计、训练及系统的试验。它以其高效、优质及廉价体现了强大的生命力和潜在的能力。它已经广泛应用于航天、航空、电力、交通运输、通信、化工、核能等各个领域。特别是近 20 年来，随着系统工程与科学的迅速发展，仿真技术已从传统的工程领域扩展到非工程领域，因而在社会经济系统、环境生态系统、能源系统、生物医学系统、教育系统都得到了广泛的应用。

9.2　系统、模型与仿真

9.2.1　系统的定义与分类

仿真领域的多样化使得它所处理的对象千差万别，合理地描述对象是计算机仿真的基础。同样的对象也会有不同的描述，对象的描述过程就是系统的建立过程。那么如何定义系统呢？系统是个内涵十分广泛的通用概念，它是计算机仿真研究的对象，通常认为它是由相互联系、相互制约、相互依存的若干组成部分（要素）结合在一起形成的具有特定功能和作用规律的有机整体。

作为一个通用概念，系统在现代科学研究和工程实践中扮演着重要的角色，不同领域的事物都可以用系统来概括，不同学科的问题都可以用系统的框架来解决。系统如何描述可以根据需求而定，而系统一般应具有以下重要性质：整体性、相关性和目的性。

1）系统的整体性指系统作为一个整体，各部分是统一不可分割的。整体性是系统的第 1 特性。

2）系统的相关性是指系统内各部分之间存在的相互联系与相互作用，它们之间的特定关系形成了具有特定性能的系统。相关性是系统的第 2 特性，也是目前系统研究的主要问题。

3）系统的目的性。一个自然存在的系统或人工设计的系统，都有其固有的目的。系统的目的性表现在 2 个方面：一是系统要完成特定的功能；二是在完成基本功能的同时要使系统达到最优化。

尽管世界上的系统千差万别，但都可以用系统的“三要素”来描述，即实体、属性和活动。

1）实体——系统组成的具体要素（对象）；

2）属性——实体性能和特征的变量描述；

3）活动——系统内部实体之间的相互作用。

表 9－1 所示为几个系统的实例。

表 9—1 几个系统的实例

系 统	实 体	属 性	活 动
交通系统	汽车 驾驶员 道路	速度、距离 年龄、性别 路况	驾驶
银行系统	存折 出纳员 储户	存款额、余额 账户 年龄	储蓄
超市购物	顾客 服务员 商品	购物单 货物 价格	选购 付账

系统的分类主要有以下几种。

1）以系统的状态随时间变化为依据，通常可以将其分成连续系统和离散系统。系统状态随时间连续变化的系统称为连续系统，通常可用微分方程来描述其状态变化。系统状态的变化只发生在一系列离散时间点上的系统称为离散系统。离散系统可分为时间离散系统和事件离散系统。

2）按照对系统内部特性的了解程度，把系统分为白箱系统、黑箱系统和灰箱系统。白箱系统是指内部特性全部已知的系统。黑箱系统是指内部特性完全未知的系统，它是对系统进行行为水平的描述，建模方法是将所研究的系统看成一个黑箱，并且对它施加一个输入信号。然后观测其输出信号。灰箱系统是内部特性部分已知、部分未知的系统。

3）按照系统的物理结构和数学性质，可分为线性系统和非线性系统，定常系统和时变系统，集中参数系统和分布参数系统，单输入单输出系统和多输入多输出系统。

4）按照系统内部子系统的关联关系，系统又分为简单系统和复杂系统。简单系统是指组成系统的子系统数量较少，它们之间的关系比较简单，或尽管子系统数量多，但它们之间的关联关系比较简单。复杂系统最主要的特征是系统具有众多的状态变量，反馈结构复杂，输入与输出之间呈现非线性特征。

建立系统概念的目的在于深入认识并掌握系统的运动规律，不仅要定性地了解系统，还要定量地分析和综合系统，以便能比较准确地解决工程、社会和自然世界中存在的种种复杂问题。定量地分析、综合系统最有效的方法是建立系统模型，并使用高效的数值计算工具和算法对系统的模型进行求解。

9.2.2　模型

以实际系统为背景或在实际系统的环境中进行研究实验，这能给研究工作带来方便，但也会出现很多困难，如经济问题、实验环境问题等。尤其是许多关于系统的研究是预研性质的，即实际系统尚未建立起来，同时还要预测系统未来的行为或初步结果。显然，在这种情况下，无法有现成的背景或环境进行实验。由于上述几种因素，人们通常更多地将实验在系统模型上进行。

系统模型本质上是对实际系统属性和变化规律的一种定量抽象，是人们认识事物的一种方法。首先，模型必须是现实系统或拟建系统的一种抽象，它是在一定假设条件下对系统的简化。其次，模型中必须包含系统中的主要因素，模型不一定与实际系统做到一一对应，但应当包含那些系统本质属性的重要因素。第三，为了进行定量分析，模型中必须反映出各主要素之间的逻辑和数学关系，即模型必须对系统具有代表性。所以，模型是建模者根据建模目的，按照相似原理，对实际系统的科学抽象与简化描述。

模型的表达形式一般分为物理模型和数学模型两大类。

9.2.2.1　物理模型

物理模型又分为缩尺模型和模拟模型 2 种。

（1）缩尺模型

缩尺模型与实际系统有相似的物理性质，这些模型是按比例缩小了的实物，例如，风洞试验中的飞机外形和船体外形；用于动模试验的电力系统装置等。

（2）模拟模型

模拟模型是用其他现象或过程来描述所研究的现象或过程，用模型的性质来代表原来系统的性质。模拟模型又可以进一步按模型的变量与原系统的变量之间的对应关系分为直接模拟模型和间接模拟模型 2 种。

9.2.2.2 数学模型

数学模型是系统的某种特征本质的数学表达式，即用数学公式（如函数式、代数方程、微分方程、积分方程、差分方程）来描述（或表示、模拟）所研究的客观对象或系统中某一方面的规律。通过对系统数学模型的研究可以揭示系统的内在运动和系统的动态性能。根据数学表达式的性质，数学模型可以划分为静态模型和动态模型两大类。无论是静态模型还是动态模型都具有抽象性，在计算机上运行的模型还要求具有递归性。

1）静态模型是指系统处于平衡状态下的属性，静态模型的一般表示形式是代数方程、逻辑表达关系式。

2）动态模型是指系统属性随时间而发生变化，动态模型主要分为连续系统模型和离散系统模型。

9.2.3 仿真

简单地说，仿真就是运用计算机技术对某个实际系统进行模拟分析的过程，通过这种模拟来达到对实际系统的分析和理解。仿真的另一个典型的技术定义是 Korn 在 1978 年提出的：仿真是用能代表所研究系统的模型进行的实验活动。Spriet 进一步将仿真概念的内涵加以扩充，定义为：所有支持模型建立与模型分析的活动即为仿真活动。1984 年 Oren 给出了仿真的基本概念框架——建模—实验—分析，在此基础上，提出了现代仿真技术的重要概念——仿真是一种基于模型的实验活动，即用模型对系统进行实验研究的过程。由此可以看出，系统、模型和仿真三者之间存在着极为密切的联系。系统是仿真研究的对象，模型是系统的抽象和数学描述，仿真是通过模型的实验对系统进行的研究活动。

早期的仿真主要是物理仿真（或称实物仿真），采用的模型是物理模型。物理仿真的优点是直观、形象化，如飞机模型、建筑物模型等。但是要为系统构造一套物理模型，尤其是十分复杂的系统，将花费很大的投资，周期也很长。另外，在物理模型上作实验，很难修改其中的参数，改变系统结构也比较困难，而且它对实际的贡献并不大。至于社会、经济现象和生态系统就更无法用实物来作仿真实验了。故现在广泛采用的是数字仿真，为所研究的系统建立合适的数学模型，通过计算机求出相应的数值解并做出相应的二维或三维图像和动画。

在某些系统的研究中，还把数学模型与物理模型以及实物结合起来一起实验，这种仿真称为数学－物理仿真，或称为半实物仿真。现在我们说的计算机仿真主要是数字仿真，或是半实物仿真。

综上所述，计算机仿真有 3 个要素，即系统、模型与计算机。联系这些要素的 3 项基本活动是：模型的建立（抽象出数学关系式）、仿真模型的建立（选择合适的算法）和仿真实验（运行程序并进行分析），其相互关系如图 9－1 所示。

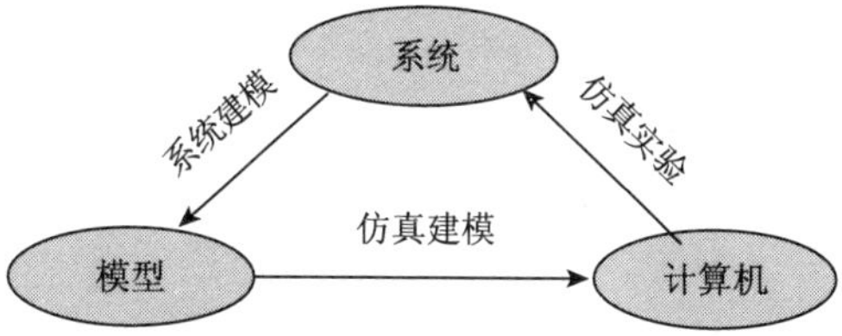

图 9－1　计算机仿真的 3 要素及 3 项基本活动

对实际系统的仿真是一个不断设计、修改和完善的过程，一般可分为以下几个步骤。

1）系统定义。定义系统时首先要提出明确的准则来描述系统目标及达到目标的衡量标准，其次要描述系统的约束条件，然后要确定研究的范围，即确定哪些实体属于要研究的系统，哪些属于系统的环境。

2）构造模型。构造模型是把真实系统缩小抽象，使它规范化，必须确定模型的要素、变量和参数，以及它们之间的关系，在一定的约束条件下用数学模型描述所研究的系统。模型要有明确的目标与要求，性质要与真实系统尽量接近。同时，模型必须尽可能简单明了，容易控制和操作。

3）数据准备。数据准备包括收集数据和决定在模型中如何使用这些数据。数据准备主要包括所研究系统的输入、输出的各项数据，以及描述系统各部分之间关系的数据。数据必须通过有效观测得到，以便于确定模型随机变量的概率分布或概率密度函数以及各项参数。

4）模型转换。由于原始的数学模型不便于直接编程，因此需要通过一定的方式将其转换为仿真模型。例如，将高阶微分方程转换为状态方程，将微分方程转换为差分方程等。

5）编制程序。编制程序是指采用计算机高级语言或专用的仿真语言来描述仿真模型，以便计算机进行仿真。

6）仿真实验。仿真实验就是在计算机上运行模型，目的是为了得到有关被研究系统的信息，了解和预测实际系统运行的情况，特别是在输入数据或决策规则有变化时输出响应的变动情况。因此，模型运行是一个状态方程，要进行反复的试验运行，从而得到所需要的实验数据。

7）分析结果。由于仿真技术中包括某些主观的方法，如抽象化、直观感觉和设想等，因此在完成仿真报告之前，必须对仿真结果进行全面的分析和论证。分析仿真结果有两个目标：确定仿真试验中获得的信息是否充分合理；根据对仿真实验结果的归纳、分析，对所要研究的实际系统的性能作出结论，完成仿真的最终目的。

仿真流程图如图 9—2 所示。

9.3 系统建模

要改造世界，首先要认识世界，其中包括要会用数学的方法来

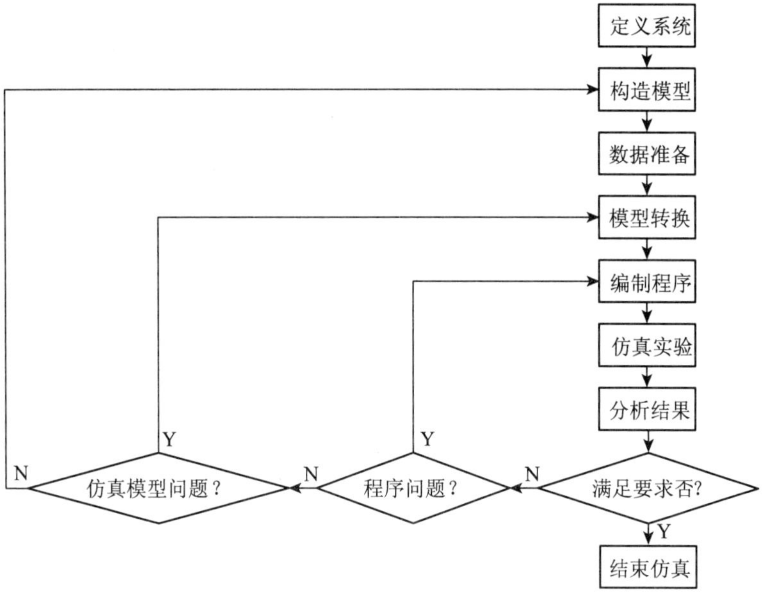

图 9—2　仿真流程图

反映、描述或模拟各种各样的现象，即建立这些现象的数学模型。简单地说，所谓数学模型是自然或社会现象某些特征本质的数学表达式。建立一个合适的数学模型是不容易的，需要通过实验、理论分析、判断、归纳等步骤来建立。这要求我们不但要有足够的数学知识，还需要对相关学科的概念、理论等有充足的了解，当然还要有一定的分析、判断、归纳的能力。

9.3.1　相似理论

相似是广泛存在而又十分重要的现象。计算机仿真模型的选择、计算和建造，以及实验结果的处理和综合，都是以相似理论为基础的。

相似的概念在科学研究及工程实际中有着十分重要的作用。在工程技术领域中，一般都能接触到与相似有关的问题，特别是在现代科学实验工作中，总要应用相似概念及相似理论解决问题。简单地来看，可以将相似归纳为以下几种基本类型。

1）几何相似。几何相似的概念首先出现在几何学里，如对应角相等、对应边成比例的 2 个多边形相似。几何相似就是几何尺寸按一定的比例放大或缩小，这样按结构尺寸比例缩小得到的模型，称为缩比模型，由于其外形相似，又有肖像模型之称。如风洞吹风试验中的飞机、火箭模型，水池试验中的船舶模型，都是这样制成的。类似的还有时间相似、速度相似、温度相似、动力相似等。

2）模拟。将原始的方程变换成模拟计算机的排列方程或某些定点运算的计算机仿真程序，是按照综合参量比例相似的原则进行变换的，以便使用计算机进行运算。

3）数学相似。应用原始数学模型、仿真数学模型进行数字仿真或模拟仿真，近似地而且尽可能逼真地描述某一系统的物理特征或主要物理特征，则为性能相似——即数学相似。

4）感觉信息相似。感觉相似涉及人的感官和经验，但人为因素的传递函数很难确定，数学描述也很困难，而且它因人而异，随作业而变，对同一人员还随时间而变。所以最有效的办法也许是人的参与，比如，人在回路中的仿真把感觉相似转化为感觉信息相似。感觉信息相似包括运动感觉信息相似、视觉感觉信息相似、音响感觉信息相似等。各种训练模拟器及当前正蓬勃兴起的虚拟现实技术，都是应用感觉信息相似的例子。虚拟现实技术的核心是在计算机产生的人造环境中，用户一般借助于头盔（内含显示器和立体声耳机）进入三维声、像环境，通过头、眼、手跟踪器以及数据手套等传感器感受人的操作和语言指令，进行人机环境的信息交流。

5）逻辑思维相似。思维是人脑对客观世界反映在人脑中的信息进行加工的过程。逻辑思维是科学抽象的重要途径之一，它包含数理逻辑、形式逻辑、辩证逻辑、模糊逻辑等。它在感性认识的基础上，运用概念、判断、推理等思维形式，反映客观世界的状态与进程。由于客观世界的复杂性，人们的认识在各方面都受到一定的限制，人的经验也是有限的，因此，人们用以分析、综合事物的思维方法，以及由此而得出的结论，一般来说也只能是相似的。

6）生理相似。人体生理系统是一个相当复杂的系统，甚至还有许多机理至今尚未搞清楚，因此，对整个人体进行分解研究是一种较为有效的办法。首先分系统、分器官，逐个进行建模，然后将各个部分通过输入/输出联系起来构成整个人体系统。

相似理论包含以下 3 个定理。

1）相似第一定理。彼此相似的现象必定具有数值相同的相似准则。这种性质通常称为相似第一定理或相似正定理。

2）相似第二定理。凡同一类现象，即都被同一完整方程组所描述的现象，当单值性条件相似，而且由单值性条件量所组成的相似准则在数值上相等，则这些现象相似。

3）相似第三定理。描述现象的各种量之间的关系，可以化为各相似准则之间的关系。

9.3.2　建立系统模型的依据

建立数学模型必须依据与系统有关的信息。在分析系统过程中，必须设法获得尽可能多的有用信息。在受环境限制的条件下，应当制订相应的计划，采用一些技能去沟通不同资源的信息，以获得一个满意的结果。

建模过程主要有 3 类信息源。

1）建模目的。事实上，一个系统模型只能对所研究的系统给出一个非常有限的映象。另一方面，一个系统中有多个研究目的，从而造成系统的描述不唯一。建模目的对模型的形式有很大影响。在不同的建模目的下，同一个行为有时可以定义为系统的内部作用，有时又可以定义为系统边界上的输入变量。同样，如果仅需了解系统与外界的相互作用关系，那么可以建立一个以输入为主的系统外部行为模型。而若希望了解系统的内在活动规律，则要设法建立一个描述系统输入集合、状态集合及输出集合之间关系的内部结构状态模型。由此可以看出，建立系统模型的目的是建模过程的主要信息来源之一。

2）先验知识。很多实际系统的内容是已经被前人研究过的，而且某些部分经过长期的研究，已经积累了丰富的知识，并形成一个科学分支。在这个分支中，已经发现了许多原理、定理和常用的模型。前人研究的成果可以作为后人解决问题的起点，因此，在系统建模过程中，可以从与系统有关的已有知识出发，提高建模的速度和正确性。如果相同或相关的过程已经为其他建模者为了类似的目的而建立，那么仅需经过分析，而且证明结论是正确的便可以了，没有必要重复这部分工作，可以将这些先验知识作为建模的信息来源。

3）实验数据。建模过程的信息来源也可以通过对系统进行实验和观测获得。在系统建模过程中，仅有先验知识是不够的。先验知识，尤其是与系统相关学科中的原理和定理是带有普遍性的，而实际系统除了适应普遍的原理之外，还有其特殊性。即使是两个相同的系统，在不同的环境条件下，所表现出的特性也不会完全一样。因此，对实际系统的实验和测量是掌握系统自身特性的重要手段。通过实验，可以获得一定数量的实验数据，这些实验数据是建立系统模型的又一个重要来源。

9.3.3　建模的原则

模型建立的好坏对于仿真实验有决定性影响，建立一个好的模型，一般应遵循以下原则。

1）精确性：建立的模型对于实际的系统要有较高的相似度。

2）合理性：对于相同的系统可以建立不同的模型，而关键是建立的模型对于所研究的问题分析和解决有利。

3）简洁性：在满足仿真精度要求的前提下，模型越简单越好。

4）应用性：建立的模型在工程的问题解决中可被使用，应遵循输入量是可以测量的原则。

5）适应性：所建立的模型可被使用的范围比较宽。

9.3.4　系统模型的可信性

模型的可信性是指模型的真实程度。它既取决于模型的种类，又取决于模型的构造过程。可以分为以下 3 个层次。

1）行为水平上的可信性：模型是否能复现真实系统行为。

2）状态结构水平上的可信性：模型能否与真实系统在状态上相互对应，这样的模型可以对未来行为进行唯一的预测。

3）分解结构水平上的可信性：模型能否复现真实系统内部情况。

若模型的主要信息来源是先验知识，则模型描述的可信性就取决于先验知识的可信度。如前所述，一个有效的先验知识寓于正确性及普遍性中，确定这种正确性和普遍性是非常重要的。那么可信性可以通过两个途径来分析，即研究前提的正确性和检验由前提引起的其他结果的正确性。

若模型的主要信息来源是实验数据，则可信性分析归结为模型行为与真实系统行为之间的比较。假如系统的数据被确认为具有统计特性或者模型是用一个随机过程表示的，那么可信性也可以通过模型数据与真实系统数据之间的偏离程度来确定。这时，必须选择一种统计实验方法，在真实系统仅有有限个有效数据的条件下，通过对随机过程进行采样，获得模型的数据，以便估计实际系统与模型之间的一致程度。

模型在系统目标方面的可信性也是非常重要的。一个模型，只有在用于原定的目标时，才能体现出它的实际意义。从实践的观点出发，如果运用一个模型能够达到系统预期的目标，那么这个模型就是可信的。

9.3.5　系统建模的方法

系统建模的主要任务是确定系统模型的结构和参数。建立数学模型的方法主要有的下几种。

1）演绎法：通过定理、定律、公理以及已经验证了的理论推演出数学模型。这种方法适用于内部结构和特性很明确的系统，可以利用已知的定律来确定系统内部的运动关系。

2）归纳法：通过大量的实验数据，分析、总结、归纳出数学模型。对那些内部结构不十分清楚的系统，可以根据对系统输入、输出的测试数据来建立系统的数学模型。

3）混合方法：这是将演绎法和归纳法互相结合的一种建模方法。通常采用先验知识确定系统模型的结构形式，再用归纳法来确定具体参数。在空间信息网络卫星通信链路的模型设计中我们主要研究的就是混合方法。

在推导数学模型的过程中应注意以下问题。

1）必须在模型的简化和准确性之间做出折中的考虑。因为影响系统的因素很多，把它们全部都考虑在内，固然模型很准确、很全面，然而往往太复杂，它的可用性就成问题了。所以根据系统使用的条件，忽略一些次要的因素，采用适当简化的模型较为合适。

2）实际的系统常常是由非线性方程来描述的，即使对所谓的线性系统来说，也只是在一定的工作范围内保持真正的线性关系。线性系统只是在非线性可以忽略不计的情况下所采用的数学模型。当然对于本质上具有非线性特征的系统需要用非线性理论加以研究。

9.4　仿真实验

9.4.1　仿真的过程

仿真是用模型对系统进行实验研究的综合性技术。仿真过程一般包括以下 3 个阶段。

1）建模阶段。在这一阶段，通常需要按结构组成把系统分成多个子系统，分别建立各个子系统的数学模型，并将这些数学模型转换为仿真模型，对其进行初步校验，然后根据系统的结构和组成，将子系统的模型集成为全系统的仿真模型。数学模型是系统的一次近似模型，仿真模型则是系统的二次近似模型。

2）模型试验阶段。在这一阶段，首先要根据试验目的制订试验计划和试验大纲，然后在试验计划和试验大纲的指导下，设计计算机仿真的流程，确定实际系统可控、可测的变量，设置相应的测量点，并选定合适的测量仪表和数据存储方式，之后转入仿真模型的运行，进行仿真实验，记录相应的仿真结果。

3）结果分析阶段。结果分析在仿真过程中占有举足轻重的地位。这一阶段，需要对试验数据进行去粗取精、去伪存真的科学分析，并根据分析结果作出正确的判断和决策。由于试验的结果反映的是仿真模型系统的行为，这种行为能否代表实际系统的行为，往往要由仿真用户或者熟悉系统领域的专家来判定。如果判定为是，则转入文档处理，否则，返回建模和模型试验阶段查找原因，修改模型的参数甚至结构，或者检查试验流程和试验方法，然后再进行试验，如此反复，直至得到满意的仿真结果。

9.4.2　仿真的分类

依据不同的分类标准，可将仿真进行不同的分类。

1）根据被研究系统的特征可分为两大类，即连续系统仿真及离散事件系统仿真。连续系统仿真是指对那些系统状态量随时间连续变化的系统的仿真研究，包括数据采集与处理系统的仿真。这类系统的数学模型包括连续模型、离散时间模型以及连续－离散混合模型。

离散事件系统仿真则是指对那些系统状态只在一些时间点上由于某种随机事件的驱动而发生变化的系统进行仿真实验。这类系统的状态量是由于事件的驱动而发生变化的，在两个事件之间状态量保持不变，因而是离散变化的，称之为离散事件系统。这类系统的数学模型通常用流程图或网络图来描述。

2）按仿真实验中所取的时间标尺 τ（模型时间）与自然时间（原型）时间标尺 T 之间的比例关系可将仿真分为实时仿真和非实时仿真两大类。若 $\tau/T=1$，则称为实时仿真；否则，称为非实时仿真。非实时仿真又分为超实时 $\tau/T>1$ 和亚实时 $\tau/T<1$ 两种。

3）按照参与仿真模型的种类不同，将系统仿真分为物理仿真、数学仿真及物理—数学仿真（又称半物理仿真或半实物仿真）。

物理仿真，又称物理效应仿真，是指按照实际系统的物理性质构造系统的物理模型，并在物理模型上进行试验研究。物理仿真直观、形象，逼真度高，但不如数学仿真方便；尽管不必采用昂贵的原型系统，但在某些情况下构造一套物理模型也需花费较大的投资，周期也较长。此外，在物理模型上做试验不易修改系统的结构和参数。

数学仿真是指首先建立系统的数学模型，并将数学模型转化成仿真计算模型，通过仿真模型的运行达到对系统运行的目的。现代数学仿真由仿真系统的软件/硬件环境、动画与图形显示、输入/输出等设备组成。数学仿真在系统分析与设计阶段是十分重要的，通过它可以检验理论设计的正确性与合理性。数学仿真具有经济性、灵活性和仿真模型通用性等特点，今后随着并行处理技术、集成化软件技术、图形技术、人工智能技术、先进的交互式建模和仿真软硬件技术的发展，数学仿真必将获得飞速发展。

物理—数学仿真，又称为半实物仿真，准确称谓是硬件（实物）在回路中的仿真。这种仿真将系统的一部分以数学模型描述，并把它转化为仿真计算模型；另一部分以实物（或物理模型）方式引入仿真回路。半实物仿真有以下几个特点。

1）原系统中的若干子系统或部件很难建立准确的数学模型，再加上各种难以实现的非线性因素和随机因素的影响，使得进行纯数学仿真十分困难或难以取得理想效果。在半实物仿真中，可将不易建模的部分以实物代之参与仿真实验，可以避免建模的困难。

2）利用半实物仿真可以进一步检验系统数学模型的正确性和数学仿真结果的准确性。

3）利用半实物仿真可以检验构成真实系统的某些实物部件乃至整个系统的性能指标及可靠性，准确调整系统参数和控制规律。在航空、航天、武器系统等研究领域，半实物仿真是不可或缺的重要手段。

9.4.3　仿真相关技术

9.4.3.1　计算机硬件技术

仿真计算机是系统仿真的物质基础，其性能直接影响着仿真系统的运行速度和结果。按照其工作原理可以分为模拟计算机、数字仿真计算机和混合计算机。现在所说的仿真计算机多指的是数字仿真计算机。仿真计算机按其规模和性能将包括：个人计算机、工作站、小/中/大型通用数字机、外围阵列机、大型计算机、巨型机、专用仿真工作站、专用数字仿真机、专用混合计算机等。对于仿真硬件的选择要面向问题兼顾效能。对于选择的硬件平台要在数据处理能力、接口、人机交互、联网能力等方面进行综合衡量。

个人计算机一般应用于实时性要求不高的规模较小的离线仿真；大型机和巨型机一般为多处理机或者多个子系统的复合处理系统，具有优越的数据处理和存储能力。在军事、民用等领域具有举足轻重的地位，在系统仿真方面更是处于主导地位。我国研制的银河和曙光系列对于国防、工业制造、环境以及生物系统的研究和分析发挥了巨大的作用。此外，基于高性能计算机的仿真模拟器也是仿真硬件研究和发展的重点。而仿真工作站是指具备强大的数据运算与图形、图像处理能力，适应多媒体应用功能和数据处理功能的高性能计算机，其主要应用在计算机辅助设计及制造、动画设计、地理信息系统、平面图像处理和计算机模拟与仿真等专业领域。

9.4.3.2　计算机软件技术

仿真软件是指面向仿真用途的专用软件。其特点是面向问题、面向用户。它的发展与仿真应用、算法、计算机和建模技术的发展相辅相成。1984 年出现了第 1 个以数据库为核心的仿真软件系统，此后又出现了采用人工智能技术的仿真软件系统。这个发展趋势使仿真软件具有更强、更灵活的功能，能面向更广大的用户。其发展的目标是不断改善面向问题、面向用户的模块描述能力和对模型实验的功能。不同技术水平的用户通过仿真软件能在不同的程度上采用他们表达问题的习惯语言，方便地与计算机对话，完成建模或仿真实验。其功能可概括为：

1）模型描述的规范及处理；

2）仿真实验的执行与控制；

3）数据与结果的分析、显示及文档化；

4）对模型、实验程序、数据、图形存储、检索与管理。

依据上述功能的实现情况，可以将仿真软件分为仿真语言、仿真程序包和仿真软件系统 3 类。其中仿真语言是应用最广泛的仿真软件。仿真程序包是针对仿真的专门应用领域建立起来的程序系统。软件设计人员将常用的程序段设计成通用的子程序模块，并设计一个主程序模块，用于调用子程序模块。仿真研究人员使用这种程序包可免去繁重的程序编制工作。仿真软件系统以数据库为核心将仿真软件的所有功能有机地统一在一起，构成一个完善的系统。它由建模软件、仿真运行软件（语言）、输出结果分析报告软件和数据库管理系统组成。仿真软件在经历了由通用程序设计语言阶段向多种程序包及初级仿真语言阶段的发展，继而向更加一体化和智能化建模与仿真软件阶段发展。

9.4.3.3　可视化技术

仿真可视化技术就是把仿真中的数字信息变成直观的、以图形或图像表示的、随时间和空间变化的仿真过程，使研究人员能够了解系统中变量之间、变量与参数之间、变量与外部环境之间的关系，直接获得系统的静态和动态特征。并且提供了观察数据交互作用的手段，可以实时地跟踪并有效地驾驭数据模拟与实验过程。仿真可视化的内涵有两层：仿真结果可视化与仿真计算过程可视化。

随着仿真技术的发展，形象、直观地反映仿真数据需求越来越迫切。计算机图形学和图形图像处理技术及软件的发展，为仿真系统的可视化提供了极大的便利。

9.5　仿真在空间信息传输中的应用

空间信息网络由于其规模大、技术含量高使得单纯的理论分析和物理实验实现起来非常困难，于是在空间信息网络的研制、分析、设计中引入了仿真方法，并发挥了重要的作用。

空间信息网络是指由携带各类有效载荷的航天器、星座以及相关地面支持系统组成的智能化天地一体综合信息网络，是一个卫星数量多、信息种类多样、网络结构复杂、应用模式广泛的庞大系统。仿真在空间信息网络中的应用广泛，不仅有对空间信息网络传输特性、链路、路由、组网特性等方面的仿真，也有对卫星的发射、传输特性、有效覆盖范围、轨道特性等节点属性和活动方面的仿真，还有基于系统的应用的仿真，比如基于空间信息网的服务的仿真等。仿真系统功能由基础模块和应用模块两部分完成。其中，基础模块构建出空间信息网络组网链路和路由仿真系统的基本功能，为应用模块服务；应用模块在基础模块基础上加载想定参数，开展仿真实验，并对仿真结果进行评估、显示。基础模块包括轨道计算模型、空间环境模型、通信载荷模型、通信信道模型、通信干扰模型、通信拓扑生成模型、路由计算模型；应用模块包括想定编辑模型、评估模型和拓扑显示模型。空间信息网仿真系统总体结构如图 9－3 所示。

空间信息网络的仿真主要包括数字仿真和半实物仿真。空间信息网络建模是空间信息网络数字仿真的基础，包括通信卫星模型和空间链路模型等。通信卫星模型是实体模型，可与其他航天器及地面实体模型进行交互，而链路模型是非实体模型，完成实体模型间

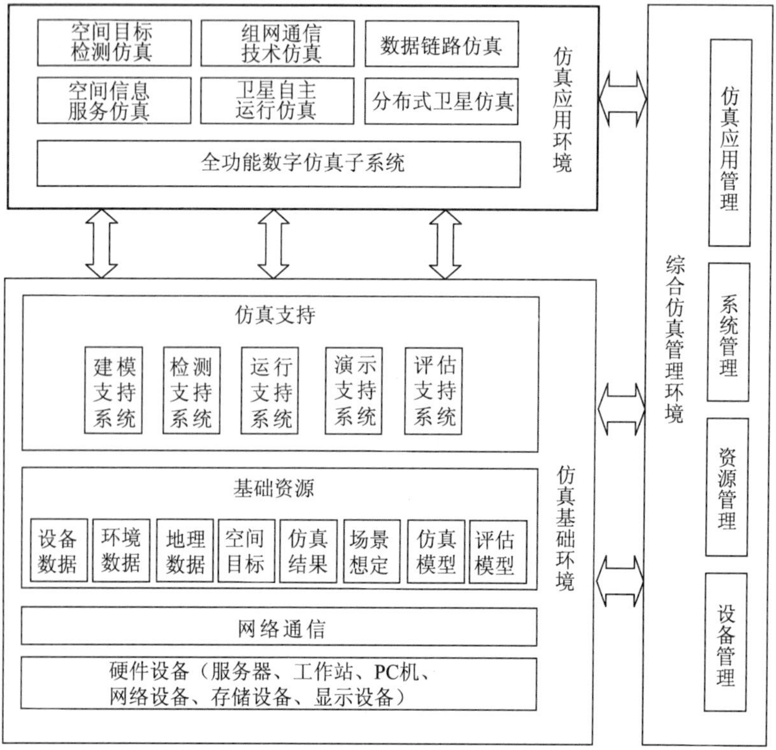

图 9—3　空间信息网仿真系统总体结构

的信息传输过程的模拟。通信卫星模型描述各类通信卫星实体的有效载荷性能和在轨运行特性。通信卫星的有效载荷包括天线和转发器等，卫星通信系统的主要参数包括通信频段、带宽、EIRP、天线方向图、星上处理时延、QoS 等。通信卫星的在轨运行特性描述了卫星的空间位置，它确定了卫星星下点位置及卫星的通信覆盖特性等。链路模型包括星间链路和星地链路。链路模型的输入参数有：目标节点、链路类型、链路容量、收发速率、通信频段、信息处理时延、链路质量、链路安全性等。而链路仿真计算的指标包括链路是否可通、传输时延、链路误码特性等。这些都是仿真基础环境模型。

空间信息网络规模庞大，链路关系复杂。而数字仿真依赖于所建的模型的质量，链路的特征参数的变化规律不好掌握，无法建立精确的数学模型。为了更接近实际情况，获得更确切的信息，有必要建立空间信息网络的半实物仿真平台，在空间信息网络的仿真中接入通信链路和通信信号等相关的物理设备而进行半实物仿真，对于问题的分析和系统的设计具有更高的参考价值。

对于空间信息网络的仿真，常用的软件有 STK，OPNET，NS2，HLA 等，应针对不同的仿真需求而采用不同的仿真软件。实际中常常是多种软件一起使用，这在后面的章节中有详细的阐述。

9.6　仿真技术的发展与展望

9.6.1　计算机仿真技术的发展

计算机与数学科学的相互作用促进了计算机仿真技术的发展，在本质上，数学是计算机的灵魂；同时，计算机又使数学的发展产生了革命性的变化，不仅使数学科学应用的范围和能力得到极大的扩展，而且进一步促使了数学科学自身的发展。通过在计算机上进行海量计算，解决了许多困难的数学问题，并猜测和发现了新的事实和定理，促进了离散数学等新的数学理论的诞生，把人类的演绎思维机械化，实现了机器证明，开创了自动推理等新领域。

随着仿真技术发展，对计算机仿真应用又有以下新的需求：

1）减少模型的开发时间，即从重视编程转向重视建模，包括研究结构化建模的环境与工具，建立模型库及专业模型开发系统。

2）改进精度，包括改进模型建立的精度和试验的精度，比如，研究模型结构特征化的新方法——模式识别法和人工智能法、连续动力学系统的数值解法、随机数产生的方法等。

3）改进通信，包括人与人之间的通信及人与计算机之间的通信，如研究模型的统一描述形式，图形输入与动画输出，仿真结果的统计、分析等。

9.6.2 计算机仿真技术的展望

9.6.2.1 分布式计算机仿真技术

计算机仿真技术向分布式发展，既是满足数据分布客观现实的需要，也是应用分布式计算环境进行并行计算，以达到高效仿真的重要手段。这里所指的分布式计算平台由联网的异构机组成，包括高性能的 SMP 和 DSM 多处理器、工作站/PC 群系统，与高性能图形处理机集成在一起构成分布式的计算机仿真计算环境。目前的困难在于缺乏高效的、使用方便的并行软件开发工具和分布式软件开发工具。

9.6.2.2 协同式计算机仿真技术

随着高速主干网投入使用，采用多媒体技术支持下的 CSCW 技术可以达到快捷、高效协同工作的目的。事实上，要做到真正、方便地协同工作，还有许多的困难要克服，例如：如果要求不同研究组的成员之间在空间上和时间上做到应用共享、上下文共享，则要求用户能记录结论及交互操作的历史，并对虚拟表示和行为作出评价等。

9.6.2.3 沉浸式计算机仿真技术

计算机仿真技术采用传统上为虚拟环境技术所专用的投影式和沉浸式显示设备，标志着这两个研究方向发展趋势的融合。由于沉浸式显示设备能使用户获得临场感，更有利于用户获得对数据的直观感受，有助于结果的分析。传统上，由于沉浸式显示设备特别是 CAVE 的价格高，对计算机图形绘制性能的要求也高，因而无法普及。随着虚拟环境技术的发展和高性能计算机软硬件平台的发展，人们将越来越愿意采用沉浸式显示设备。

9.6.2.4 基于虚拟环境的计算机仿真技术

互联网络正在造就有史以来最为奇特的人文景观，信息共享正在把地球变成一个小小的村落。19 世纪是铁路时代，20 世纪是高速公路时代，21 世纪是网络时代。虚拟环境和网络是信息社会的未来。分布式虚拟环境就是把这两项技术结合在一起，在一组以网络互连的计算机上同时运行虚拟环境系统技术，在 21 世纪，基于虚拟环境技术的计算机仿真技术将会得到普及。

9.6.2.5　面向对象的仿真

在数字计算机上实现对复杂系统的仿真，需要将客观世界中的系统尽可能逼真地映射到仿真系统上。系统以及映射过程本身的复杂性，使得用传统的仿真方法进行复杂系统仿真变得很困难，且效率很低，而面向对象的思想方法为复杂系统的仿真提供了比传统方法简单而有效的途径。

随着计算机仿真被广泛应用，各种应用领域对系统仿真提出了许多要求，其中最重要的有以下 3 方面。

1）仿真结果的可靠性和精确性；

2）建模与仿真的效率；

3）模型的柔性。

满足这些要求的关键是提高模型及相应软件的可重用性。重用经过验证的模型可以提高仿真结果的可靠性，重用可以大大地增加建模的效率，改进模型的柔性。面向对象技术为模型与软件的重用提供了基础。面向对象仿真方法使问题空间和求解空间在结构上尽可能一致，从而提供了更为自然、直观的系统仿真框架，其对象概念在研究原型、建模、仿真过程与认识客观世界过程中都是一致的、完整的。而模块化和类描述的封装与继承概念为可理解性、可扩展性及软件重用提供了有力支持。

第 10 章　卫星星座及链路仿真

卫星星座与链路仿真是空间信息传输仿真的基础，STK 软件是卫星轨道仿真领域的主流软件，同时也提供了卫星链路的仿真功能。本节主要介绍基于 STK 开展的卫星星座与链路仿真方法，同时结合研究工作介绍基于一套 Agilent 信号收发设备的星间链路半实物仿真系统。

10.1　STK 软件介绍

卫星工具软件（Satellite Tool Kit，STK）是航天领域中先进的系统分析软件，由美国分析图形有限公司（AGI）研制，用于分析复杂的陆地、海洋、航空及航天任务。它可提供逼真的二维、三维可视化动态场景以及精确的图表、报告等多种分析结果，支持卫星寿命的全过程，在航天飞行任务的系统分析、设计制造、测试发射以及在轨运行等各个环节中都有广泛的应用，对于军事遥感卫星的战场监测、覆盖分析、打击效果评估等方面同样具有极大的应用潜力。STK/Connect 是 STK 的重要模块之一，提供用户在客户机/服务器环境下与 STK 连接的功能，使用 TCP/IP 或 UNIXDomainSockets 在第 3 方应用软件与 STK 之间传输数据（包括实时数据传输），为其他应用程序提供了一个向 STK 发送消息和接受数据的通信工具。

该系统所用到的主要模块包括：

1）STK/Satellite 模块。STK/Satellite 模块是卫星基本属性的设定。

2）STK/Comm 模块。STK/Comm 模块是面对通信用户设计的附加模块。对飞行器（包括所有轨道类型）和地面站之间、飞行器和飞行器之间，提供通信链路的分析，并将分析的结果在二维地图上表达，或利用 STK/VO 作全球三维的显示。STK/Comm 模块在通信的链路分析中还模拟了通信干扰及环境对通信质量的影响。

3）STK/Chains 模块。STK/Chains 模块可以建立目标网络来进行对象间可见性分析，从而扩展了 STK 确定对象间互访的能力。链路是 STK 中多个对象联合体，它包括卫星、地面站、船舶、遥感器等，通过这些对象的有序组合来建立一种通信模型或数据传输途径。STK/Chains 可以在二维地图窗口中显示链路连接和关闭及链路连接全过程，在 STK/VO 窗口中，可以显示链路的三维图像。此外，在二维地图窗口中还能直接用鼠标点取链路图形来选择链路。STK/Chains 强大的图形显示能力使用户可以直观地描述众多对象之间的复杂联系来进行高层次的交流或详细分析。所书所提供的 STK 示例采用 STK8 完成。

10.2　STK 建立 Walker 星座

Walker 星座由一组运行于相同轨道周期和倾角的圆轨道卫星组成，每个轨道上的卫星等间距均匀分布，各轨道面间的升交点经度间距也以相同角度平均分布，因此 t（卫星数量）$=s$（同轨道面的卫星个数）$\times p$（轨道面个数）。2 条相邻轨道间卫星相对相位由相位参数 f 确定。

STK 可以快速生成 Walker 星座。首先，定义“种子星”，然后使用 Tools 菜单下的 Walker 选项定义 Walker 星座。RAAN 张角用于定义轨道面的方位，例如定义 2 个轨道倾角为 90°的轨道面，RAAN 张角为 180°，将生成 2 条垂直相交的轨道；当 RAAN 定义为 360°时，所有的卫星会在同一个轨道面上。

10.2.1　建立 Walker 场景

1）建立新的场景，将其命名为 Walker。

2）在浏览窗口选中场景，打开 Basic Properties 窗口。

3）在 Time Period 栏，输入如下设置：

区　域	值
Start Time	1 Jan 1997 00：00：00.00
Stop Time	1 Jan 1997 04：00：00.00
Epoch	1 Jan 1997 00：00：00.00

4）选择 Animation 栏输入如下内容：

区　域	值
Start Time	1 Jan 1997 00：00：00.00
Stop Time	1 Jan 1997 04：00：00.00
Time Step	60 seconds
Refresh Delta	Change to High Speed

5）在 Units 栏输入如下设置：

区　域	值
Distance Unit	Kilometers
Time Unit	Minutes
Date Format	Gregorian UTC
Angle Unit	Degrees
Mass Unit	Kilograms

6）开始建立“种子”卫星。新建 1 颗卫星，取消轨道向导，命名卫星为 W，在卫星的 Basic Properties 窗口，点击 Semimajor Axis 旁边的下拉箭头，将其改为 Period，并输入下列设置：

区　域	值
Propagator	Two Body
Period	120 min
Eccentricity	0.0
Inclination	60.0°
Argument of Perigee	0.0
RAAN	0.0
True Anomaly	0.0

7）打开W卫星的Graphic Properties窗口的Pass栏，在Leading/Trailing Ground Track区，选择Lead Type为One Pass，点击确定。

8）在卫星下附属1个遥感器，命名为fov。

9）打开遥感器的Basic Properties窗口，在Definition栏，输入下列设置：

区　域	值
Sensor Type	Simple Conic
Cone Angle	50.0°

10）点击二维地图窗口中的重置按钮改变地图窗口的显示（见图10—1和图10—2）。

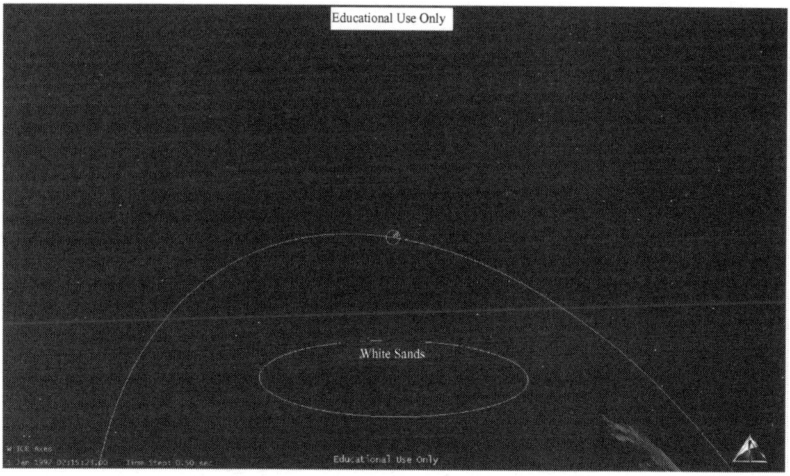

图10—1　附加遥感器后的三维场景图

10.2.2　生成Walker星座

1）在浏览窗口选中卫星W，从Tools菜单中选择Walker，Walker对话框出现。设置Number of Planes（轨道平面数量）为3，Number of Sats per Plane（轨道平面中卫星数量）为4，Inter—

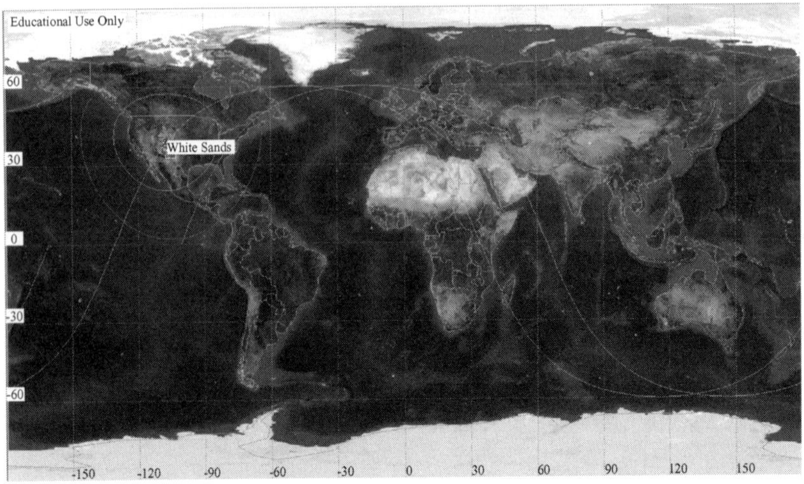

图 10－2　保存的二维场景图

plane Spacing（相邻轨道卫星相位）为 1，点击应用。

在浏览窗口将看到 15 颗卫星。第 1 个编号为第 n 个轨道平面，第 2 个编号为平面上第 n 颗卫星，注意第 1 颗卫星的属性与“种子”卫星完全相同。

2）点击二维地图窗口的重置按钮察看卫星和遥感器。请注意，由于“种子”卫星上定义了附属遥感器，因此星座中的每颗卫星也都附属着完全相同的遥感器。

3）动画显示场景（见图 10－3）。

4）保存场景（见图 10－4）。

10.2.3　生成 Walker 星座报告和图表

1）选中浏览窗口 Walker 星座中的所有的卫星（不包括“种子”卫星）。

2）在 Tools 菜单，打开 Report，在 Report Tool 窗口，从 Style 列表中选择 Lighting Times。

3）察看报告，完成后关闭报告。

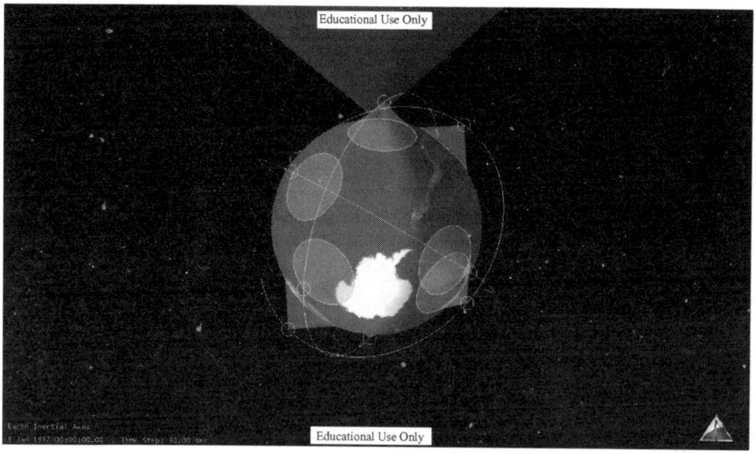

图 10—3　动画显示场景

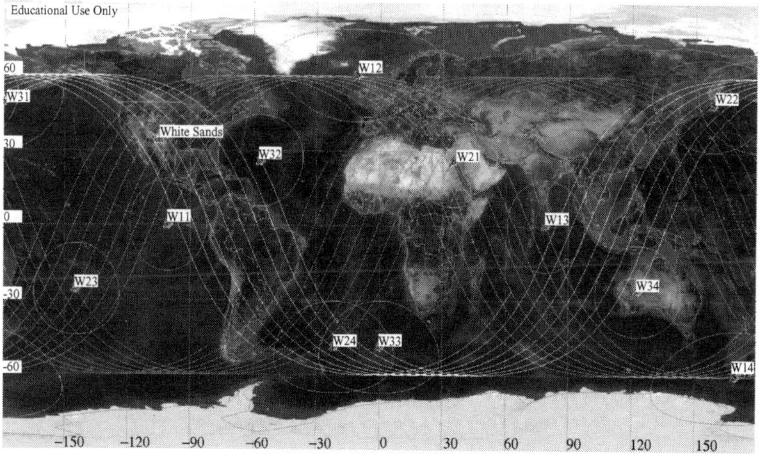

图 10—4　保存后的二维场景图

4）在 Report Tool 窗口，从 Style 列表中选择 Classical Orbit Elements，点击 Time Period 按钮将报告时间周期改短一点。

5）在 Time Period 窗口，改变 Stop Time 为 1 Jan 1997 00：01：00.00，点击 Change。点击确定关闭窗口。报告的时间周期将为 1

Jan 1997 00：00：00 到 1 Jan 1997 00：01：00，只有 1 分钟。

6）在 Report Tool 窗口，点击 Create 生成报告。

7）察看报告，注意卫星的 RAAN 和 True Anomaly 数据的差异。

08 May 2009 11:02:14

Educational Use Only

Satellite-W11, W12, W13, W14, W21, W22, W23, W24, W31, W32, W33, W34: Lighting

Sunlight Times

	Start Time (UTCG)	Stop Time (UTCG)	Duration (sec)
	1 Jan 1997 00:00:00.00	1 Jan 1997 00:20:37.60	1237.602
	1 Jan 1997 00:48:13.03	1 Jan 1997 02:20:39.50	5546.467
	1 Jan 1997 02:48:15.30	1 Jan 1997 04:00:00.00	4304.697

Global Statistics

Min Duration	1 Jan 1997 00:00:00.00	1 Jan 1997 00:20:37.60	1237.602
Max Duration	1 Jan 1997 00:48:13.03	1 Jan 1997 02:20:39.50	5546.467
Mean Duration			3696.255
Total Duration			11088.766

Sunlight Times

	Start Time (UTCG)	Stop Time (UTCG)	Duration (sec)
	1 Jan 1997 00:18:12.46	1 Jan 1997 01:50:39.02	5546.562
	1 Jan 1997 02:18:14.73	1 Jan 1997 03:50:40.92	5546.182

Satellite-W11, W12, W13, W14, W21, W22, W23, W24, W31, W32, W33, W34: J2000 ECI Classical Orbit Elements

Time (UTCG)	Semi-major Axis (km)	Eccentricity	Inclination (deg)	RAAN (deg)	Arg of Perigee (deg)
1 Jan 1997 00:00:00.00	8058.997307	0.000000	60.000	0.000	0.000
1 Jan 1997 00:01:00.00	8058.997307	0.000000	60.000	0.000	0.000

Time (UTCG)	Semi-major Axis (km)	Eccentricity	Inclination (deg)	RAAN (deg)	Arg of Perigee (deg)
1 Jan 1997 00:00:00.00	8058.997307	0.000000	60.000	0.000	0.000
1 Jan 1997 00:01:00.00	8058.997307	0.000000	60.000	0.000	0.000

Time (UTCG)	Semi-major Axis (km)	Eccentricity	Inclination (deg)	RAAN (deg)	Arg of Perigee (deg)
1 Jan 1997 00:00:00.00	8058.997307	0.000000	60.000	0.000	0.000
1 Jan 1997 00:01:00.00	8058.997307	0.000000	60.000	0.000	0.000

Time (UTCG)	Semi-major Axis (km)	Eccentricity	Inclination (deg)	RAAN (deg)	Arg of Perigee (deg)
1 Jan 1997 00:00:00.00	8058.997307	0.000000	60.000	0.000	0.000
1 Jan 1997 00:01:00.00	8058.997307	0.000000	60.000	0.000	0.000

8）完成后关闭 Report Tool 窗口。

9）在浏览窗口 Tools 菜单中，选择 Graph，在 Styles 列表中，选中 Lighting Times，点击 Create 按钮生成图表。

10）在 Graph 窗口，打开 Attributes。改变线的颜色使显示更清晰。

11）完成后，关闭图表和 Graph Tool 窗口。

10.3 基于 STK 的卫星通信转发器仿真

在本实例中将使用 STK/Comm 模块对从 Los Angeles 通过静止轨道卫星转发器到 Philadelphia 通信链路的仿真。这里将对模拟和数字 2 种转发机制进行仿真，并通过 STK/Chains 模块对它们的性能进行比较。

10.3.1 设置场景

新建一个场景 Transponder，将 Time Period 设置为 1 分钟。新建 2 个 Facility 对象：Los Angeles 和 Philadelphia，加入 1 颗定轨经度为 100°的静止轨道卫星（图 10—5）。

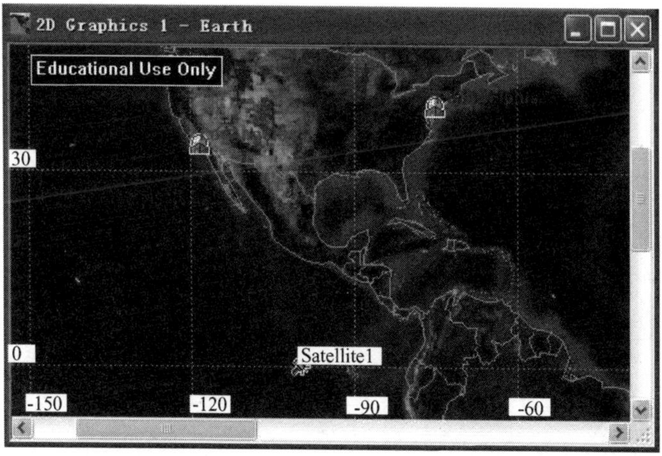

图 10—5 新建场景二维显示栅格图

向 Los Angeles 添加 1 个 Sensor 对象，打开 Sensor 的属性页 Basic/Pointing，将 Pointing Type 设置为 Targeted，并选择 GEO 作为它的目标。采取同样的步骤，向 Philadelphia 添加 1 个 Sensor 对象。采取同样的步骤，向 GEO 添加 1 个 Sensor 对象，重命名为 Uplink，将其指向 Los Angeles；向 GEO 添加 1 个 Sensor 对象，重名为 Downlink，将其指向 Philadelphia（图 10—6）。

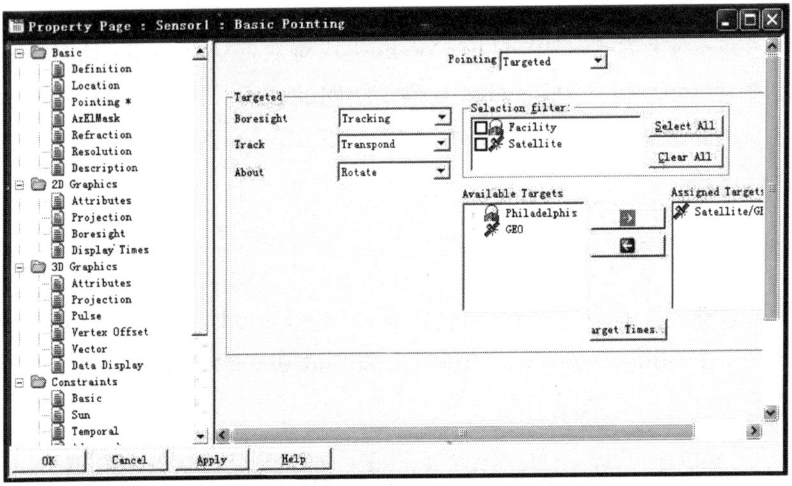

图 10—6　Sensor 的属性页 Basic/Pointing

10.3.2　定义通信设备

选中位于 Los Angeles 的 Sensor 对象，向其添加 Transmitter 对象并命名为 UplinkXmtr。打开 UplinkXmtr 的属性页 Basic/Definition，选择 Complex Source Transmitter 作为模型类型，单击 Details…按钮，将功能调整为 15 dBW，然后关闭该对话框及属性页。

选中位于 Philadelphia 的 Sensor 对象，向其添加 Receiver 对象并命名为 DownlinkRcvr。打开 DownlinkRcvr 的属性页 Basic/Definition，选择 Complex Receiver 作为模型类型，然后关闭属性页。

选中位于 GEO 名为 Uplink 的 Sensor 对象，向其添加 Receiver 对象并命名为 UplinkRcvr。打开 UplinkRcvr 的属性页 Basic/Definition，选择 Complex Receiver 作为模型类型，然后关闭属性页。

选中位于 GEO 名为 DownlinkRcvr 的 Sensor 对象，向其添加 2 个 Transmitter 对象并命名为 ReXmtr 和 SourceXmtr。打开 ReXmtr 的属性页 Basic/Definition，选择 Complex Retransmitter 作为模型类型，点击 Details…按钮，将 Sat. Flux Density 设置为－100，然后关闭该对话框及属性页。

打开 SourceXmtr 的属性页 Basic/Definition，选择 Complex Source Transmitter 作为模型类型，点击 Details … 按钮，将 Frequency 设置为 13.8 GHz，Power 设置为 7.013 dBW，然后关闭该对话框及属性页（图 10－7～图 10－9）。

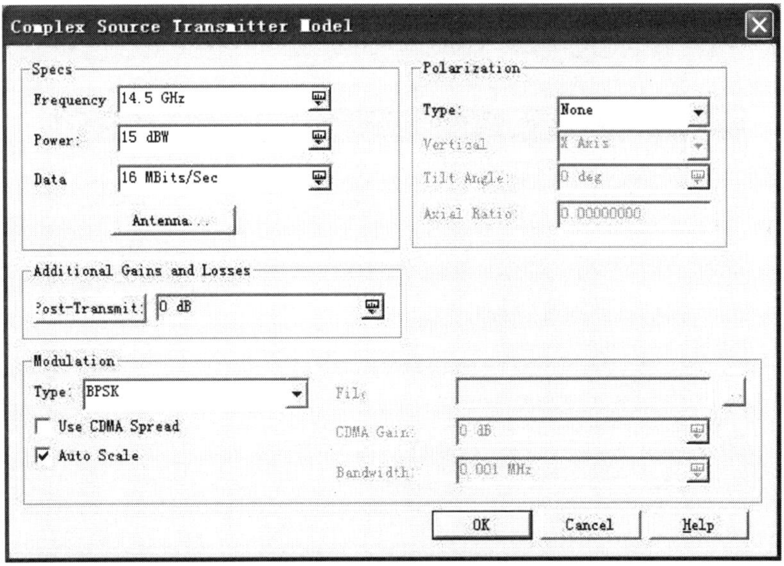

图 10－7　Complex Source Transmitter Model

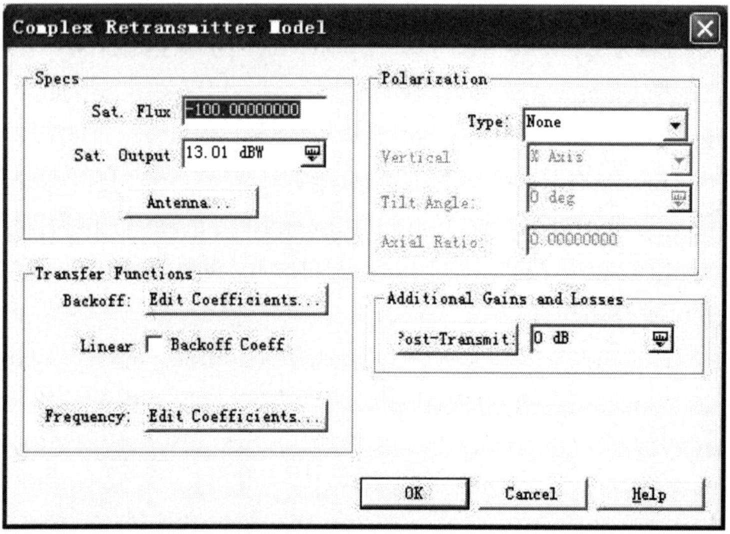

图 10－8　Complex Retransmitter Model

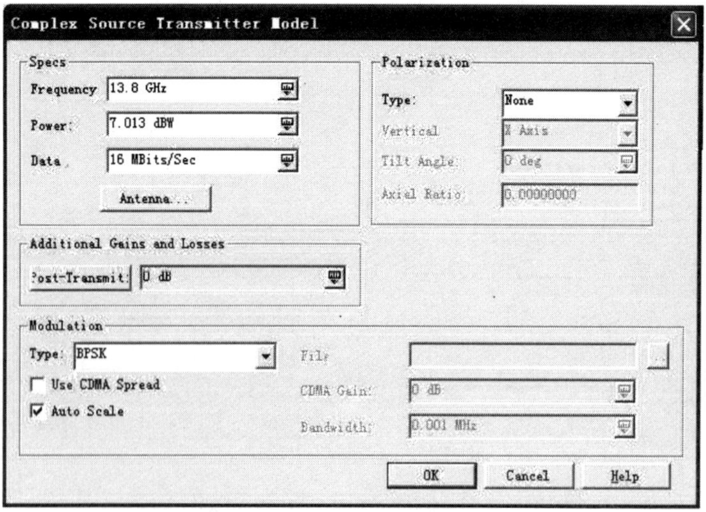

图 10－9　Complex Source Transmitter Model

10.3.3 模拟转发器

在模拟转发器的仿真示例中，静止轨道卫星对接收信号进行频率转换或功率放大后再进行转发。模拟转发原理如图 10－10 所示。

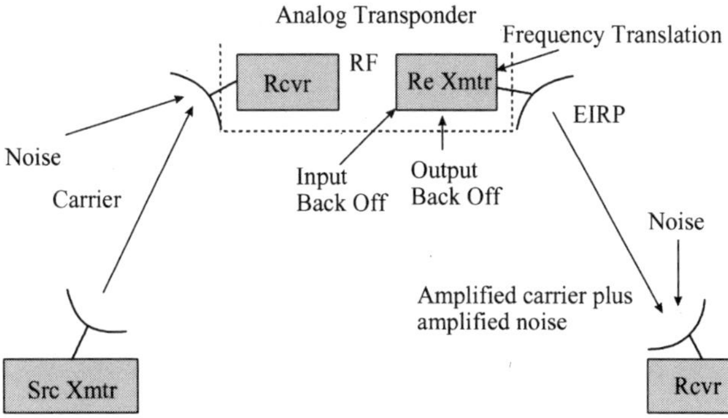

图 10－10 模拟转发原理图

STK/Comm 模块通过将接收机和转发机进行组合来模拟模拟转发过程。因此，只需要通过 Chain 对象来组合 UplinkXmtr→UplinkRcvr，UplinkRcvr→ReXmtr，ReXmtr→DownlinkRcvr 3 条链路。

向场景中添加 1 个 Chain 对象，并命名为 AnalogLink。打开 AnalogLink 的属性页 Basic/Definition，在 Assigned Objects 栏中设置序列 UplinkXmtr→UplinkRcvr→ReXmtr→DownlinkRcvr，然后关闭属性页。

选中 AnalogLink 对象，右击弹出快捷菜单，再选择 Chain Tools→Report，在 Report 对话框中选择 Bent Pipe Comm Link，然后点击 Create… 按钮。

生成的报告给出了链路性能数据，第 1 行是针对上行链路的，第 2 行是针对下行链路的，第 3 行是针对整条链路的。可以看到下行链路和整条链路相对于上行链路来说，其性能明显下降：上行链路的误码率为 1.000000e－025，下行链路的误码率为 1.961537e－010，整条链路的误码率为 5.634709e－010（图 10－11～图 10－13）。

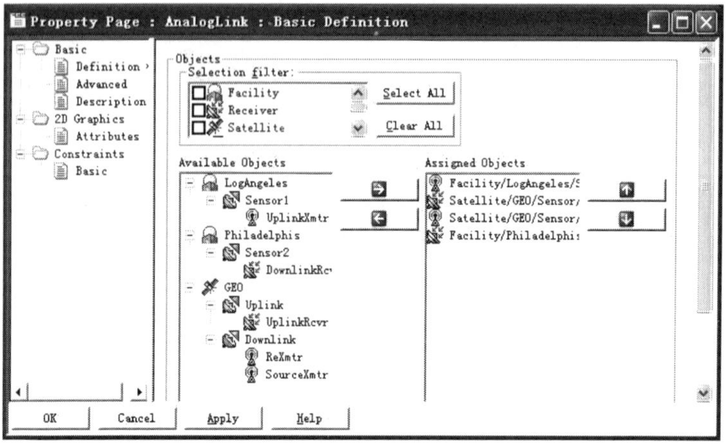

图 10－11　AnalogLink 的属性页 Basic/Definition

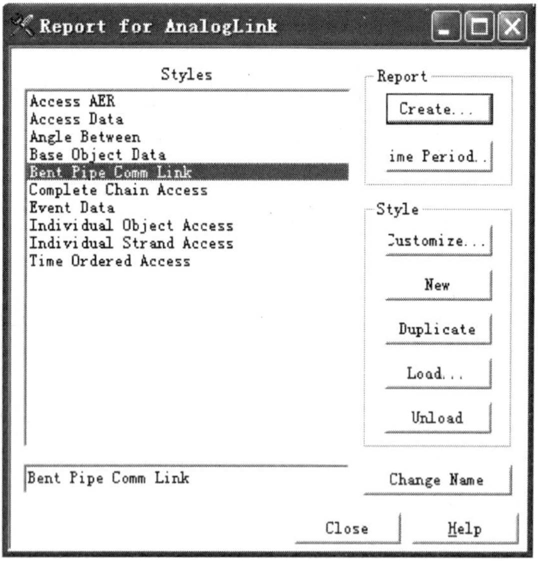

图 10－12　Report for AnalogLink

g/T1 (dB/K)	C/No1 (dB-Hz)	Bandwidth1 (KHz)	C/N1 (dB)	Eb/No1 (dB)	BER1
g/T2 (dB/K)	C/No2 (dB-Hz)	Bandwidth2 (KHz)	C/N2 (dB)	Eb/No2 (dB)	BER2
BER Tot.2					
20.000000	97.514667	32000.000	22.4632	25.4735	1.000000e-025
15.983812	84.958304	32000.000	9.9068	12.9171	1.961537e-010
5.634709e-010					
20.000000	97.514668	32000.000	22.4632	25.4735	1.000000e-025
15.983812	84.958305	32000.000	9.9068	12.9171	1.961524e-010
5.634674e-010					

图 10－13　数据报告

10.3.4　数字转发器

在数字转发器的仿真示例中，静止轨道卫星对接收信号先进行解调然后进行重新调制，再进行转发。数字转发原理如图 10－14 所示。

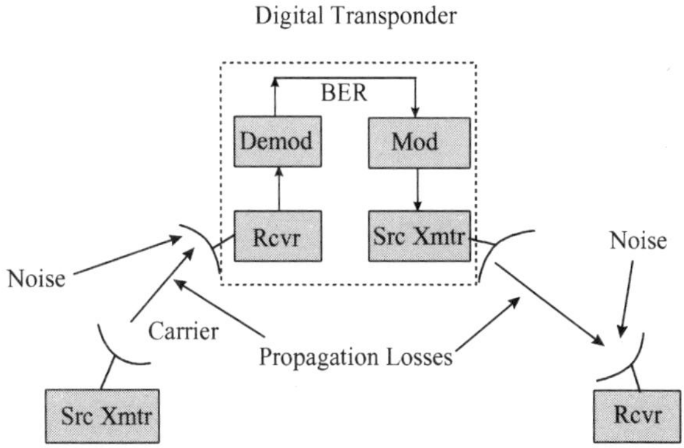

图 10－14　数字转发原理图

STK/Comm 模块通过将接收机和转发机进行组合来模拟数字转发过程。向场景中添加 1 个 Chain 对象，并命名为 DigitalLink。打开 DigitalLink 的属性页 Basic/Definition，在 Assigned Objects 栏中设置序列 UplinkXmtr→UplinkRcvr→ReXmtr→DownlinkRcvr。

选中 DigitalLink 对象，右击弹出快捷菜单，再选择 Chain Tools→Report，在 Report 对话框中选择 Bent Pipe Comm Link，然后点

击 Create… 按钮。

可以看出，尽管下行链路的性能下降（误码率从上行链路的 1.000000e—025 变为下行链路的 2.776794e—011），但是整条链路的性能并没有更多的下降（误码率仍为 2.776794e—011）。（图 10—15～图 10—16）

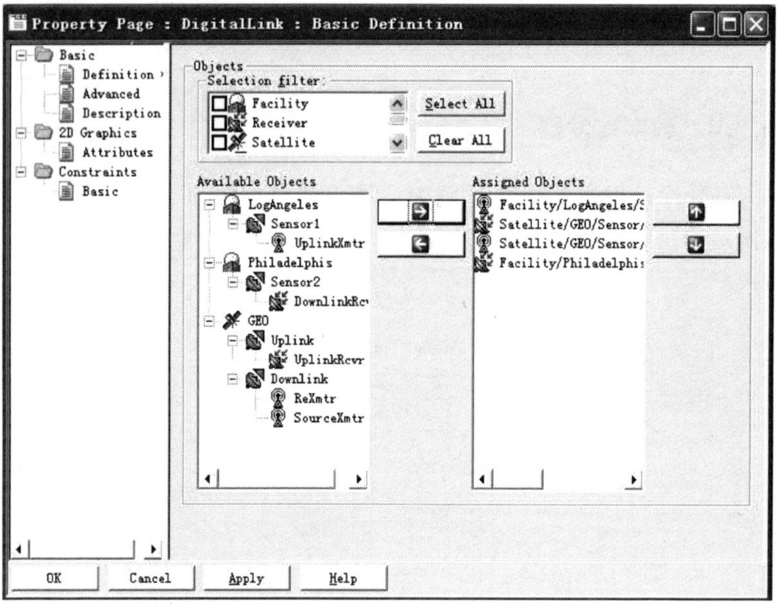

图 10—15　DigitalLink 的属性页 Basic/Definition

g/T1 (dB/K) g/T2 (dB/K) BER Tot.2	C/No1 (dB-Hz) C/No2 (dB-Hz)	Bandwidth1 (KHz) Bandwidth2 (KHz)	C/N1 (dB) C/N2 (dB)	Eb/No1 (dB) Eb/No2 (dB)	BER1 BER2
20.000000 15.983812 2.776794e-011	97.514667 85.362731	32000.000 32000.000	22.4632 10.3112	25.4735 13.3215	1.000000e-025 2.776794e-011
20.000000 15.983812 2.776783e-011	97.514668 85.362732	32000.000 32000.000	22.4632 10.3112	25.4735 13.3215	1.000000e-025 2.776783e-011

图 10—16　数据报告

10.3.5　链路质量比较

通过分析 AnalogLink 和 DigitalLink 的 Bent Pipe Comm Link 的报告可知，上行链路和下行链路在 2 种模式下性能相近，但是数字转发模式下的整条链路性能明显好于模拟转发模式。这是因为上行链路的噪声在模拟模式下被传输到下行链路继续发送，而数字模式则没有。

需要注意的是，在我们设置静止轨道卫星上 Downlink 的 2 个 Transmitter 的时候，ReXmtr 设置的功率为 13.010 dBW，SourceXmtr 设置的功率几乎仅为 ReXmtr 的一半（7.013 dBW）。如果将 SourceXmtr 的功率增加，那么数字模式下下行链路和整条链路的性能将会明显增加，如将 SourceXmtr 的功率 Power 设为 13.010 dBW 时产生如图 10—17 所示的报告。

g/T1 (dB/K) g/T2 (dB/K) BER Tot.2	C/No1 (dB-Hz) C/No2 (dB-Hz)	Bandwidth1 (KHz) Bandwidth2 (KHz)	C/N1 (dB) C/N2 (dB)	Eb/No1 (dB) Eb/No2 (dB)	BER1 BER2
20.000000 15.983812 2.000000e-025	97.514667 91.359731	32000.000 32000.000	22.4632 16.3082	25.4735 19.3185	1.000000e-025 1.000000e-025
20.000000 15.983812 2.000000e-025	97.514668 91.359732	32000.000 32000.000	22.4632 16.3082	25.4735 19.3185	1.000000e-025 1.000000e-025

图 10—17　数据报告

通过对接收机和发射机进行不同的参数设置，观测比较上行链路、下行链路以及整条链路在 2 种不同模式下的性能。每次更改参数设置后，务必更新产生的报告数据。

10.4　基于 STK 的通信链路设计

STK 的最基本的应用之一就是分析通信链路。通过设置不同的通信限制条件和通信设备参数，用户可以分析通信链路的性能。

10.4.1 设置场景

设置仿真时间为 1 天（1 Jun 2003 12：00：00.00 UTCG 至 2 Jun 2003 12：00：00.00 UTCG），Time Step 为 60seconds。向场景中加入 1 个 Facility 对象（命名为 Facility），设置其 Latitude，Longitude，Altitude 分别为 0 deg，0 deg，0.0 km。通过 Orbit Wizard 向场景中加入 1 颗圆轨道卫星（命名为 Satellite），倾角为 45°，高度为 1 500 km，其他参数为默认设置参数。为 Satellite 添加 1 个 Sensor 对象（命名为 Sensor），将 Sensor 的 Pointing Type 设置为 Targeted，而且将 Facility 作为其目标。

10.4.2 设置链路

首先设置通信链路所处的环境模型。选中 Scenario（命名为 CommLink），打开其属性页 RF/Environment，选择 Rainer Model 和 Gaseous Absorption Model 分别为 ITU－R P. 618－5 和 ITU－R P. 676－3，这些模型为国际电信联盟的推荐模型。然后关闭该属性页。

选中 Facility，为其添加 Receiver 对象（命名为 Receiver），打开 Receiver 的属性页 Basic/Definition，选择其类型为 Medium Receiver，单击 Details…按钮。在打开的 Medium Receiver Model 对话框中将 Gain 设置为 20 dB。选中 System Temperature 框架下的 Calculate，然后单击 Details…按钮（图 10－18）。

在打开的 System Temperature - Receiver 对话框中，将 Receiver Noise Figure 设置为 1.2 dB，选择 Antenna Noise 框架中的 Calculated Antenna Noise，勾选 Sun，Atmosphere 和 Rain。然后，单击 ok 返回 Medium Receiver Model 对话框（图 10－19）。

在 Medium Receiver Model 对话框中选中 Use Rain Model，并将 OutagePercent 设置为 0.01。然后，单击 ok 关闭 Medium Receiver Model 对话框。打开 Receiver 属性页 Basic/Refraction，选择 ITU－R P. 834－2 作为 Refraction Model。然后，关闭该属性

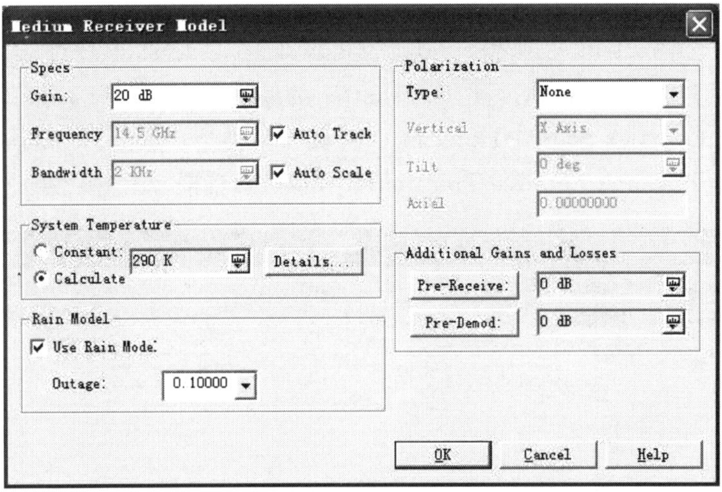

图 10—18　Medium Receiver Model

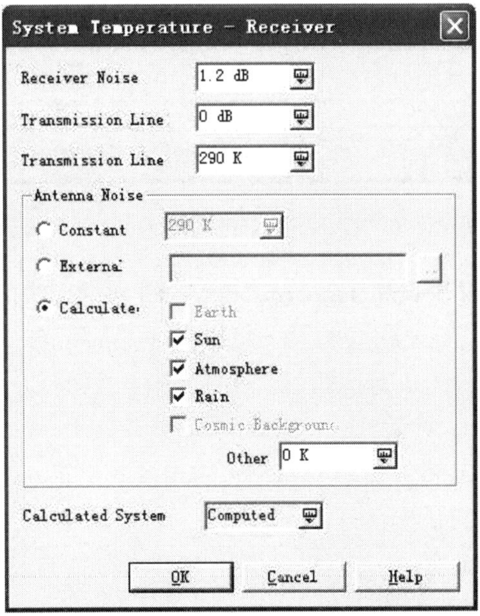

图 10—19　System Temperature

页，完成对接收机的设置。

选中 Satellite 下的 Sensor，为其添加 1 个 Transmitter 对象（命名为 Transmitter）。打开 Transmitter 的属性页 Basic/Transmitter，选择 Complex Source Transmitter 为其模型类型，点击 Details… 按钮打开 Complex Source Transmitter Model 对话框（图 10—20）。

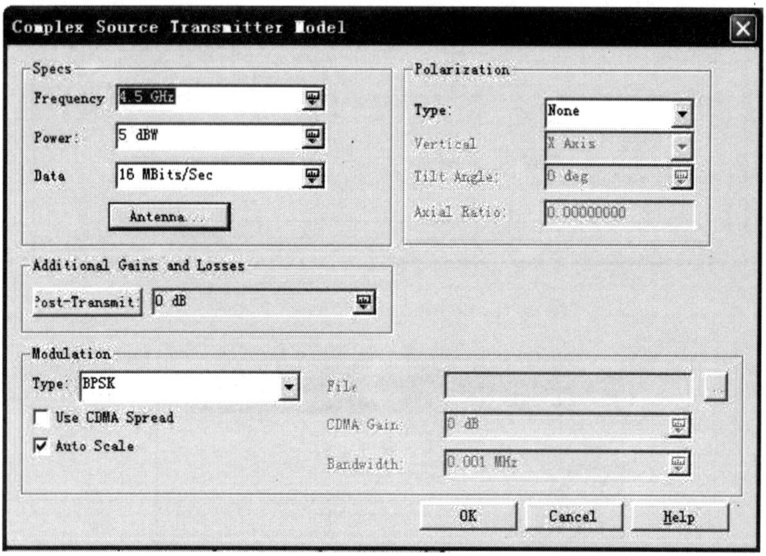

图 10—20　Complex Source Transmitter Model

将 Complex Source Transrnitter Model 对话框中的 Frequecy 设置为 4.5 GHz，Power 设置为 5 dBW，点击 Antenna… 按钮打开 Single Beam Antenna 对话框。点击 Details… 按钮打开 Gaussian Antenna Parameters 对话框，将 Diameter 设置为 1 m，Antenna Efficiency 设置为 0.55。关闭 Gaussian Antenna Parameters 和 Single Beam Antenna 对话框（图 10—21）。

在 Complex Source Transmitter Model 对话框中点击 Post－Transmit 按钮，打开 Post－Transmitter Gains&Losses 对话框，添加 Pointing Loss =－1 dB。关闭 Post－Transmitter Gains & Losses

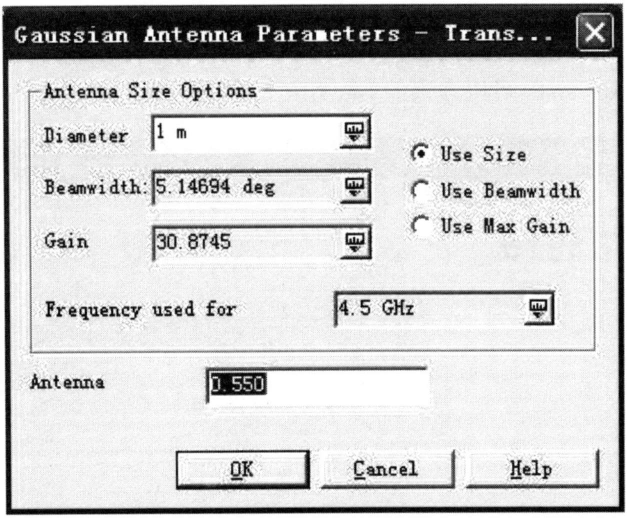

图 10—21　Gaussian Antenna Parameters

和 Complex Source Transmitter Model 对话框及 Transmitter 的属性页，完成对 Transmitter 的设置（图 10—22）。

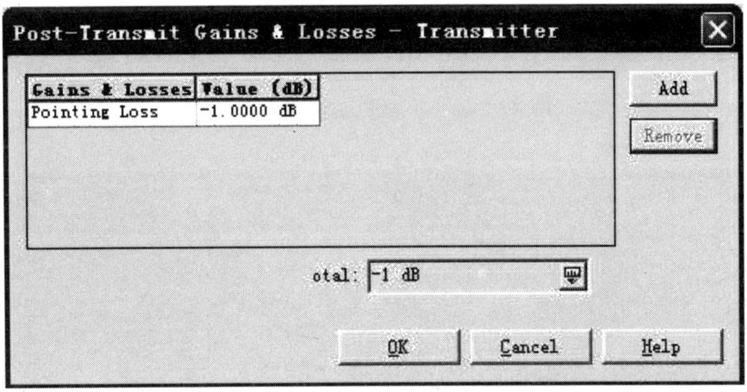

图 10—22　Post—Transmit Gains&Losses

选中 Transmitter 点击右键，选择 Transmitter Tools/Access，打开 Access 对话框。然后选中 Receiver 作为 Associated Object 并点

击 Compute 按钮（图 10—23）。

通过二维可视化窗口可以看到 Satellite 上的 Transmitter 和 Facility 的 Receiver 可以连通的 Satellite 的星下点轨迹（图 10—24）。

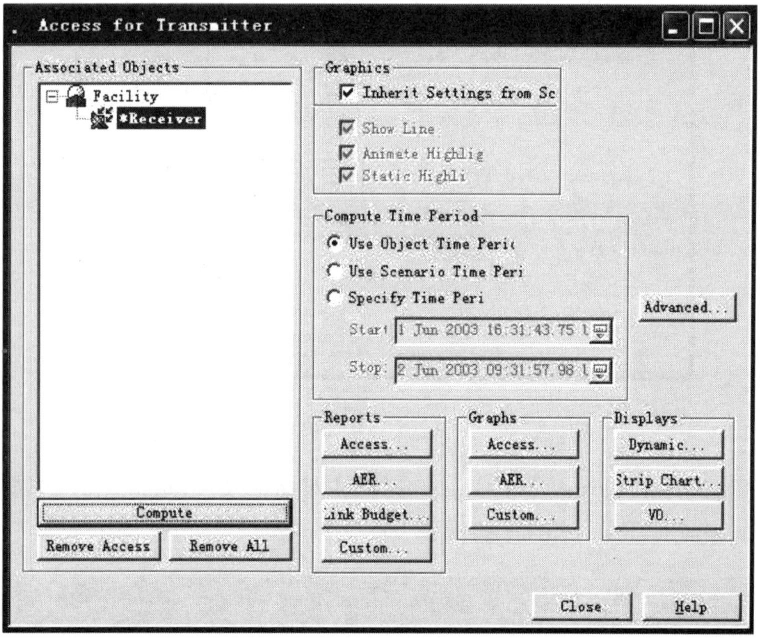

图 10—23　Access for Transmitter

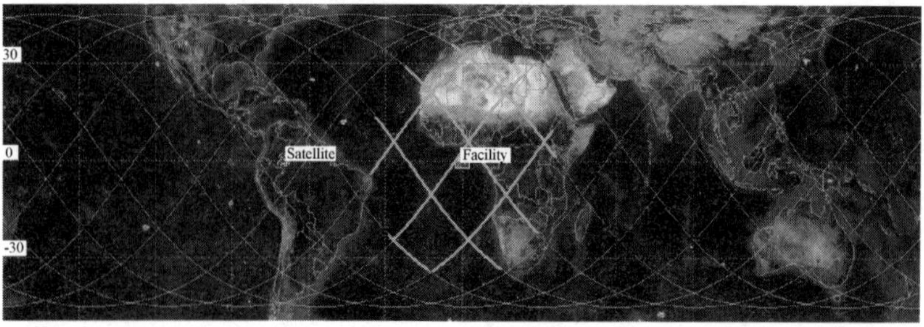

图 10—24　二维显示

10.4.3　设置通信限制

在 Access 对话框中，点击 Reports 框架下的 Custom… 按钮，打开 STK Report Tool 对话框（图 10—25）。

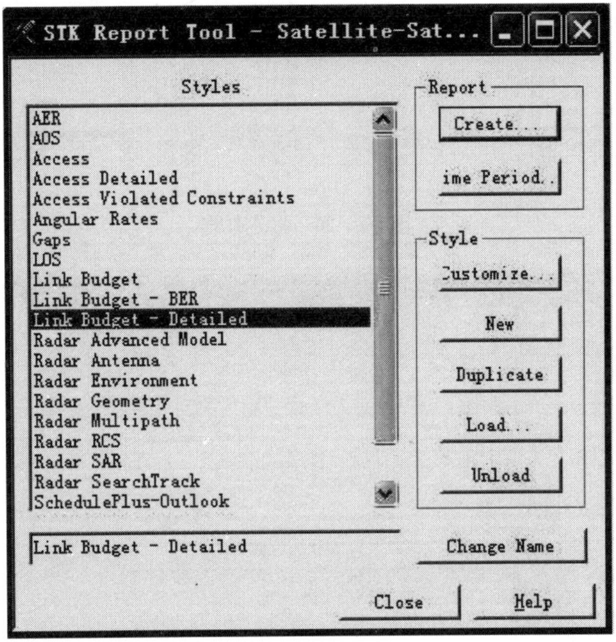

图 10—25　STK Report Tool

从 STK Report Tool 对话框的 Styles 列表中选择 Link Budget—Detailed，然后点击 Create…，将会产生关于链路性能的数据分析（图 10—26）。

打开 Receiver 的 Constraints/Comm 属性页（图 10—27）。

Educational Use Only
Satellite-Satellite-Sensor-Sensor-Transmitter-Transmitter-To-Facility-Facility-Receiver-Receiver: Link

Time (UTCG)	Xmtr Power (dBW)	Xmtr Gain (dB)	EIRP (dBW)	Free Space Loss (dB)	At
1 Jun 2003 16:31:43.75	5.000	30.8745	34.874	-178.8130	
1 Jun 2003 16:32:43.00	5.000	30.8745	34.874	-178.4392	
1 Jun 2003 16:33:43.00	5.000	30.8745	34.874	-178.0740	
1 Jun 2003 16:34:43.00	5.000	30.8745	34.874	-177.7304	
1 Jun 2003 16:35:43.00	5.000	30.8745	34.874	-177.4177	
1 Jun 2003 16:36:43.00	5.000	30.8745	34.874	-177.1461	
1 Jun 2003 16:37:43.00	5.000	30.8745	34.874	-176.9262	
1 Jun 2003 16:38:43.00	5.000	30.8745	34.874	-176.7681	
1 Jun 2003 16:39:43.00	5.000	30.8745	34.874	-176.6795	
1 Jun 2003 16:40:43.00	5.000	30.8745	34.874	-176.6653	
1 Jun 2003 16:41:43.00	5.000	30.8745	34.874	-176.7267	
1 Jun 2003 16:42:43.00	5.000	30.8745	34.874	-176.8604	
1 Jun 2003 16:43:43.00	5.000	30.8745	34.874	-177.0601	
1 Jun 2003 16:44:43.00	5.000	30.8745	34.874	-177.3166	
1 Jun 2003 16:45:43.00	5.000	30.8745	34.874	-177.6196	
1 Jun 2003 16:46:43.00	5.000	30.8745	34.874	-177.9584	
1 Jun 2003 16:47:43.00	5.000	30.8745	34.874	-178.3232	
1 Jun 2003 16:48:43.00	5.000	30.8745	34.874	-178.7053	
1 Jun 2003 16:48:59.60	5.000	30.8745	34.874	-178.8130	

图 10－26　报告数据

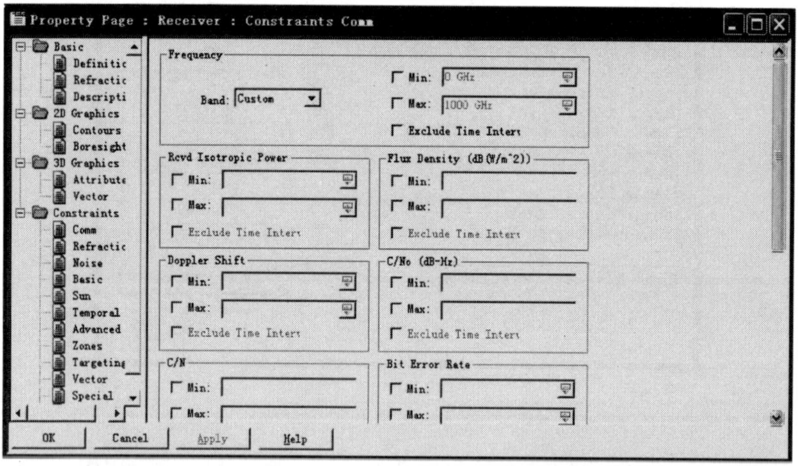

图 10－27　Receiver 的 Constraints/Comm 属性页

10.4.3.1　全向辐射功率限制

从产生的报告可以看出全向辐射功率（Received Isotropic Power，RIP）的范围在［－147.845 0 dBW，－135.161 0 dBW］之间。如果认为 RIP 值小于－140 dBW 则链路不存在，则在 Receiver 的 Constraints/Comm 属性页勾选 Rcvd Isotropic Power 下的 Min，并设置该值为－140 dBW，然后点击 Apply。得到的二维可视化窗口

如图 10－28 所示，并与前面结果进行比较，此时得到的报告不会再出现 RIP 小于－140 dBW 的数据条目。

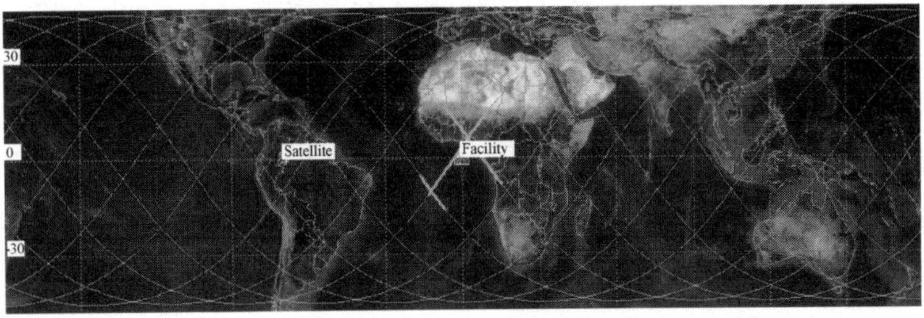

图 10－28　二维显示

保持所确定的设置，然后通过改变天线的直径来增大增益。先打开 Complex Source Transmitter Model 对话框，点击 Antenna…打开 Single Beam Antenna 对话框，点击 Details…打开 Gaussian Antenna Parameter 对话框，将 Diameter 设置为 1.5 m。此时得到的二维可视化窗口如图 10－29 所示，并与前面的结果进行比较。

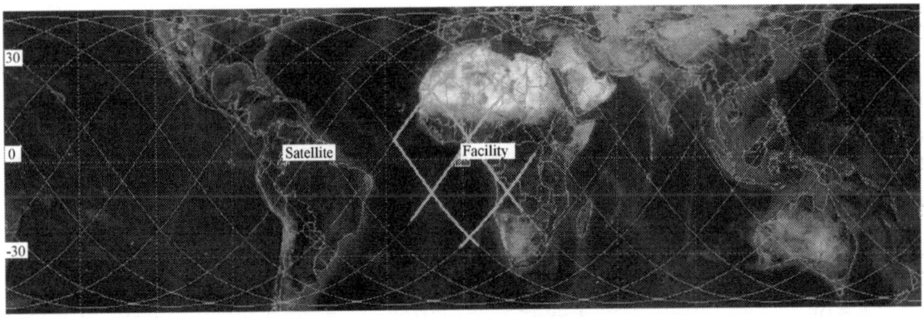

图 10－29　二维显示

清除对 Rcvd Isotropic Power 以及 Antenna Diameter 所作的改动。

10.4.3.2　多普勒频移限制

我们所设置的发射机频率为 4.5 GHz，如果观察 Link Budget Report 可以看到接收机的接收频率范围为［4.499 9 GHz，4.500 1 GHz］，这正是多普勒频移（Doppler Shift）现象导致的。如果将接收机的频率偏移限制为50 kHz，则在 Receiver 的 Constraints/Comm 属性页勾选 Doppler Shift 的 Min 设置为－0.000 05 GHz，勾选 Doppler Shift 的 Max 设置为 0.000 05 GHz，然后点击 Apply。得到的二维可视化窗口如图 10－30 所示，并与前面的结果进行比较。此时得到报告的接收机接收频率范围为［4.499 95 GHz，4.500 05 GHz］。

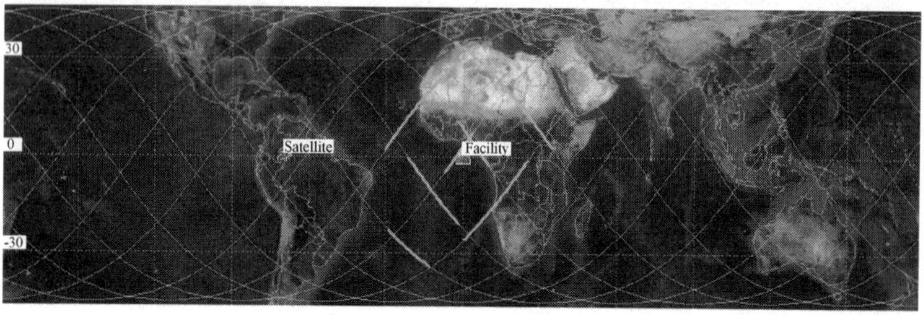

图 10－30　二维显示

清除对 Doppler Shift 的 Min 和 Max 所作的设置。

10.4.3.3　流量密度限制

在没有任何通信限制时得到的流量密度（Flux Density）范围为［－113.325 2 W/m^2，－100.640 6 W/m^2］。如果认为 Flux Density 值小于－110 W/m^2 链路不存在，则在 Receiver 的 Constraints/Comm 属性页勾选 Flux Density 下的 Min，并设置该值为－110 W/m^2，然后点击 Apply。得到的二维可视化窗口如图 10－31 所示，并与前面的结果进行比较。此时得到报告的流量密度范围为［－110 W/m^2，－100.652 4 W/m^2］。

清除对 Flux Density 的 Min 所作的设置。

10.4.3.4　载噪比限制

在没有任何通信限制时得到的载噪比（Carrier to Noise Ratio，C/N）的范围为［0.169 9 dB，15.566 8 dB］。如果认为 C/N 值小于 10 dB 链路不存在，则在 Receiver 的 Constraints/Comm 属性页勾选

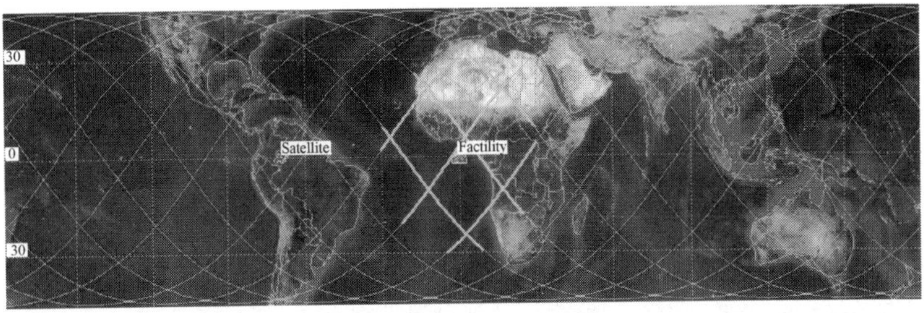

图 10—31　二维显示

C/N 下的 Min，并设置该值为 10 dB，然后点击 Apply。得到的二维可视化窗口如图 10—32 所示，并与前面的结果进行比较。此时得到报告的 C/N 范围为 [10 dB，14.925 6 dB]。

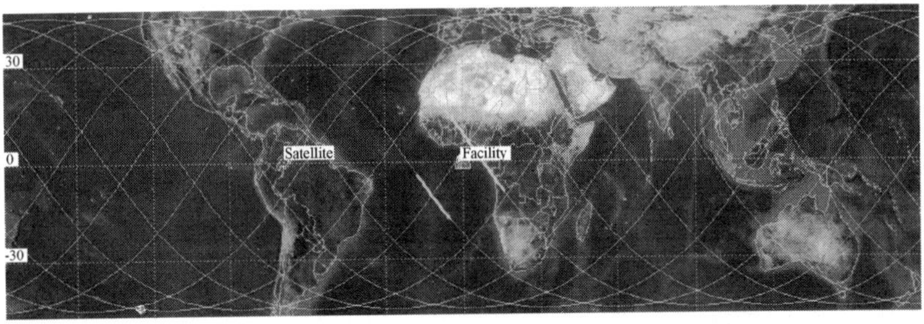

图 10—32　二维显示

清除对 C/N 的 Min 所作的设置。此外，C/N 还可以通过对接收机和发射机的调整进行改进，如改变增益、系统噪声温度、天线极化方式以及调制方式等。

10.4.3.5　数字系统限制

在没有任何通信限制时得到的比特能量/噪声之比（E_b/N_0）的范围为 [3.180 2，18.577 1]。如果认为 E_b/N_0 值小于 15 链路不存在，则在 Receiver 的 Constraints/Comm 属性页勾选 E_b/N_0 下的 Min，并设置该值为 15，然后点击 Apply。得到的二维可视化窗口如图 10—33 所示，并与前面的结果进行比较。此时得到报告的 E_b/N_0

范围为［15，17.930 9］。

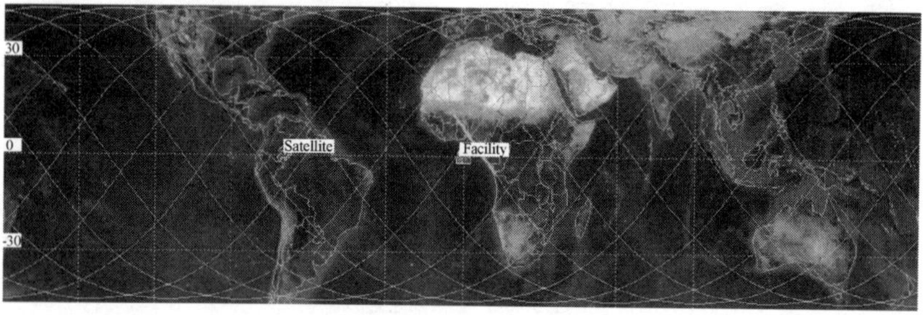

图 10－33　二维显示

清除对 E_b/N_0 的 Min 所作的设置。此外，E_b/N_0 还可以通过对接收机和发射机的参数调整进行改进，如将发射机的数据率降低为 12 Mbps。

针对数字系统链路性能的一个直接测度是误码率（BER），在没有任何通信限制时得到的误码率的范围为［1.000 0e－025，0.020 7］。而典型的误码率标准是 10e－6，通过在 Receiver 的 Constraints/Comm 属性页勾选 Bit Error Rate 下的 Max，并设置该值为 10e－6，然后点击 Apply。此时得到的二维可视化窗口如图 10－34 所示，并与前面的结果进行比较。

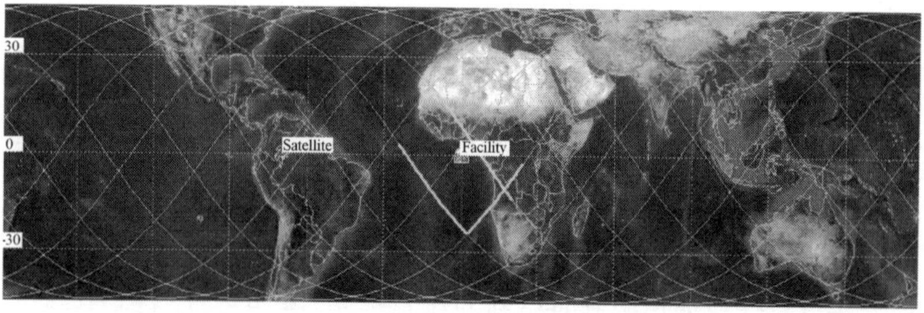

图 10－34　二维显示

清除对 Bit Error Rate 的 Max 所作的设置。此外，误码率同样还可以通过对接收机和发射机进行调整来改进。

10.4.3.6　俯仰角距离限制

发射机相对接收机的俯仰角距离（Refracted elevation and Range）限制可以通过 Receiver 的 Constraints/Refraction 属性页进行设置，将 Refracted Elevation 框架中的 Min 设置为 5°。此时得到的二维可视化窗口如图 10－35 所示，并与前面的结果进行比较。

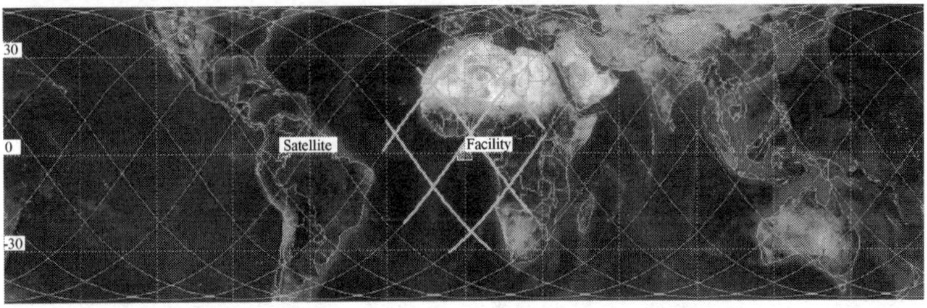

图 10－35　二维显示

Refracted elevation and Range 的计算依赖于选择的 Refraction model。打开 Receiver 的 Basic/Refraction 属性页，可以将 Refraction 选择为 4/3 Earth Radius Method。

清除对 Refracted Elevation 的 Min 和 Refraction model 所作的设置。

10.4.3.7　系统噪声温度限制

系统噪声温度限制可以通过 Receiver 的 Constraints/Noise 属性页进行设置，将 System Noise Temperature 框架中的 Max 设置为 200 K，卫星在系统噪声温度不高于 200 K 的轨道位置才能与地面建立通信链路。此时得到的二维可视化窗口如图 10－36 所示，并与前面的结果进行比较。

与其他通信限制相比较，系统噪声温度限制不能通过发射机功率和接收机增益的调整来改进，但是可以通过接收机天线的极化（Polarization）方式调整进行改进。打开 Receiver 的 Medium Receiver Model 对话框，选择任意一种极化方式（Linear），此时得到的二维可视化窗口如图 10－37 所示，并与前面的结果进行比较。这是因为天线的极化方式几乎可以将系统噪声温度降低一半。

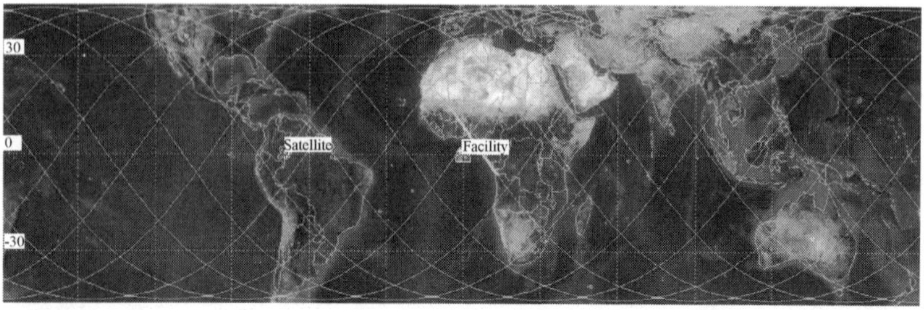

图 10—36　二维显示

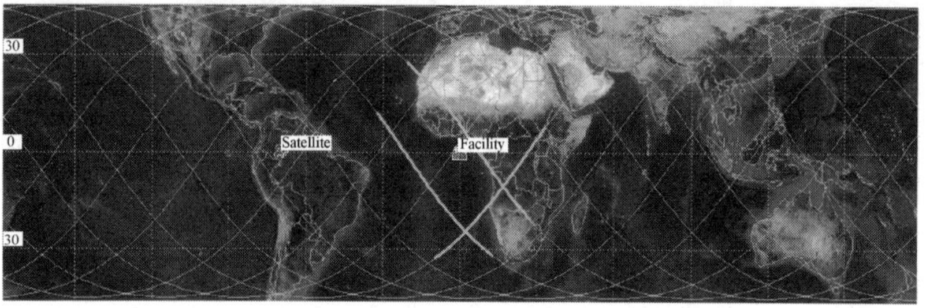

图 10—37　二维显示

清除对 System Noise Temperature 的 Max 和 Receiver 的 Polarization 所作的设置。

10.5　星间链路半实物仿真

为了开展星间链路干扰半实物仿真实验，设计了星间链路半实物仿真系统，由发射模块、干扰模块和接收模块组成。其中，发射模块产生星间微波链路的各种通信信号，干扰模块仿真各种干扰信号，接收模块对信号进行接收处理，并评价通信的质量。

各模块的功能均由软件系统和微波实验设备（实物）共同完成，其中实物部分的通信信号由安捷伦公司的 Agilent E4438C 矢量信号源（Vector Signal Generator，VSG）产生，用软件无线电产生干扰的中频信号，通过罗德 & 施瓦茨公司的 RS SMR40 产生射频信号，经合路后送入 Agilent 89600S 矢量信号分析仪（Vector Signal Analyzer，VSA）对接收信号进行分析处理，评价整个星间链路性能。具体如图 10—38 所示。

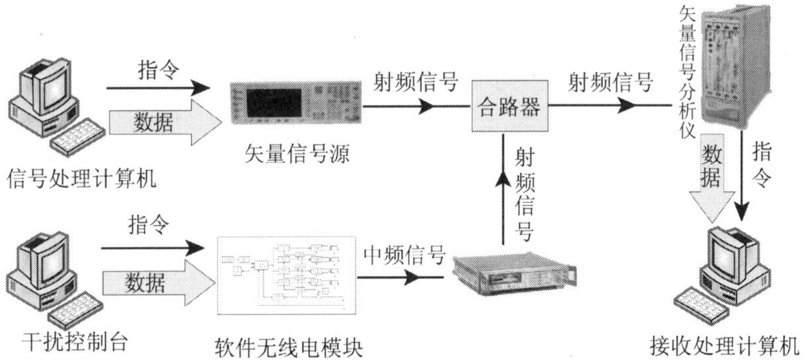

图 10—38　实物连接图

如图 10—39 所示，软件系统按功能分为系统选择模块、信号产生模块、链路模拟模块和实物接口模块。系统选择模块决定系统的工作频率、业务类型、调制方式等参数，将微波链路特性具体化，设计用户界面、建立可扩充的参数库，为信号产生和链路模拟数学模型提供数据；信号产生模块产生各种通信信号的基带形式；链路模拟模块对系统选择模块确定的微波链路的特性进行定量计算；实物接口模块将信号产生模块和链路模拟模块产生的试验数据转化为实物系统的控制参量，实现对实物的控制和软硬件间的匹

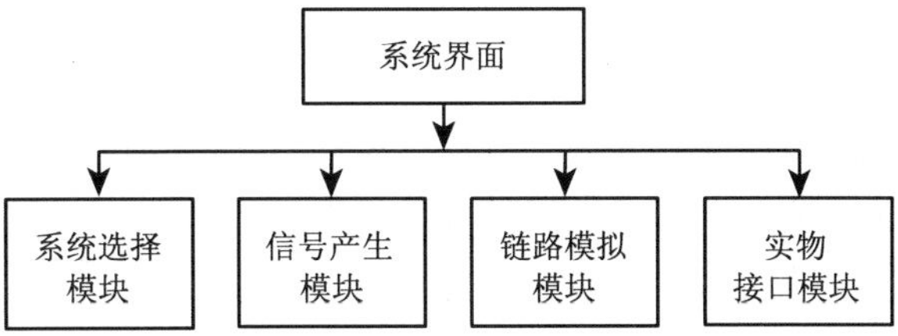

图 10—39　软件系统结构图

配。这里对软件系统的划分是为了体现系统的可组合性，提炼系统在应用配置时的控制点，该划分方法具有一定的通用性，可指导半实物仿真系统各模块软件结构的设计。

10.5.1　发射模块

发射模块由信号处理计算机和矢量信号源组成，计算机和信号源通过 USB/GPIB 连接，实现数据和指令的传输。信号处理计算机中运行“微波链路发射控制台”仿真软件，软件的系统选择模块根据发射模块特点作了具体的定义和详细的划分，在完成信号波形设计和实物控制后，还要将系统选择模块中用户设定的参数通过计算机网络向干扰模块和接收模块传送，以保证系统各模块间参数设置的一致性和动态配置性。发射模块软件结构如图 10－40 所示。

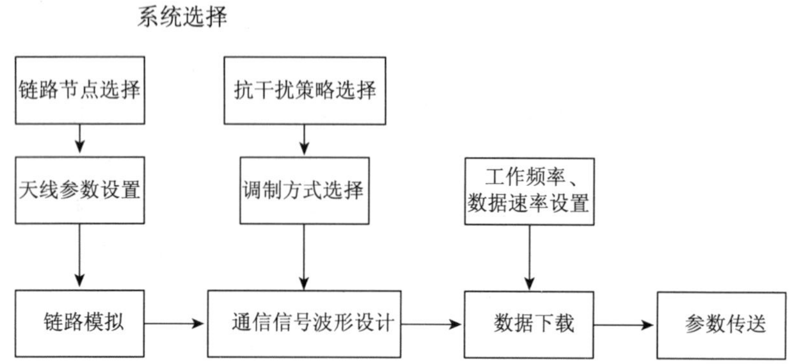

图 10－40　发射模块软件结构

10.5.1.1　系统选择

用户可通过主菜单选择“指定系统仿真”或者“用户自定义”两种模式进行仿真。在“指定系统仿真”模式下，用户可以选择现有卫星通信系统的某条链路进行仿真；在“用户自定义”模式下，用户可根据当时仿真的需要，手动输入包括链路节点轨道参数、通信频率、数据速率、调制方式、发射功率以及收发天线参数等各通信链路数据，也可根据软件操作说明将上述参数按照指定格式导入软件进行仿真。在仿真结束关闭软件时，会提示用户是否保存自定义参数，一方面方便了操作减少重复输入，另一方面也对单系统多用户情况作了简单的保密控制。

10.5.1.2 链路模拟

链路模拟部分主要完成空间微波链路中各种相关的增益、损耗等的数值计算，为其他环节提供数据。

根据用户选择/输入的通信节点轨道参数，可以计算出链路节点的距离，进而计算出微波链路的传输损耗，根据天线参数可以计算发射天线和接收天线的增益，进而可得到接收机输入端的载波功率。

10.5.1.3 通信信号产生

扩展后的 E4438C 矢量信号源可以产生最高频率为 20 G 的射频信号，并且可以产生 AM，FM，2PSK，QPSK 等多种标准调制信号，也可通过 USB/GPIB 下载基带信号至其内存，由其完成到射频的调制工作。

通信信号产生的具体流程为：在信号处理计算机中，待传信号经过处理变为二进制比特流，经过调制映射变为 I 和 Q 两路数据符号，每一符号映射为星座图中的一个对应点；每一路数据再经滤波器滤波以减少符号间干扰；滤波后的 I 和 Q 基带数据连同带有射频频率和幅度/功率信息的控制指令通过 USB/GPIB 接口一同下载到 E4438C 中。矢量信号源先将收到的 I 和 Q 数据存储至内部存储器，再读取控制指令中的射频参数，对硬件进行相应设置，最后读取其内存中已下载的数据，调制并发送。方案设计中，我们根据微波链路数学模型，通过仿真软件完成了链路模拟工作，预计出微波链路环境下信号的各级增益和各种衰减，得到接收机输入端的信号功率，因此下载到矢量信号源的指令中的功率指令，即信号源的发射功率就是接收机输入端的信号载波功率。图 10－41 是通信信号产生的原理框图，图 10－42 是矢量信号源产生的 QPSK 信号及其矢量。

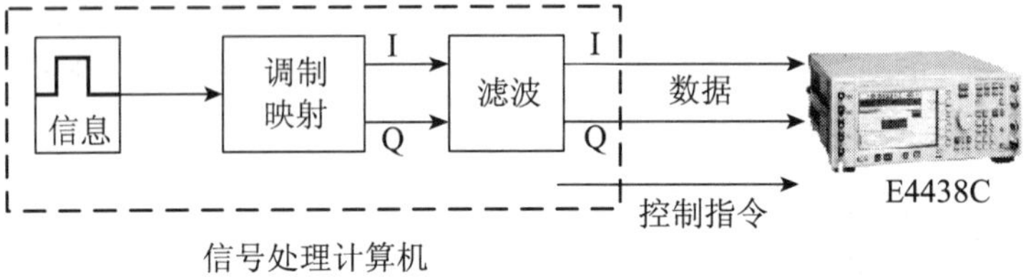

图 10—41　通信信号产生原理框图

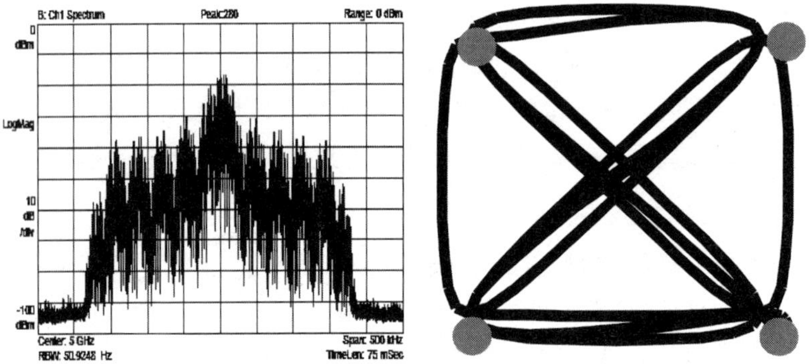

(a) QPSK信号　　(b) 矢量图

图 10—42　矢量信号源产生的 QPSK 信号及其矢量图

10.5.1.4　数据下载和文件发送

软件的实物接口模块通过专用的 USB/GPIB 接口，与矢量信号

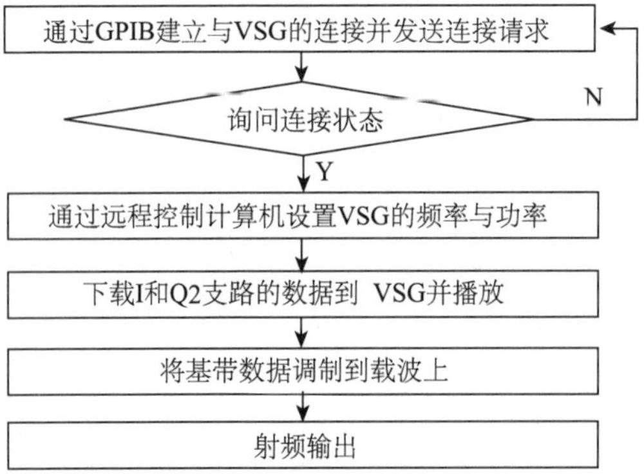

图 10—43　远程控制下载流程

源的内部控制模块建立连接，将链路模拟模块计算出的微波链路状态参量转化为对仪器的控制参量，按照设备远程控制的协议向矢量信号源发送控制信息，设置其工作频率、信号幅度等参数，然后根据同步的需要对数据进行必要的处理；随后将基带数据下载到信号源内存；待数据全部下载完毕后，向信号源发指令控制其调制载波，激活射频输出（RF ON），信号源进入工作状态。图 10－43 为信号处理计算机下载基带数据并远程控制信号源将基带信号变为射频信号的流程图。

10.5.2　接收模块

接收模块由接收处理计算机和矢量信号分析仪组成，计算机和信号分析仪通过 1394 接口连接，实现数据和指令的传输。接收处理计算机中运行矢量信号分析仪配备的信号分析软件 VSA，对信号进行解调处理。同时还运行半实物系统的接收仿真软件，完成数据接收、系统配置和误码率计算等工作，其工作流程如图 10－44 所示。

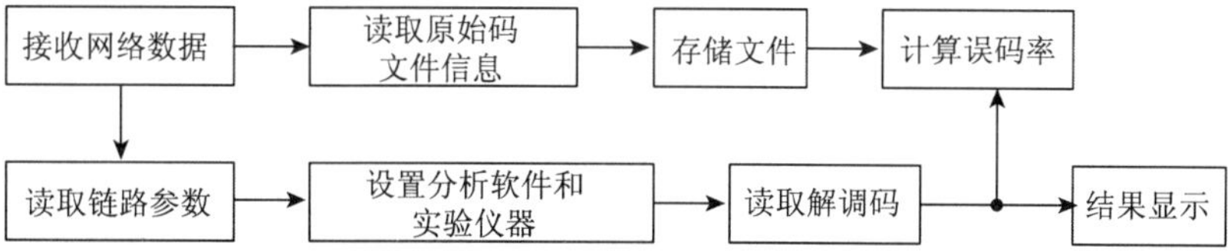

图 10－44　接收模块软件工作流程

10.5.3　干扰模块

干扰模块由干扰控制计算机和 SMR40 信号源组成，干扰控制计算机中运行“微波链路干扰控制台”仿真软件。软件完成参数处理、链路模拟和干扰信号设计等工作，其结构如图 10－45 所示。

仿真实验的结果如图 10－46 和图 10－47 所示，分别给出了干扰实施前后接收信号的星座图和频谱的变化对比。

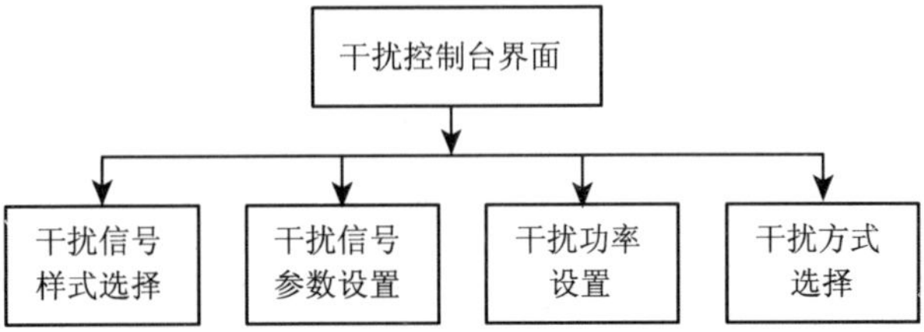

图 10—45 干扰模块软件结构

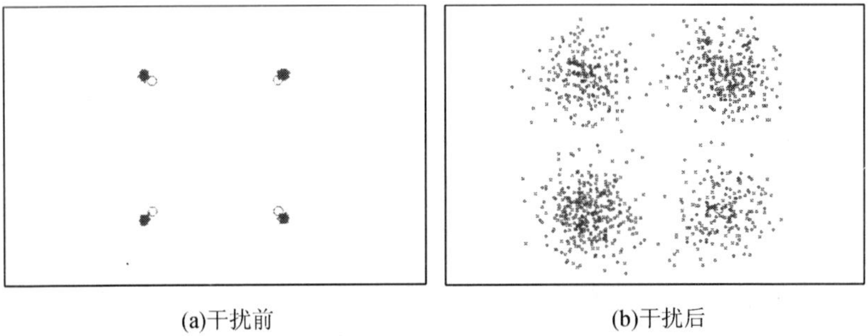

图 10—46 实施抗干扰前后的星座图

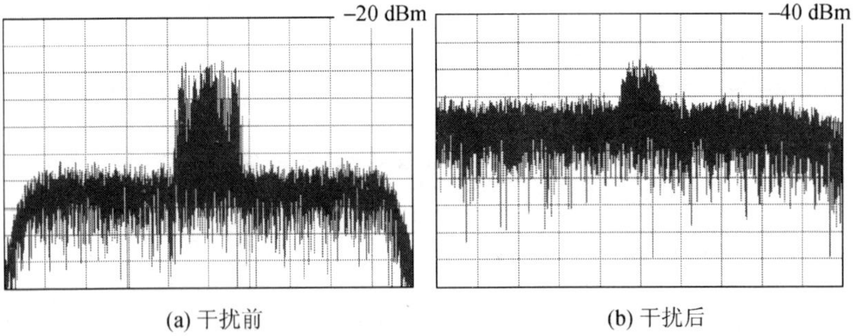

图 10—47 实施抗干扰前后的频谱

第 11 章　空间信息网络路由仿真

11.1　空间信息网络路由仿真概述

网络仿真技术是通过建立网络设备和网络链路的统计模型，并模拟网络业务的传输，从而获取网络设计或优化所需要的网络性能数据的仿真技术。由于仿真不是基于数学计算，而是基于统计模型，因此，需要准确再现统计复用的规律。网络仿真技术具有以下特点：

1）全新的模拟实验机理使其具有在高度复杂的网络环境下得到较高可信度的结果；

2）网络仿真的预测功能是其他任何方法都无法比拟的；

3）使用范围广，既可以用于现有网络的优化和扩展，也可以用于新网络的设计，而且特别适用于中大型网络的设计和优化；

4）初期应用成本不高，而且建好的网络模型可以延续使用，后期投资还会不断下降。

当前较为流行的网络仿真软件有 OPNET，NS2，MLDesigner，QualNet（Glomosim），Matlab，CASSAP，SPW 等。

路由协议作为空间信息传输技术研究的一个重要方面，也是网络仿真技术的重要研究对象。相对于成熟的地面网络路由技术，空间信息网络路由技术仍然处于发展阶段，其研究手段也非常有限，虽然众多网络仿真软件提供了一定的支持，但还远未达到研究人员的要求。因此，在这些专业网络仿真软件的基础上进行深入开发，对开展空间信息网络传输仿真研究是必要的。本书将对基于 OPNET，NS2，MLDesigner 等软件的空间信息网络路由仿真进行介绍。

另外，针对较多实体的大系统仿真，由于数据分布等问题，传统的集中式仿真技术遇到了极大挑战，于是采用分布式计算机仿真技术来解决这些问题。高层体系结构（HLA）是1995年美国国防部（DOD）发布的建模与仿真大纲中第一个目标开发建模和仿真通用技术框架中的首要内容，其主要目的是促进仿真应用的互操作性和仿真资源的可重用性。1996年10月，美国国防部正式规定HLA为国防部范围内仿真项目的标准技术框架，开始推行HLA，并以其替代原有的DIS，ALSP等标准，同时提交IEEE，作为IEEE1516发布。本书将介绍基于HLA的分布式空间信息网络路由仿真方法。

11.2 基于OPNET的空间信息网络路由仿真

11.2.1 OPNET简介

OPNET公司首个商用化产品为Modeler，在此基础上，OPNET公司又开发了其他产品，使得其产品种类更加丰富。目前，OPNET公司的产品除了Modeler外，还包括ITGuru，SPGuru，WDMGuru，OPNET Development Kit以及NetBizODK。Modeler主要面向研发，其目的是加速网络研发；ITGuru适用于大中型企业，用于智能化的网络设计、规划和管理；SPGuru相对于ITGuru在功能上更加强大，内嵌了更多的OPNET附加功能模块，包括流分析模块、网络医生模块、多提供商导入模块、MPLS模块；WDMGuru面向光纤网络的运营商和设备制造商，为其提供了管理WDM光纤网络、测试产品的虚拟光网络环境。OPNET开发包（OPNET Development Kit，ODK）和NetBizODK是一个更底层的开发平台，其中ODK为开发环境，NetBiz为运行环境，可以用于设计用户自定制的解决方案，定制开发用户的界面。本书主要介绍OPNET Modeler在空间信息网络路由仿真中的应用。

11.2.1.1 离散事件仿真机制

OPNET采用了离散事件驱动（Discrete Event Driven）的仿真

机制，只有网络状态发生变化时才推进仿真。与时间驱动相比，离散事件驱动的仿真机制具有更高的效率。仿真核心实际上为离散事件驱动的事件调度器（Event Scheduler），它对所有进程希望完成的事件和计划该事件发生的时间进行列表和维护；而事件调度器主要维护一个具有优先级的队列，它按照事件发生的时间对其中的工作排序，并遵循先进先出（FIFO）顺序执行事件。仿真结束的条件有 2 个：事件列表为空或仿真时间推进到仿真设定时间。

11.2.1.2　三层建模机制

OPNET 采用分层建模机制，提供了网络、节点、进程 3 个层次（也称 3 个域）的模型，如图 11－1 所示。其中，网络域从高层设备（即节点和通信链路）对系统进行规范，节点域从应用、模块、队列和通信接口对节点的功能进行规范，进程域对系统内节点所含进程的行为进行规范。

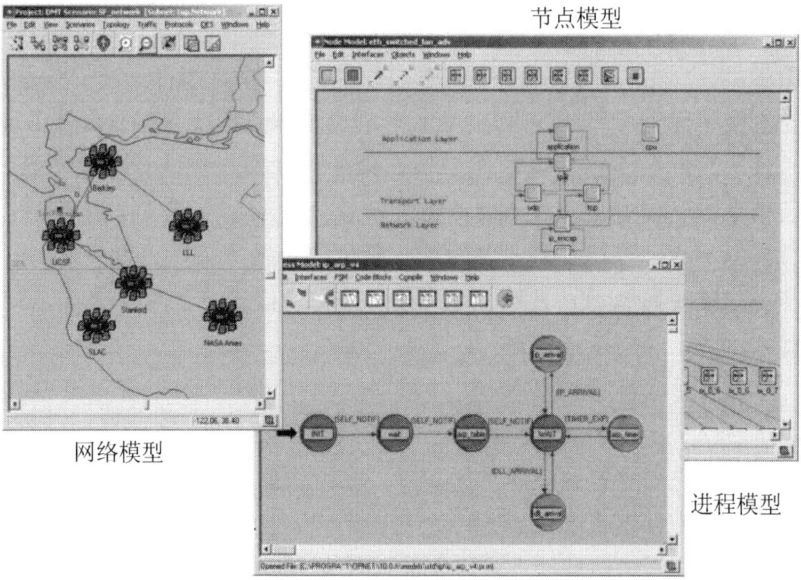

图 11－1　OPNET 3 层建模机制

11.2.1.3 通信机制

OPNET 为了模拟实际通信系统的通信媒介，提供了基于包的通信、使用接口控制信息的通信和基于链路的通信等通信机制。

(1) 基于包的通信

基于包的通信是最接近实际通信形式的方式，通过基于包的建模机制模拟实际通信网络中信息的流动，包括网络设备间的信息交互和设备内部的信息处理。

(2) 使用接口控制信息的通信

使用接口控制信息（Interface Control Information，ICI）的通信机制类似于基于包的通信机制，但接口控制信息数据结构比包结构更简单，只包含用户自定义的域而不存在封装的概念。接口控制信息是与事件关联的用户自定义的数据列表，以事件为载体，可以用在各种有关事件调度的场合。OPNET 通过安装将接口控制信息与事件关联起来。

(3) 利用统计量进行通信

对于一些特定类型的进行少量信息传输的应用而言，利用数据包流就显得过于复杂。因为数据包流要经过一个完整的创建、传输、处理、销毁等过程。OPNET 提供了非常简单的接口，用于在模块间传输单独的数字值，该接口由节点域中的对象——统计线来完成，待通信的值称为统计量。统计线最普遍的应用之一是使得用户所定义的进程能够获知同一节点内其他模块的状态，尤其适用于动态监控其他模块的应用。另外，统计线可以作为信号量，用于实现不同模块进程的底层信令机制。

(4) 基于链路的通信

OPNET 支持 3 种链路形式，分别是点对点链路、总线链路、无线链路。点对点链路（单工、双工）和总线链路属于有线链路，点对点链路连接单个源节点到单个目的节点，总线链路连接一组固定的节点；无线链路理论上可以允许所有节点彼此通信。OPNET 采用了一系列管道阶段对通信链路进行模拟。

有线链路需要设定所支持的包格式，并且与收发机所支持的包格式要一致。OPNET 支持的有线链路有 3 类，分别是点对点单工链路、点对点双工链路和总线链路。点对点链路涉及 4 个传输管道阶段：传输延时、传播延时、错误分配和错误纠正，如图 11－2 所示；总线链路涉及 6 个传输管道阶段：传输时延、链路闭锁、传播时延、冲突检测、错误分配和错误纠正，如图 11－3 所示。无线链路涉及 14 个传输管道阶段：接收机组、传输时延、链路闭锁、信道匹配、发射机天线增益、传播时延、接收机天线增益、接收机功率、背景噪声、干扰噪声、信噪比、误比特率、错误分布、纠错，如图 11－4 所示。

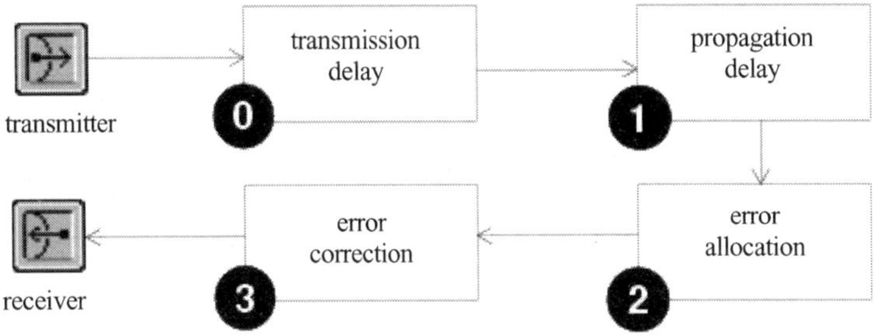

图 11－2　点到点链路传输管道阶段

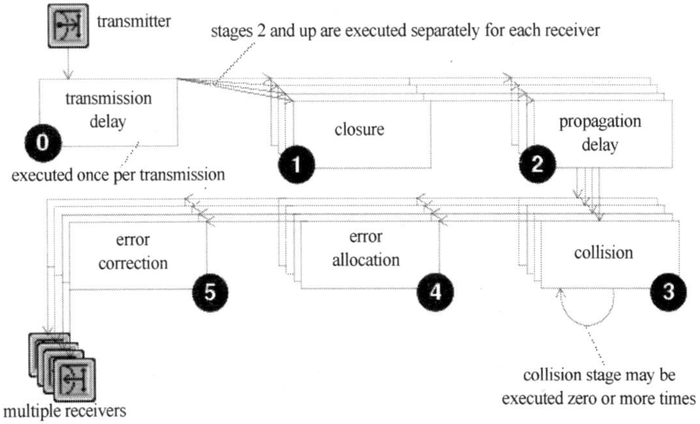

图 11－3　总线链路传输管道阶段

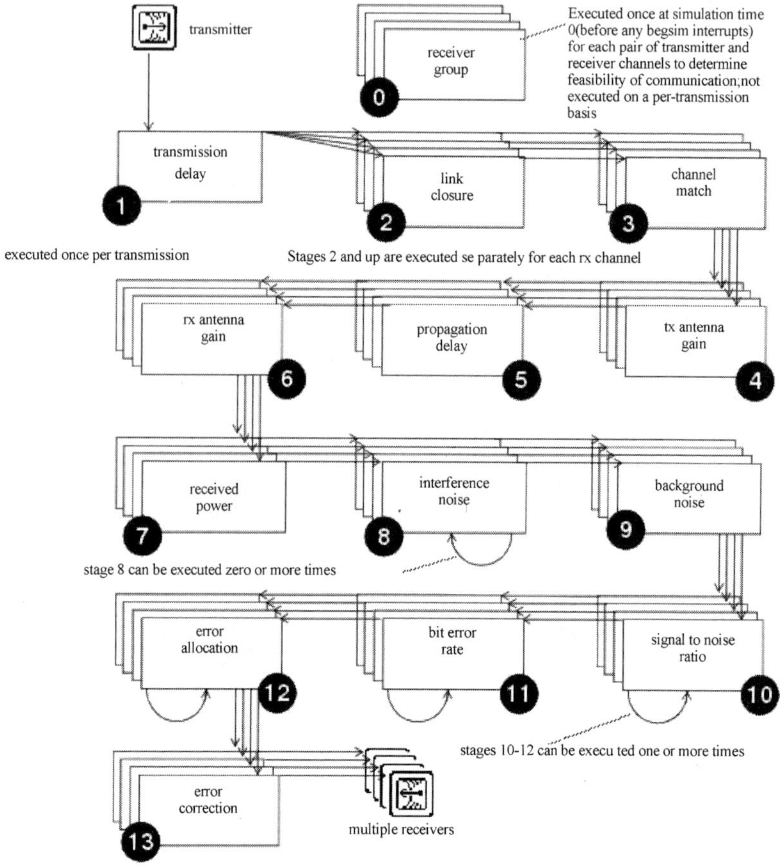

图 11 4 无线链路传输管道阶段

11.2.1.4 OPNET 对卫星轨道的支持

卫星节点通过卫星轨道确定位置，OPNET 通过导入 STK（Satellite Tools Kit）软件生成的轨道文件来确定仿真时的卫星节点位置。如果需要卫星位置，仿真核心将基于卫星轨道文件中的点来计算卫星的当前位置，中间值通过在轨道文件中的抽样值进行线性插值计算而来。OPNET 提供了 op _ vuorb 工具来分析和验证卫星运行轨道，如图 11—5 所示。

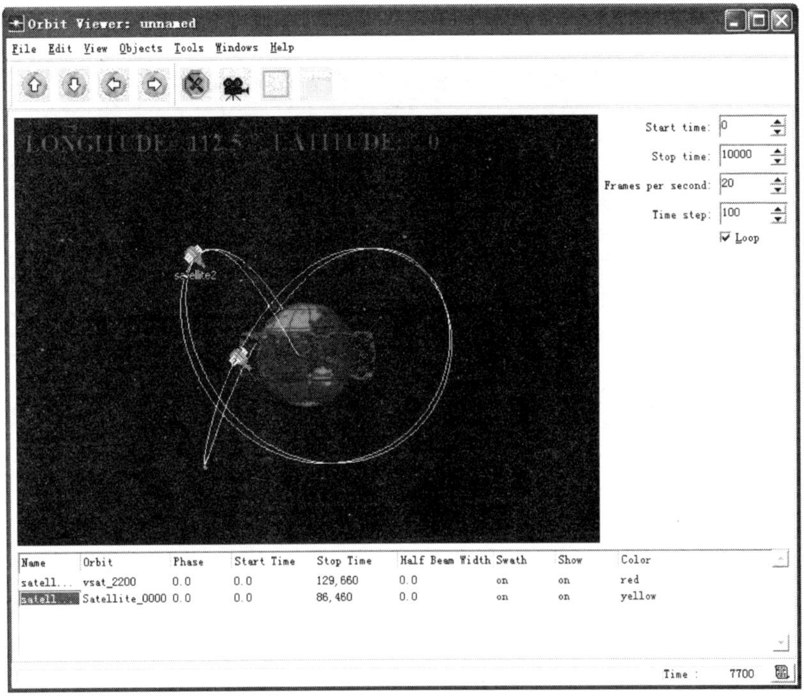

图 11—5　op _ vuorb 界面

在 OPNET 中创建卫星节点有 2 种方法：1）点击菜单 Topology>Import STK Orbit…，然后导入 STK 轨道文件即可（*.v 或 *.sa)；2）先添加卫星节点，然后在卫星节点的 Attributes 对话框中选择轨道文件（选中 Advanced)。

如果没有 STK 生成的轨道文件，OPNET 可以通过进程模型控制节点的位置，从而对卫星运动提供支持。卫星节点位置可以通过笛卡儿坐标以及经度、纬度、高度进行描述，OPNET 提供的核心函数 op _ ima _ obj _ pos _ set _ geocentric（objid，x，y，z)，op _ ima _ obj _ pos _ set _ geodetic（objid，lat，lon，alt）可以对这些值进行设置。通过进程模型来控制卫星位置有 2 种方式：一种是分布式控制，每颗卫星自己计算并调整自己的位置；另一种是集中式控制，通过单独创建一个进程来计算、调整仿真中所有的卫星节点位置

（图 11－6）。

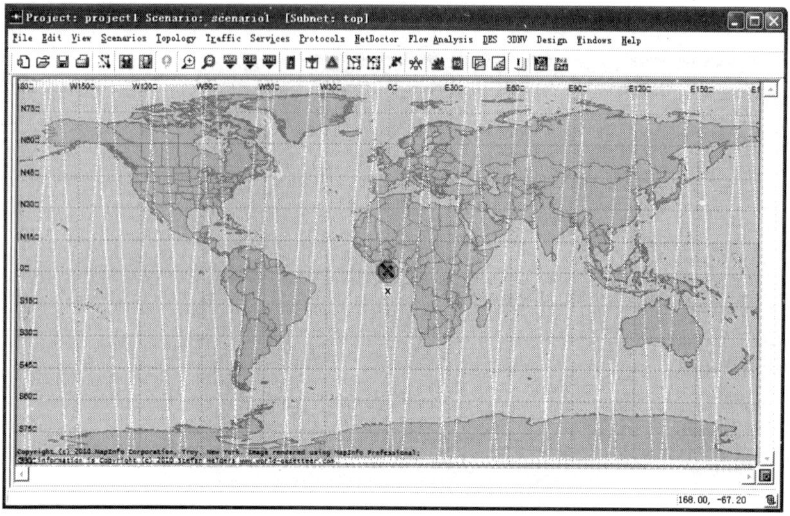

图 11－6 在 STK 中导入卫星轨道文件

11.2.1.5 OPNET 动画演示

OPNET 在仿真时收集的动画不支持无线数据包的显示，因此也不支持卫星路由仿真时的动画显示。但是通过自定义动画显示程序，我们可以使 OPNET 支持个性多样的卫星路由仿真动画显示，如图 11－7 所示。

鉴于篇幅，这里只对 OPNET 及 OPNET 对卫星路由仿真的支持进行了简单的介绍，具体详细的介绍请见参考文献中的 OPNET 相关资料。

11.2.2 基于 OPENT 的低轨道通信卫星网络仿真示例

本例的通信卫星网络由 66 颗低轨道通信卫星（类似于 Iridium 系统）和 2 个地面通信站（Shanghai，New York）组成。卫星网络使用虚拟拓扑路由策略，该策略利用卫星网络拓扑结构的周期性和可预测性，把一个系统周期 T 分割成 N 个时间间隔。在每个时间间

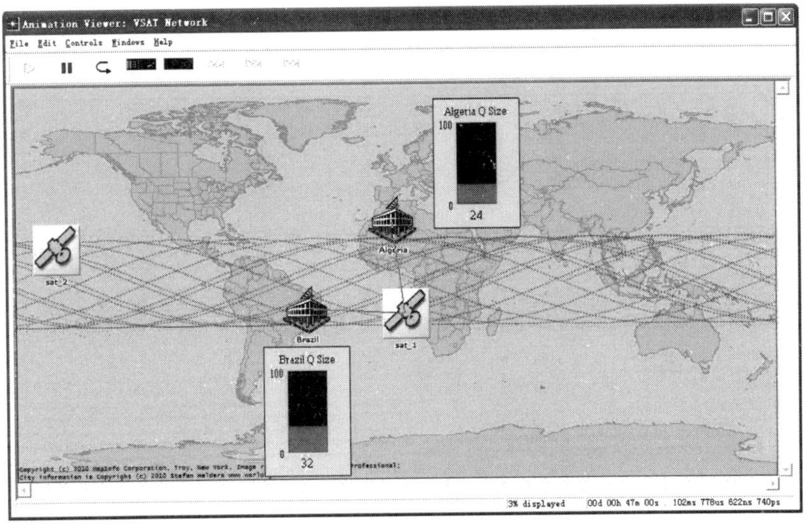

图 11—7　卫星二维动画显示

隔内，认为卫星网络的拓扑结构是静态不变的，从而应用最短路径算法为网络中的每对节点计算路径。在每个时间间隔的交接处进行网络拓扑及路由的更新。地面通信站 Shanghai 通过 Iridium 网络向地面通信站 New York 发送业务。

11.2.2.1　网络域建模

整个网络由 66 颗低轨道通信卫星和 2 个地面通信站组成，网络拓扑结构如图 11—8 所示。

11.2.2.2　节点域建模

仿真场景中共有 2 种类型的通信节点，分别是低轨道卫星节点和地面通信站节点，它们的节点模型分别如图 11—9 和图 11—10 所示。

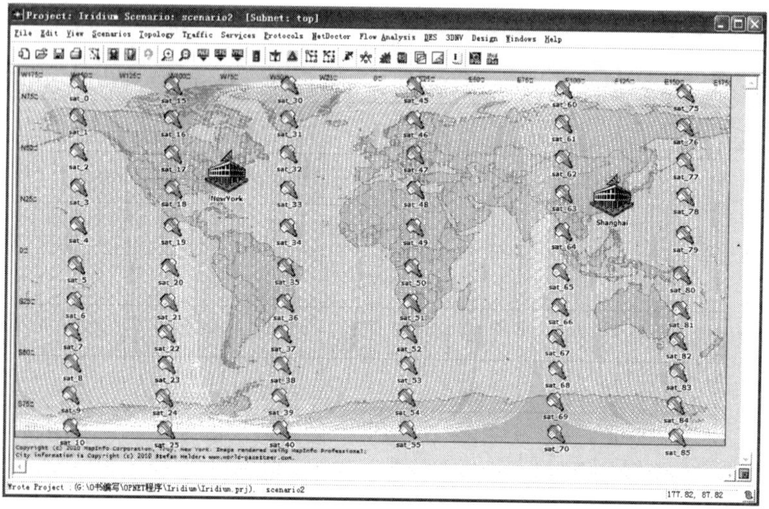

图 11—8　全网拓扑结构

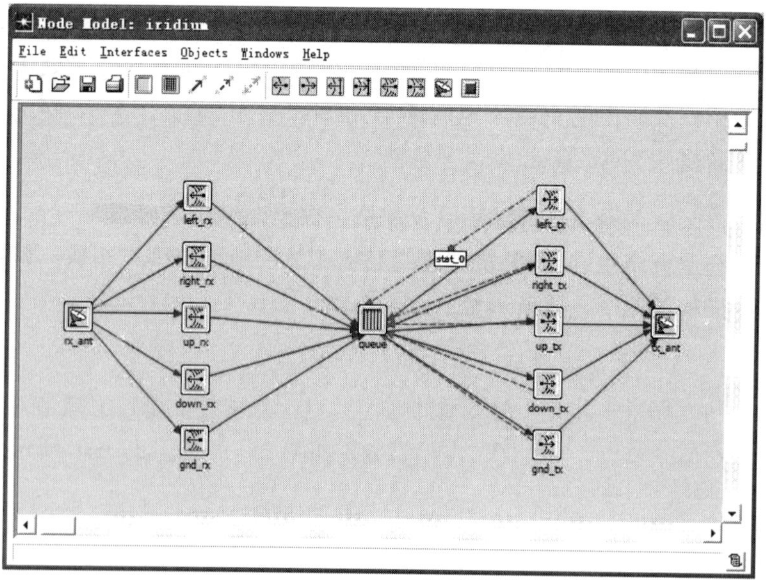

图 11—9　卫星节点模型

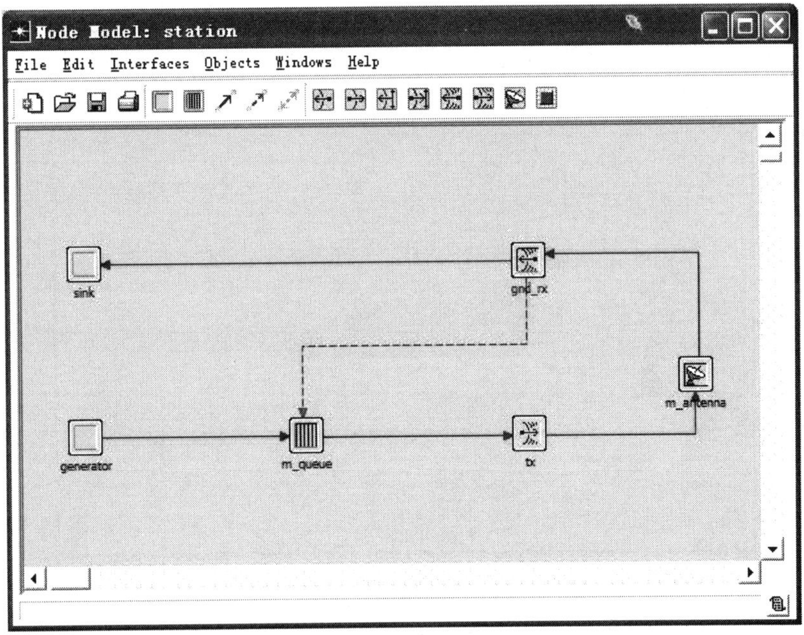

图 11—10　地面通信站节点模型

11.2.2.3　进程域建模

仿真所涉及的进程模型主要有：卫星的队列进程模型（负责数据包的接收、路由表的计算以及数据包根据路由表的转发）、地面通信站的业务产生进程模型（主要负责产生仿真业务）、地面通信站的队列进程模型（主要负责数据包的存储和发送）、地面通信站的业务销毁进程模型（主要负责数据包的销毁），分别如图 11－11～图 11—14所示。

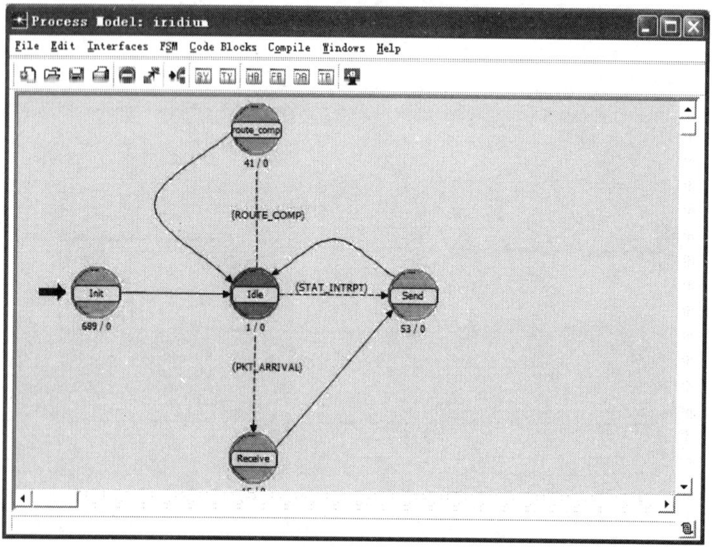

图 11－11　卫星队列进程模型

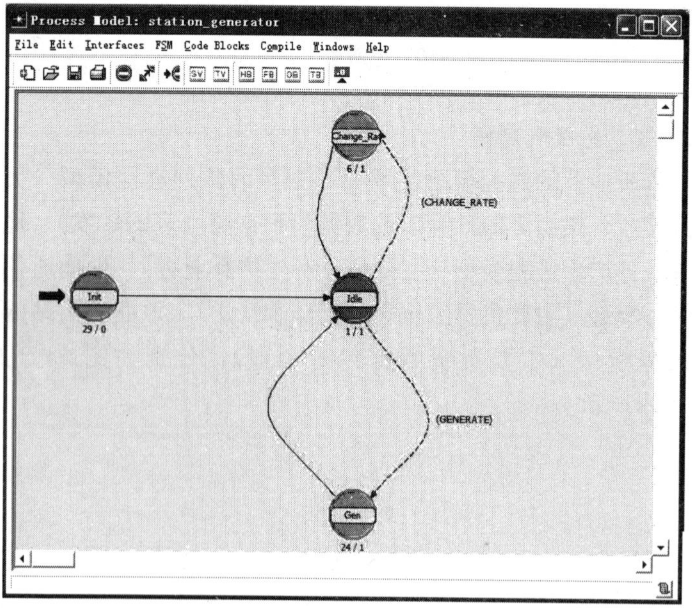

图 11－12　地面通信站业务产生进程模型

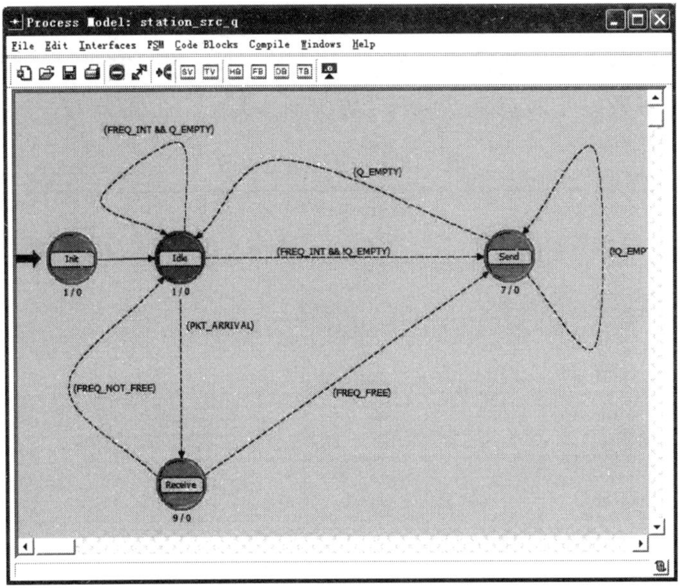

图 11—13　地面通信站队列进程模型

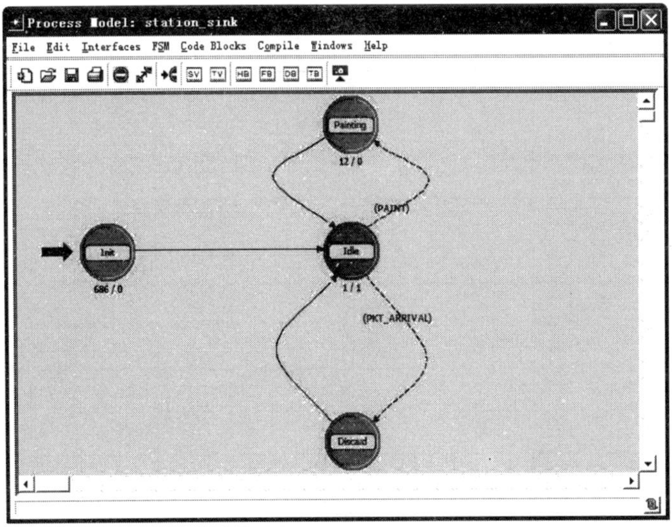

图 11—14　地面通信站业务销毁进程模型

11.2.2.4 仿真设置

卫星节点的位置采用了 STK 生成的 *.sa 轨道文件，卫星节点的轨道根数以及地面通信站的设置分别如表 11－1 和表 11－2 所示。

表 11－1 卫星轨道根数

name	Semimajor Axis/km	Eccentricity	Inclination/(°)	Argument of Perigee/ (°)	RAAN/(°)	True Anomaly/ (°)
Sat _ 0	7 158.137	0	86.4	0	0	0
Sat _ 1	7 158.137	0	86.4	0	0	32.73
Sat _ 2	7 158.137	0	86.4	0	0	65.45
Sat _ 3	7 158.137	0	86.4	0	0	98.18
Sat _ 4	7 158.137	0	86.4	0	0	130.91
Sat _ 5	7 158.137	0	86.4	0	0	163.64
Sat _ 6	7 158.137	0	86.4	0	0	196.36
Sat _ 7	7 158.137	0	86.4	0	0	229.09
Sat _ 8	7 158.137	0	86.4	0	0	261.82
Sat _ 9	7 158.137	0	86.4	0	0	294.55
Sat _ 10	7 158.137	0	86.4	0	0	327.27
Sat _ 15	7 158.137	0	86.4	0	31.6	16.36
Sat _ 16	7 158.137	0	86.4	0	31.6	49.09
Sat _ 17	7 158.137	0	86.4	0	31.6	81.82
Sat _ 18	7 158.137	0	86.4	0	31.6	114.55
Sat _ 19	7 158.137	0	86.4	0	31.6	147.27
Sat _ 20	7 158.137	0	86.4	0	31.6	180.0
Sat _ 21	7 158.137	0	86.4	0	31.6	212.73
Sat _ 22	7 158.137	0	86.4	0	31.6	245.45
Sat _ 23	7 158.137	0	86.4	0	31.6	278.18
Sat _ 24	7 158.137	0	86.4	0	31.6	310.91
Sat _ 25	7 158.137	0	86.4	0	31.6	343.64
Sat _ 30	7 158.137	0	86.4	0	63.2	0

续表

name	Semimajor Axis/km	Eccentricity	Inclination/ (°)	Argument of Perigee/ (°)	RAAN/ (°)	True Anomaly/ (°)
Sat _ 31	7 158. 137	0	86. 4	0	63. 2	32. 73
Sat _ 32	7 158. 137	0	86. 4	0	63. 2	65. 45
Sat _ 33	7 158. 137	0	86. 4	0	63. 2	98. 18
Sat _ 34	7 158. 137	0	86. 4	0	63. 2	130. 91
Sat _ 35	7 158. 137	0	86. 4	0	63. 2	163. 64
Sat _ 36	7 158. 137	0	86. 4	0	63. 2	196. 36
Sat _ 37	7 158. 137	0	86. 4	0	63. 2	229. 09
Sat _ 38	7 158. 137	0	86. 4	0	63. 2	261. 82
Sat _ 39	7 158. 137	0	86. 4	0	63. 2	294. 55
Sat _ 40	7 158. 137	0	86. 4	0	63. 2	327. 27
Sat _ 45	7 158. 137	0	86. 4	0	94. 8	16. 36
Sat _ 46	7 158. 137	0	86. 4	0	94. 8	49. 09
Sat _ 47	7 158. 137	0	86. 4	0	94. 8	81. 82
Sat _ 48	7 158. 137	0	86. 4	0	94. 8	114. 55
Sat _ 49	7 158. 137	0	86. 4	0	94. 8	147. 27
Sat _ 50	7 158. 137	0	86. 4	0	94. 8	180. 0
Sat _ 51	7 158. 137	0	86. 4	0	94. 8	212. 73
Sat _ 52	7 158. 137	0	86. 4	0	94. 8	245. 45
Sat _ 53	7 158. 137	0	86. 4	0	94. 8	278. 18
Sat _ 54	7 158. 137	0	86. 4	0	94. 8	310. 91
Sat _ 55	7 158. 137	0	86. 4	0	94. 8	343. 64
Sat _ 60	7 158. 137	0	86. 4	0	126. 4	0
Sat _ 61	7 158. 137	0	86. 4	0	126. 4	32. 73
Sat _ 62	7 158. 137	0	86. 4	0	126. 4	65. 45
Sat _ 63	7 158. 137	0	86. 4	0	126. 4	98. 18
Sat _ 64	7 158. 137	0	86. 4	0	126. 4	130. 91
Sat _ 65	7 158. 137	0	86. 4	0	126. 4	163. 64

续表

name	Semimajor Axis/km	Eccentricity	Inclination/ (°)	Argument of Perigee/ (°)	RAAN/ (°)	True Anomaly/ (°)
Sat _ 66	7 158. 137	0	86. 4	0	126. 4	196. 36
Sat _ 67	7 158. 137	0	86. 4	0	126. 4	229. 09
Sat _ 68	7 158. 137	0	86. 4	0	126. 4	261. 82
Sat _ 69	7 158. 137	0	86. 4	0	126. 4	294. 55
Sat _ 70	7 158. 137	0	86. 4	0	126. 4	327. 27
Sat _ 75	7 158. 137	0	86. 4	0	158. 0	16. 36
Sat _ 76	7 158. 137	0	86. 4	0	158. 0	49. 09
Sat _ 77	7 158. 137	0	86. 4	0	158. 0	81. 82
Sat _ 78	7 158. 137	0	86. 4	0	158. 0	114. 55
Sat _ 79	7 158. 137	0	86. 4	0	158. 0	147. 27
Sat _ 80	7 158. 137	0	86. 4	0	158. 0	180. 0
Sat _ 81	7 158. 137	0	86. 4	0	158. 0	212. 73
Sat _ 82	7 158. 137	0	86. 4	0	158. 0	245. 45
Sat _ 83	7 158. 137	0	86. 4	0	158. 0	278. 18
Sat _ 84	7 158. 137	0	86. 4	0	158. 0	310. 91
Sat _ 85	7 158. 137	0	86. 4	0	158. 0	343. 64

表 11—2 地面站设置

名 称	经度/ (°)	纬度/ (°)
Shanghai	121. 472 7	31. 247 9
New York	−73. 943 8	40. 669 8

本节主要研究卫星的虚拟拓扑路由，因此认为：只要存在链路，数据包就能从源节点安全到达目的节点。基于此思想，例子中的 rx-group model，closure model，chanmatch model，tagain model，ra-gain model，power model，bkgnoise model，inoise model，snr model，ber model，error model，ecc model 均设置为 NONE，txdel model 设置为 dra _ txdel，propdel model 设置为 dra _ propdel。为了能够使数据包从源节点顺利到达目的节点，通过函数 clear _ rx _ group（char tx _ name），dynamic _ rx _ group _ compute（char tx _ name）对当前所使用发射机对应的接收机组进行调整，如图 11－15 所示。发射机的数据率为 200 000 bps，包大小为 10 294 bit。

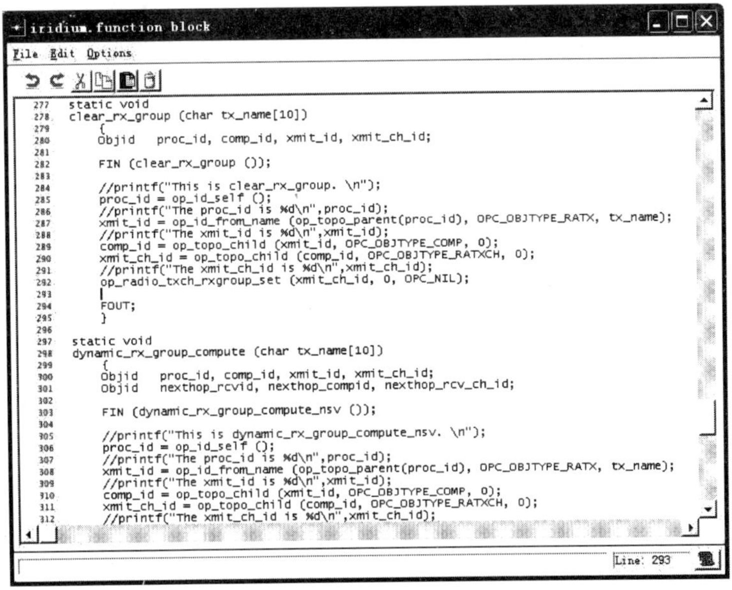


```
static void
clear_rx_group (char tx_name[10])
    {
    Objid   proc_id, comp_id, xmit_id, xmit_ch_id;

    FIN (clear_rx_group ());

    //printf("This is clear_rx_group. \n");
    proc_id = op_id_self ();
    //printf("The proc_id is %d\n",proc_id);
    xmit_id = op_id_from_name (op_topo_parent(proc_id), OPC_OBJTYPE_RATX, tx_name);
    //printf("The xmit_id is %d\n",xmit_id);
    comp_id = op_topo_child (xmit_id, OPC_OBJTYPE_COMP, 0);
    xmit_ch_id = op_topo_child (comp_id, OPC_OBJTYPE_RATXCH, 0);
    //printf("The xmit_ch_id is %d\n",xmit_ch_id);
    op_radio_txch_rxgroup_set (xmit_ch_id, 0, OPC_NIL);

    FOUT;
    }

static void
dynamic_rx_group_compute (char tx_name[10])
    {
    Objid   proc_id, comp_id, xmit_id, xmit_ch_id;
    Objid   nexthop_rcvid, nexthop_compid, nexthop_rcv_ch_id;

    FIN (dynamic_rx_group_compute_nsv ());

    //printf("This is dynamic_rx_group_compute_nsv. \n");
    proc_id = op_id_self ();
    //printf("The proc_id is %d\n",proc_id);
    xmit_id = op_id_from_name (op_topo_parent(proc_id), OPC_OBJTYPE_RATX, tx_name);
    //printf("The xmit_id is %d\n",xmit_id);
    comp_id = op_topo_child (xmit_id, OPC_OBJTYPE_COMP, 0);
    xmit_ch_id = op_topo_child (comp_id, OPC_OBJTYPE_RATXCH, 0);
    //printf("The xmit_ch_id is %d\n",xmit_ch_id);
```

图 11－15　接收机组调整函数

此外，在本例中认为星座不存在越缝链路，当卫星节点运行到高纬度地区（≥70°N 或≥70°S）时轨道间星间链路会断开。

11.2.2.5　结果分析

通过对发送地面通信站的发送流量和接收地面站的接收流量进行统计，可知所有的业务流量都从发送地面站顺利到达接收地面站，如图 11－16 所示。通过统计数据包时延，可知从地面站 Shanghai 至地面站 New York 的平均时延约为 270 ms，如图 11－17 所示。

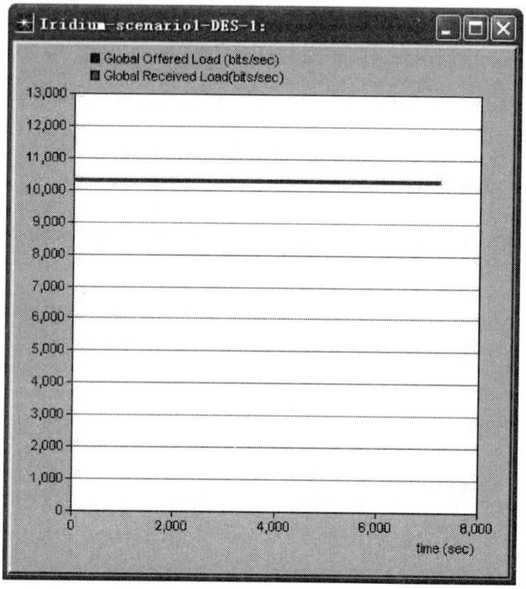

图 11－16　发送接收业务流量

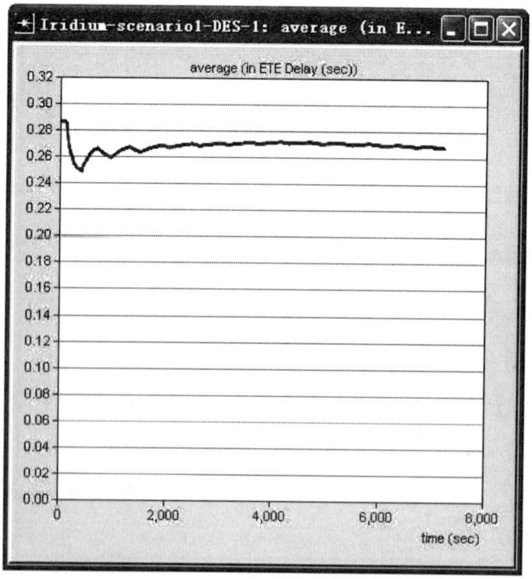

图 11－17　平均端到端时延

卫星运行到高纬度地区时，卫星间的相对速度越来越大，这将导致轨间星间链路的建立越来越困难。这里将纬度限制值从 70°调整至 85°进行了对比，如图 11—18 和图 11—19 所示（蓝色曲线对应纬度限制值为 70°，红色曲线对应纬度限制值为 85°）。从图中可知，端到端之间的时延没有多大改变，将纬度限制值提高增加了工程技术难度，但对端到端的时延影响不大。

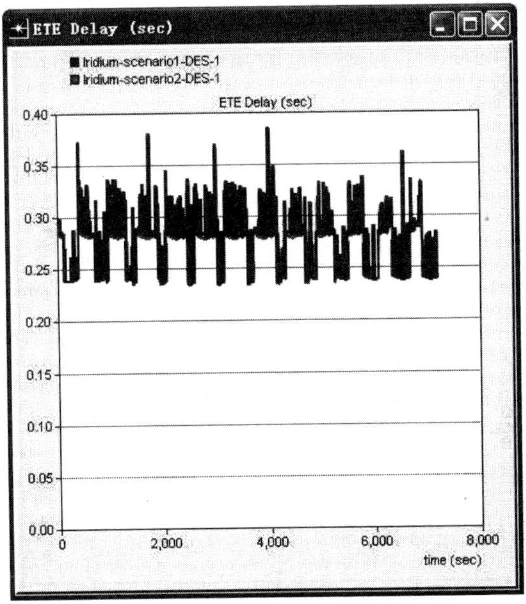

图 11—18　端到端时延对比

11.2.2.6　动画演示

利用 OPNET 提供的动画核心函数，可以添加自定义的动画演示，达到用户要求的显示效果，如图 11—20 和图 11—21 所示。动画显示 1 根据仿真的场景设置，显示了当前仿真时刻各节点的位置，其中以红色虚线显示了各卫星之间的星间链路。动画显示 2 显示了当前仿真时刻的业务传输路由，以蓝色线段标出（图中画圈部分）。可以看出，当前显示的传输路由为 Shanghai→sat _ 19→sat _ 18→sat _ 17→sat _ 2→sat _ 1→New York。

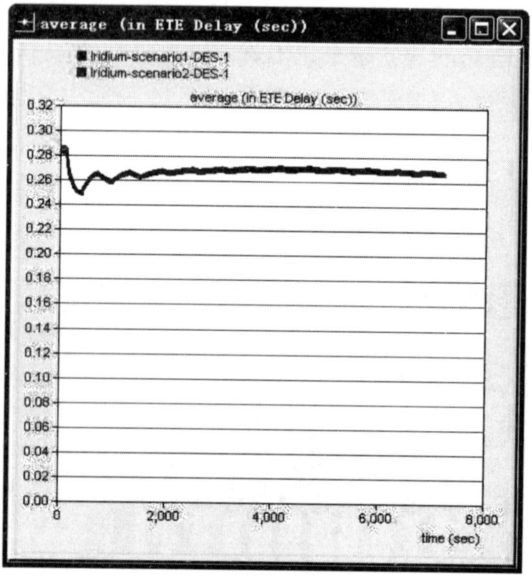

图 11－19　平均端到端时延对比

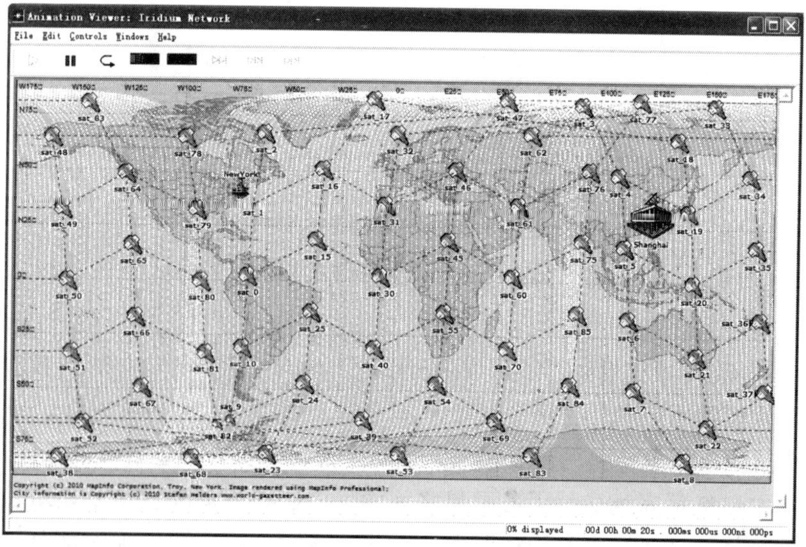

图 11－20　动画演示 1

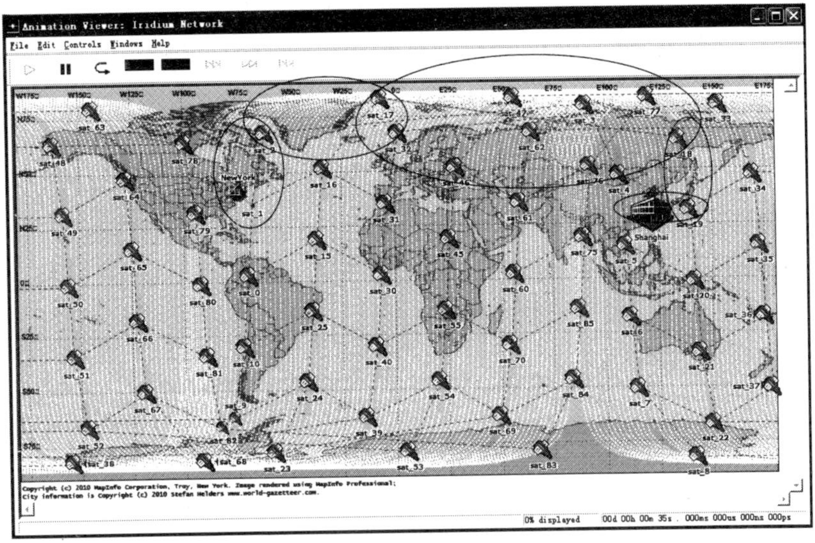

图 11—21　动画演示 2

11.3　基于 NS2 的空间信息网络路由仿真

11.3.1　NS2 仿真软件及其卫星仿真模块

11.3.1.1　NS2 仿真器

（1）NS2 历史

网络仿真软件 NS（Network Simulator）是美国劳伦斯·伯克利国家实验室（Lawrence Berkeley National Laboratory，LBNL）的网络模拟器，是一种离散事件仿真器。它源自于 REAL Network Simulator 仿真器，1989 年形成 NS1。

1995 年开始，NS 得到 VINT 项目的资助。VINT 项目的目的是开发仿真工具和支撑平台，来解决网络仿真中的网络规模和网络异构问题。劳伦斯·伯克利国家实验室，施乐 Palo Alto 研究中心（Xerox-PARC）、美国加利福尼亚大学伯克利分校（UCB）和美国商务部信息科学学院（USC/ISI）4 个研究机构在该项目中合作开发和完善了 NS2。NS2 对 NS1 的结构进行了重大调整，一是将太过复杂的对象分解成几个比较简单的组件，优化了组织结构，提高了灵活性；二是使用一种面向对象的 TCL 语言，即 OTCL（Object Oriented Tool Command Language）作为配置接口；三是将解释器（OTCL）的接口代码从模拟器的主程序中分离出来。目前，NS 由美国商务部信息科学学院维护，并且得到美国国防部先进项目研究局（DARPA）的 SAMAN 和国家自然科学基金（NSF）的 CONSER 2 个项目的资助。

（2）NS2 结构

NS2 主要利用 C++和 OTCL 2 种编程语言实现，其中底层采用的是 C++语言，用来实现计算量较大、功能复杂的底层模块。这是因为底层的设计目的是性能和功能，要求一种可以很快地处理字节和数据包头的系统语言，例如链表的生成和遍历、时间的设置和触发等大量底层的模块，以及模块内部的成员函数必须采用一种高效的编程语言来编写，生成直接可以运行的二进制代码；另外，为了描述模块之间的关系，这种语言要支持面向对象编程，因此采用了 C++语言。

人机交互的接口由 OTCL 提供，在仿真中可以通过简单的 TCL 编程进行网络各项参数的配置。这是因为当底层的模块和功能实现以后，仿真时必须采用一种简单、快速、灵活的语言来进行仿真的交互工作，要能很容易地实现灵活的参数配置，来满足大量的不同情况的仿真实验，而程序的执行速度不是关键；另外，要求这种语言有很好的面向对象和可扩充性，因此采用了 OTCL 语言。

需要说明的是，OTCL 作为一种脚本语言，具有简单、灵活的特点；而作为一种面向对象的语言，可根据需要建立多个类库，并能够针对不同的应用，将各个模块灵活组织在一起，构建应用系统。在 NS2 中，OTCL 建立了与 C++编写的底层模块相对应的 OTCL 类库，例如事件调度器、网络组件对象类库和网络初始化模块等，形成了 NS2 特有的 C++/OTCL 分裂对象模型，如图 11—22 所示。

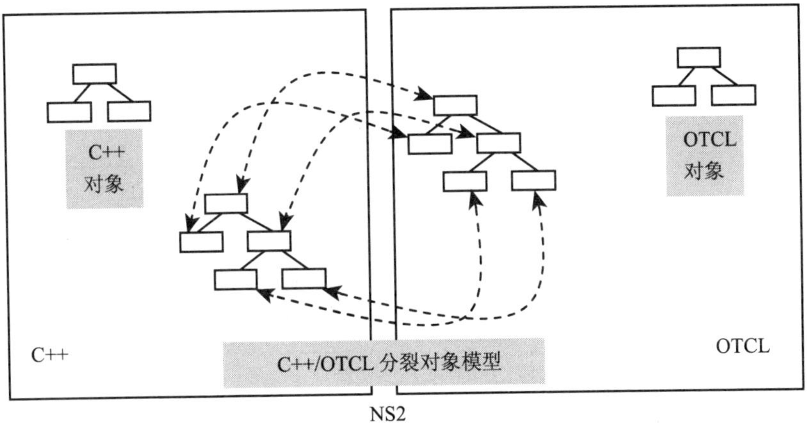

图 11－22　NS2 的 C＋＋/OTCL 分裂对象模型

NS2 中，C＋＋与 OTCL 的关系大体上可以这样理解：C＋＋编写的仿真模块通过 OTCL 语言组装在一起；而 C＋＋和 OTCL 语言之间的交互通过 TCLCL（TCL C＋＋ Link）来实现。这一关系可参考图 11－23 的 NS2 整体结构图理解。

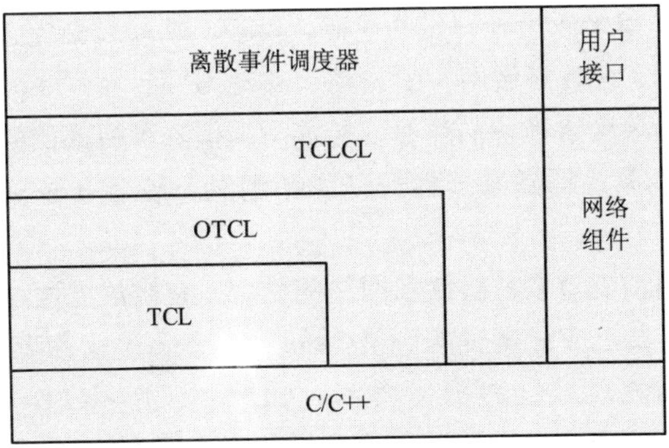

图 11－23　NS2 整体结构图

NS2 针对网络仿真对象，构建了应用（Application）、代理 Agent以及物理（Node、Link）3 层仿真协议栈模型，较好解决了网络仿真对象的抽象建模问题，其与 TCP/IP 4 层协议栈和 OSI 7 层协议栈模型大致对应关系如图 11－24 所示。

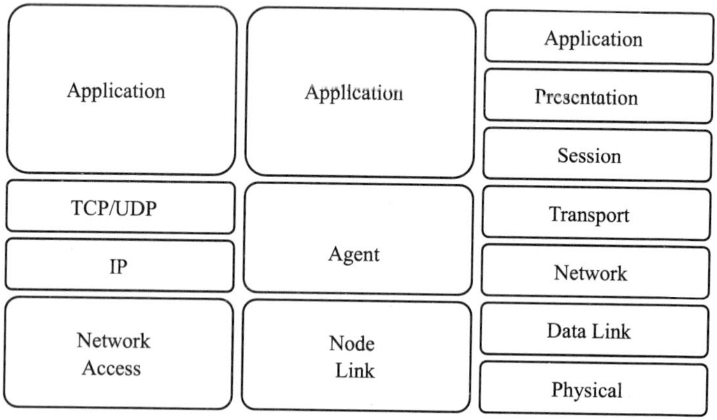

图 11－24　NS2 仿真协议栈模型

（3）NS2 特点

NS2 采用 FreeBSD 授权方式，可以免费使用并且完全开放源代码，用户可以根据自身需要编写代码扩充功能，目前已经成为学术界和教育界普遍接受和采用的通用网络仿真工具。在这种模式下，NS2 吸收了很多使用者开发的代码，模块、功能日渐完善，目前已具备局域网、无线局域网、IP 网络、移动 IP 网、ad－hoc 网络、卫星组网通信等网络环境的仿真支持能力；但这种模式的问题是许多的功能模块无法得到系统性的开发和测试，甚至有些模块还不很稳定。

NS2 目前支持多种协议和网络的仿真。在协议方面，NS2 目前支持下面一些已完成测试的协议：HTTP，telnet 业务流，ftp 业务流，CBR 业务流，On/Off 业务流，UDP，TCP，RTP，SRM，算法路由，分级路由，广播路由，多播路由，静态路由，动态路由，CSMA/CD MAC 层协议等。

NS2 特点如下：

1）仿真效率。离散事件驱动的仿真方式，效率高。

2）组织结构。面向对象设计，易于对组织管理和扩展开发。

3）编程语言。使用 C++和 OTCL 2 种语言编写，兼顾效率和易用性。C++执行效率高，用于编写底层网络协议；OTCL 简单、灵活、交互性好，用于编写网络结构配置和网络仿真场景。

4）仿真交互。NS2 利用 Emulation 接口提供与真实网络交互功能，可以实时地从真实网络中导入流量，或者将流量导出到真实网络中。

5）动画显示。NS 利用 NAM（Network AniMator）工具，能够跟踪并动画显示 NS 的仿真结果。

6）多平台支持。NS 可以运行在 FreeBSD，Linux，Solaris，Windows 和 Mac 等多种平台上。

（4）NS2 使用

进行仿真时，用户根据需要修改或新增网络协议，而后编写仿真脚本程序，然后由 OTCL 进行解释执行，调用由 C++编写好的模块的可执行代码，生成仿真结果数据。仿真结果数据经过分析，可统计分析得到网络的各项性能参数或者运行情况，另外还可以将仿真结果生成 NAM 数据文件，在 NAM 中进行动态图形网络仿真演示。NS2 的一般网络仿真过程如图 11－25 所示。

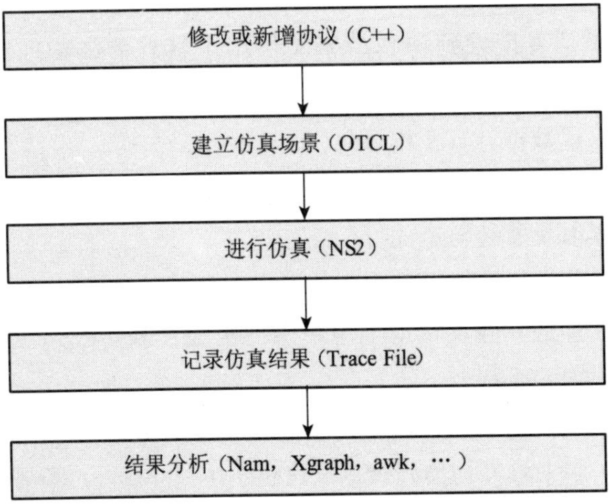

图 11－25　NS2 一般网络仿真过程

11.3.1.2 NS2 卫星仿真模块

在早期的 NS2 版本中，将卫星网络看做是一种特殊的 ad－hoc 网络，因此并没有单独的卫星网络仿真模块。其通用做法是根据卫星信道的方向性，直接采用大延迟的有线信道来代替。后来随着研究的深入，由美国加州大学伯克利分校 Daedalus 研究组的 Tom Henderson 于 1999 年开发了独立的卫星仿真模块。该卫星仿真模块较为充分考虑了卫星网络的特性，如卫星之间相对位置的周期性变化、链路切换（handover）的规律性等。虽然该模块部分功能还未完善，例如存在不支持 NAM、路由模块空缺、信道模型简单等问题，但作为独立的卫星网络仿真模块，已经得到了较为广泛的认可和应用。

11.3.1.3 NS2 卫星网络仿真总体模块结构

NS2 卫星网络仿真模块主要原理是基于离散事件仿真原理，根据仿真想定，利用 NS2 通用的离散时间调度器通过对轨道数据、链路切换等模块的调用，分别产生节点事件和链路事件，完成对卫星网络节点及链路的仿真调度，并将仿真过程产生的报文信息和相应轨道信息记录到仿真结果文件中。其总体结构如图 11－26 所示。

（1）轨道数据计算子模块

描述卫星节点的位置，定义了卫星轨道的参数，如卫星的高度、倾角、经度以及所处轨道面。

（2）链路切换计算子模块

切换计算是非静止轨道卫星组网的关键模块，NS2 卫星网络仿真的切换规则和机制如下。

定时切换。NS2 设置每个与极轨道卫星相连的地面节点运行一个定时器，用来触发切换管理器（Handoff Manager）检查当前卫星是否移出本节点的可见范围。如果移出则断开链接，并在链接列表中寻找其他可用卫星。为了优化搜索速度，NS2 提供了一个 set _

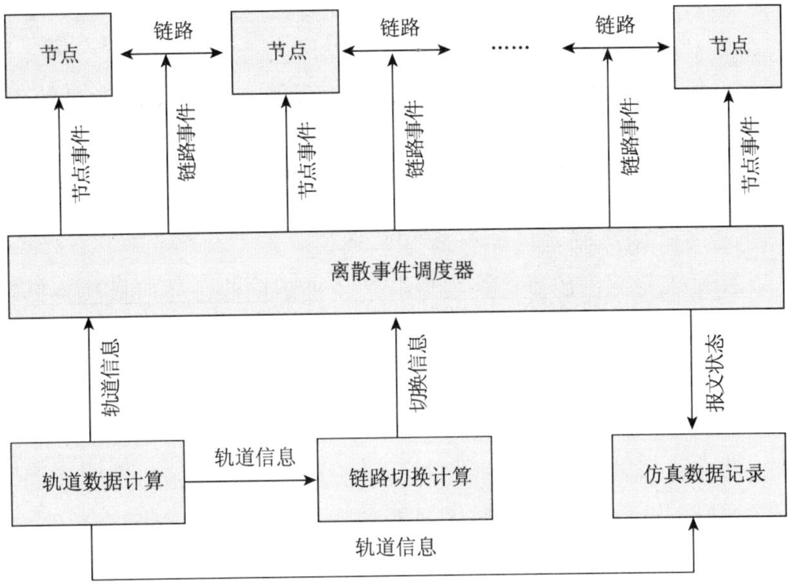

图 11－26　NS2 卫星网络仿真模块原理图

next 方法，用于指定搜索的下一跳节点。搜索到合适的卫星节点后，将其网络发送/接收接口连接到该卫星节点的下行/上行信道，并重新启动切换定时器。而如果没有找到合适的卫星节点，则直接重新启动切换定时器，稍后重试。

星间链接中只有轨道平面间的星间链路需要切换，切换的原则是：对某卫星 A 而言，当前与该卫星相连的相邻轨道平面内的卫星为 B，如果现在存在一个与 B 同一个轨道平面，同时距离 A 更近的卫星 C，则发生切换，关闭 A 和 B 之间的星间链路，建立 A 和 C 之间的星间链路。切换由处于较低标号轨道平面的卫星发起。

（3）离散事件调度器

在卫星网络仿真中，事件调度器（Event Scheduler）从轨道位置模型和切换控制模型中读取相应的事件。

（4）卫星节点

卫星节点只是一个仿真实体，若要具备一定的功能，就需要在节点之上加载各种代理或设置各种节点属性。卫星仿真有 3 种节点类型，其中 2 种基本节点类型为静止卫星节点和非静止卫星节点，另一种是地面终端节点。不同类型的节点具有不同的轨道位置和切换控制。

11.3.1.4 NS2 卫星网络仿真基本参数设置

NS2 卫星网络仿真模块可以应用于地球同步卫星、极轨道低轨卫星网络以及卫星与有线网络的混合仿真，仿真的内容包括 MAC 协议、数据链路、路由协议和传输协议等，具体包括以下内容。

（1）节点

在 NS2 中通过对象 SatNode 定义节点类型，目前包括同步卫星节点（geostationary）、非同步卫星节点（non－geostationary）和地面节点等 3 种节点。

同步卫星节点的设置如图 11－27 所示。

```
# GEO satellite:↓
$ns node-config -satNodeType geo↓
set n11 [$ns node]↓
$n11 set-position -100↓
```

图 11－27　同步卫星节点设置

非同步卫星节点的设置如图 11－28 所示。

地面节点设置如图 11－29 所示。

（2）链路

首先，节点利用 add－interface 方法设置链路的网络接口；其次，全局变量通过 add－isl 设置星间链路的信道，通过 add－gsl 设置星地链路的信道。同时，卫星链路还必须设置物理层协议、MAC 协议、误码率和带宽等参数。

星间链路设置如图 11－30 所示。

星地链路设置如图 11－31 所示。

```
$ns node-config -satNodeType polar \↓
                -llType $opt(ll) \↓
                -ifqType $opt(ifq) \↓
                -ifqLen $opt(qlim) \↓
                -macType $opt(mac) \↓
                -phyType $opt(phy) \↓
                -channelType $opt(chan) \↓
                -downlinkBW $opt(bw_down) \↓
                -wiredRouting $opt(wiredRouting)↓
↓
# Create nodes n0↓
set n0 [$ns node]; ↓
set plane 1↓
$n0 set-position $opt(alt) $opt(inc) 0 0 $plane ↓
```

图 11—28　非同步卫星节点设置

```
# Terminals: ↓
$ns node-config -satNodeType terminal ↓
set n100 [$ns node]; ↓
$n100 set-position 37.9 -122.3;↓
```

图 11—29　地面节点设置

```
# ISLs for the polar satellites↓
$ns add-isl intraplane $n0 $n1 $opt(bw_isl) $opt(ifq) $opt(qlim)↓
```

图 11—30　星间链路设置

```
# GSLs to the geo satellite:↓
$n100 add-gsl geo $opt(ll) $opt(ifq) $opt(qlim) $opt(mac) $opt(bw_up) \↓
  $opt(phy) [$n11 set downlink_] [$n11 set uplink_]↓
```

图 11—31　星地链路设置

（3）切换

对象 HandoffManager 负责卫星链路的切换，NS2 中的卫星链路切换包括星地链路切换、越隙链路（cross－seam ISL）切换和极地地区链路关闭等 3 种情况。

切换设置如图 11－32 所示。

```
HandoffManager/Term set elevation_mask_ 8.2↓
HandoffManager/Term set term_handoff_int_ 10↓
HandoffManager/Sat set sat_handoff_int_ 10↓
HandoffManager/Sat set latitude_threshold_ 60 ↓
HandoffManager/Sat set longitude_threshold_ 10 ↓
HandoffManager set handoff_randomization_ true↓
```

图 11－32　切换设置

11.3.2　基于 NS2 的低轨通信卫星网络仿真示例

本例通信卫星网络由 1 颗同步轨道卫星、11 颗极轨道卫星以及 4 个地面站组成。其中，2 个地面站通过同步轨道卫星进行通信，2 个地面站通过 11 颗极轨道卫星进行通信。

11.3.2.1　仿真场景设置

同步轨道卫星设置如表 11－3 所示。

表 11－3　同步卫星设置

节点编号	经度/（°）
11	－100

极轨道卫星设置如表 11－4 所示。

表 11－4　极轨道卫星设置

节点编号	高度/km	倾斜角/（°）	升交点赤经/（°）	初始相位/（°）
0	780	90	0	0
1	780	90	0	32.73

续表

节点编号	高度/km	倾斜角/（°）	升交点赤经/（°）	初始相位/（°）
2	780	90	0	65.45
3	780	90	0	98.18
4	780	90	0	130.91
5	780	90	0	163.64
6	780	90	0	196.36
7	780	90	0	229.09
8	780	90	0	261.82
9	780	90	0	294.55
10	780	90	0	327.27

地面站设置如表 11—5 所示。

表 11—5　地面站设置

节点编号	经度/（°）	纬度/（°）
100	−122.3	37.9
101	−71.1	42.3
200	10	0
201	−10	0

其他参数设置如表 11—6 所示。

表 11—6　其他参数设置

名　称	仿真值
chan	Channel/Sat
bw_down	1.5Mb
bw_up	1.5Mb
bw_isl	25Mb
phy	Phy/Sat
mac	Mac/Sat
ifq	Queue/DropTail
qlim	50
ll	LL/Sat

地面站 100 向地面站 101 通过同步轨道卫星发送 CBR 信息流（interval _ =60.01），仿真时间为 1.0～9 000.0 s；地面站 200 向地面站 201 通过极轨道卫星发送 CBR 信息流（interval _ =90.5），仿真时间为 305.0～9 000.0 s。

11.3.2.2　仿真结果处理与分析

通过 NS2 执行仿真脚本，得到的仿真结果文件（即 trace 文件）out.tr 如图 11－33 所示。仿真结果文件的第 1 栏记录了事件类型（+：入队操作，－：出队操作，r：接收数据包，d：丢弃数据包），第 2 栏记录了事件的发生时间，第 3 栏记录了包的发送节点号，第 4 栏记录了包的接收节点号，第 5 栏记录了包类型，第 6 栏记录了包大小，第 7 栏为标志位（这里没用到），第 8 栏为流标识符，第 9 栏记录了包的源地址，第 10 栏记录了包的目的地址，第 11 栏记录了包的序列号，第 12 栏为包的唯一包标识，最后 4 栏记录了发送节点和接收节点的经纬度。

```
+ 1.0000 12 11 cbr 210 ------- 0 12.0 13.0 0 0 37.90 -122.30 0.00 -100.00
- 1.0000 12 11 cbr 210 ------- 0 12.0 13.0 0 0 37.90 -122.30 0.00 -100.00
r 1.1272 12 11 cbr 210 ------- 0 12.0 13.0 0 0 37.90 -122.30 0.00 -100.00
+ 1.1272 11 13 cbr 210 ------- 0 12.0 13.0 0 0 0.00 -100.00 42.30 -71.10
- 1.1272 11 13 cbr 210 ------- 0 12.0 13.0 0 0 0.00 -100.00 42.30 -71.10
r 1.2563 11 13 cbr 210 ------- 0 12.0 13.0 0 0 0.00 -100.00 42.30 -71.10
+ 61.0100 12 11 cbr 210 ------- 0 12.0 13.0 1 1 37.90 -122.30 0.00 -100.00
- 61.0100 12 11 cbr 210 ------- 0 12.0 13.0 1 1 37.90 -122.30 0.00 -100.00
r 61.1372 12 11 cbr 210 ------- 0 12.0 13.0 1 1 37.90 -122.30 0.00 -100.00
```

图 11　33　仿真输出文件

trace 文件可用 awk 语言进行分析。awk 语言具有很强的资料处理功能，能够高效地对文档进行修改、对比、抽取等处理。通过编写 awk 程序能够实现对仿真结果文件的处理。gawk 是 GNU 的 awk，gawk 同样具有强大的文档处理能力，它由很多的 pattern 和 action 所组成。pattern 和 action 都可以省略，但不可以同时被省略。本例编写的时延处理程序如图 11－34 所示。

```
    if(start_time[packet_id]==0){
        start_time[packet_id]=time;
    }

    if(flow_id==1&&action!="d"){
        if(action=="r"){
            end_time[packet_id]=time;
        }
    }
    else{
        end_time[packet_id]=-1;
    }
}
END{
    for(packet_id=0;packet_id<=highest_packet_id;packet_id++){
        start=start_time[packet_id];
        end=end_time[packet_id];
        packet_duration=end-start;
        if(start<end) {
            printf("%f %f\n", start, packet_duration);
        }
    }
}
```

图 11—34　awk 处理程序

通过 awk 程序对仿真结果文件进行处理后，用 gnuplot 工具可得到包时延统计，如图 11—35 所示。其中，cbr delay 0 是地面站 100 通过同步轨道卫星向地面站 101 发送 CBR 数据流，包时延为定值；cbr delay 1 是地面站 200 通过极轨道卫星向地面站 201 发送 CBR 数据流，包时延明显小于 cbr delay 0 的时延。由于极轨道卫星由 11 颗同轨道不同初始相位的卫星组成，所以在大部分时间内无法被卫星网络所覆盖，地面站 200 与地面站 201 之间无法进行通信。

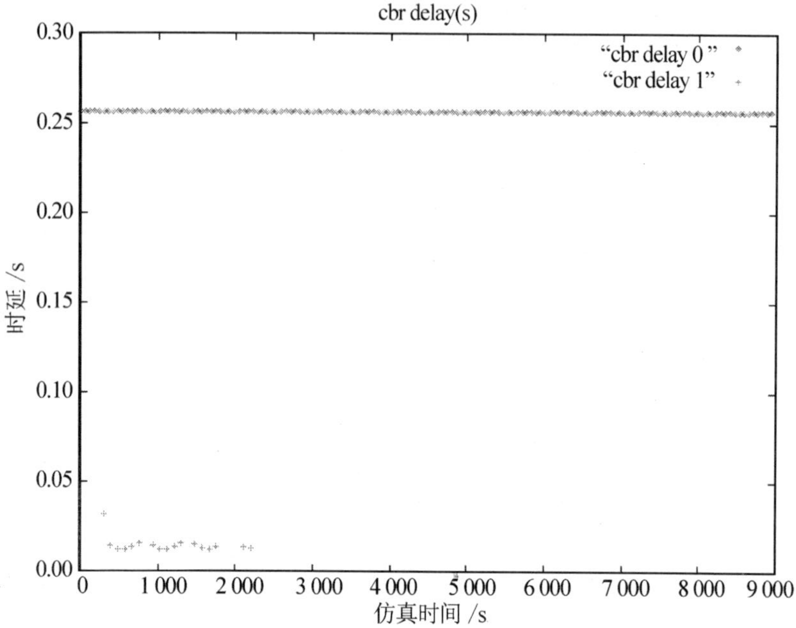

图 11—35 包时延统计

11.3.2.3 关于 NS 仿真的一些思考

作者将 OPNET 中的仿真示例在 NS2 中进行了仿真（仿真持续时间为 1 天），得到的仿真结果如图 11—36 所示。很明显，NS2 中的仿真时延比 OPNET 中的仿真时延要小很多，分析可能主要是由于 OPNET 仿真中采用的 dra _ txdel 管道阶段所导致，因为在 OPNET 中的时延既包括传播时延又包括传输时延。从这个角度来说，OPNET 的仿真粒度比 NS2 更细。

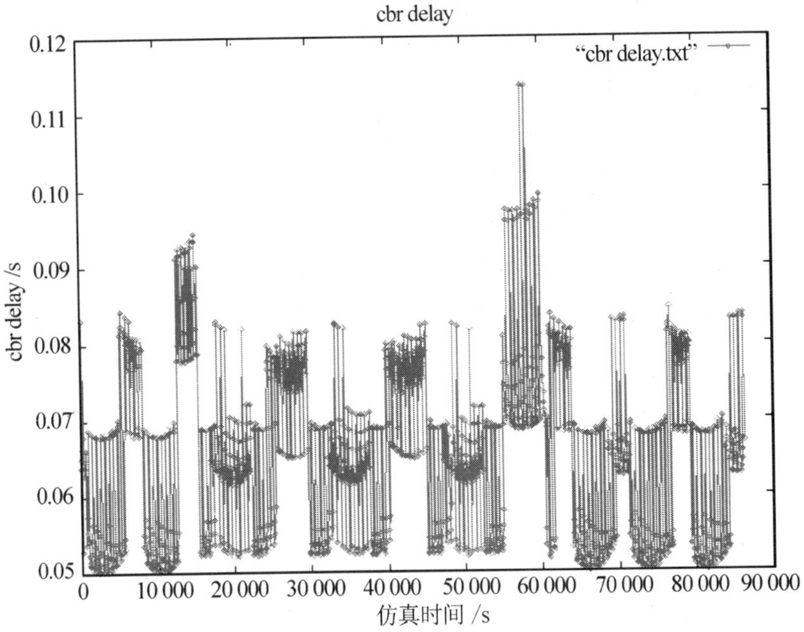

图 11－36　iridium 网络包时延统计

11.4　基于 MLDesigner 的空间信息网络路由仿真

11.4.1　MLDesigner 简介

MLDesigner 是针对高层系统设计进行建模及其体系、功能和性能进行分析的集成平台，其功能模型通过采用嵌入式的模块设计方法实现。

MLDesigner 采用的分层结构主要包括子模块（Primitives）、模块（Module）以及系统（System）3 个层次。子模块是最低级别的模型元件，通过使用含有 C＋＋代码片段的 Ptolemy 语言定义；子模块的模型部分定义了它的外部接口，Ptolemy 代码定义了其行为；子模块含有输入输出端口以及一些接口参数。模块是由多个嵌入式的模型块构成的模型元件，也包含输入输出接口；模块可以是单层结构也可以是多层结构。系统是顶级模型元件，不能嵌入别的功能模型，也不能包含端口。包含多个模块和子模块的系统模型的 1 次执行过程称为 1 次仿真。

MLDesigner 的离散事件域（DE）提供了面向事件的系统仿真。在这个域中，每个事件对应着系统状态的改变。DE 调度器按照时间顺序来处理事件。由于事件之间的时间间隔不是固定的，每个事件都有其时间标签。时间标签由产生事件的模块给出，主要通过事件的时间以及该模块的时延特点决定。

11.4.2 SatLab 简介

SatLab 软件对无线移动通信和导航系统的任务及系统级设计、动画和分析提供支持。SatLab 能够模拟运动的通信节点（卫星沿轨道运行，汽车、轮船和飞机沿设定的轨迹运行）和环境（地形、传播效果、阻塞、覆盖）。

SatLab 系统模型包括卫星、固定地面站和移动的车辆或人。SatLab 通过用户接口和 SatCom 库确保了和 MLDesigner 的无缝整合。

11.4.3 基于 MLDesigner 的低轨通信卫星网络仿真示例

本例通信卫星网络由通信卫星星座和 2 个地面站构成（Berlin 和 San Francisco），主要基于 MLDesigner 对卫星通信系统性能进行分析。该模型由 7 个主要模块组成：初始化模块、节点位置更新模块、地面（发射机）模块、空间（通信过程）模块、路由选择模块、目的到达模块和图形分析模块（接收机和收集统计量），如图11—37 所示。

初始化模块建立与 SatLab 的通信，使 SatLab 能够对 MLDesigner 命令进行响应。通过配置地面站和卫星星座参数、仿真日期和时间，为 SatLab 提供卫星的轨道位置，如图 11—38 所示。

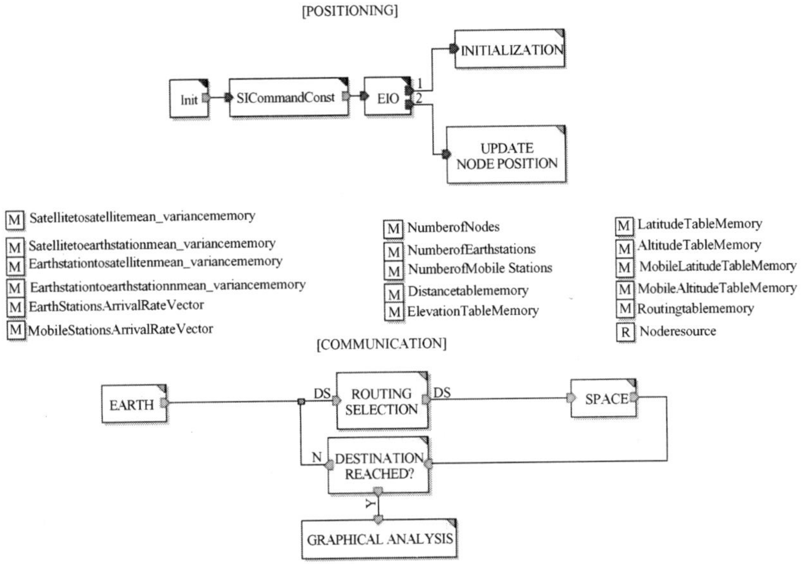

图 11—37　模型整体结构

节点位置更新模块计算节点的位置数据，并负责 MLDesigner 与 SatLab 之间的信息传递。MLDesigner 根据设定参数向 SatLab 发送位置更新信息请求，SatLab 计算并返回所有节点的相对位置和速度，同时更新最短路径路由表，如图 11—39 所示。

地面（发射机）模块代表地面节点发射机。该模块从每个地面站产生数据包，并在包中插入源地址、目的地址、消息长度和时间戳，然后将包发送到路由选择模块传送到合适的卫星节点，如图 11—40 所示。

路由选择模块通过路由表为数据包查找下一跳节点，并将此信息写入 Sat Route DS 的下一跳域。该模块执行所有地面节点和卫星节点路由器的操作，如图 11—41 所示。

空间（通信过程）模块接收来自路由选择模块的数据包，将该包传递给合适的传输信道（地面到地面、地面到卫星、卫星到地面、卫星到卫星），最后传输信道将包传递给目的到达模块，如图 11—42 所示。

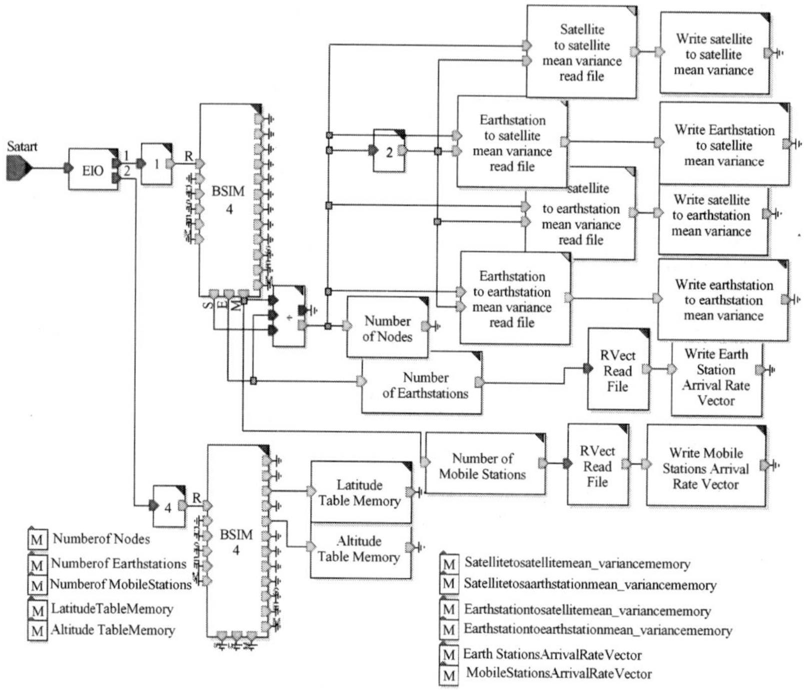

图 11—38　初始化模块

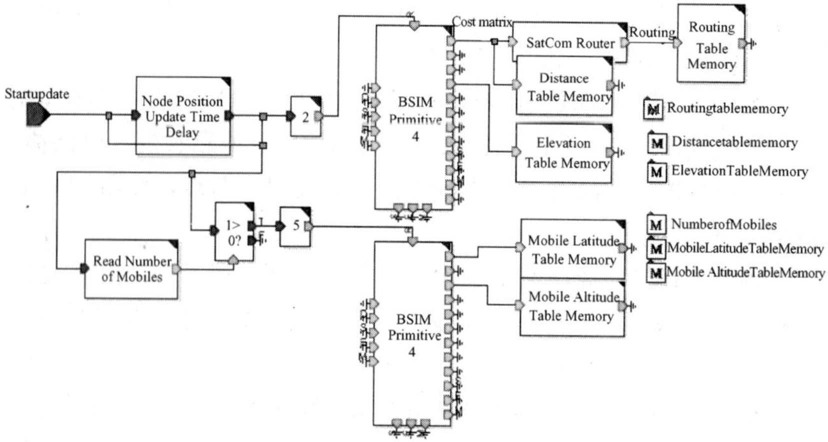

图 11—39　节点位置更新模块

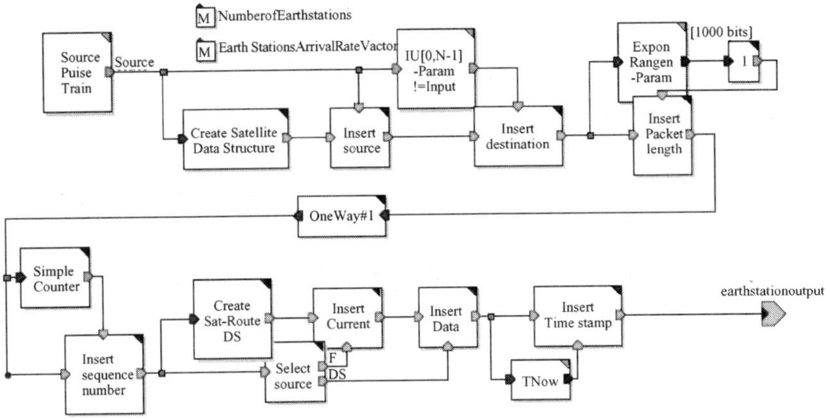

图 11—40　地面/发射机模块

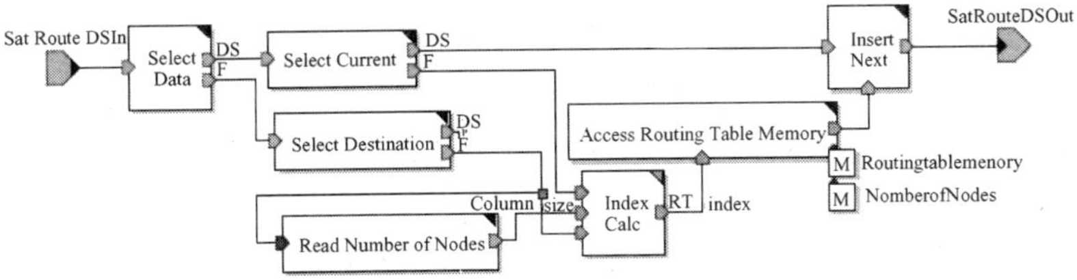

图 11—41　路由选择模块

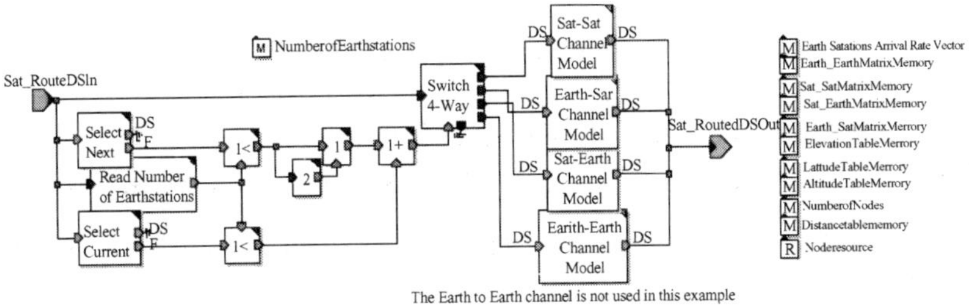

图 11—42　空间（通信过程）模块

地面到卫星的通信信道模块如图 11－43 所示。

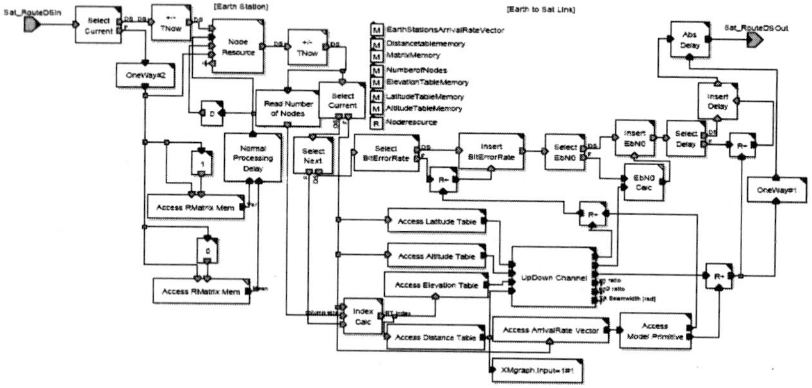

图 11－43　地面到卫星通信信道模块

目的到达模块检查目的地是否为地面站。如果是，数据包将传递给图形分析模块（作为地面站接收机）；如果不是，数据包将传递给路由选择模块，然后发送到下一跳卫星，如图 11－44 所示。

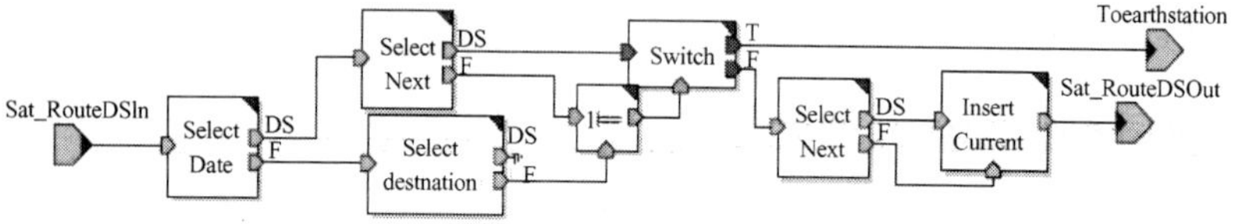

图 11－44　目的到达模块

图形分析模块收集所有接收数据包的信息并产生统计报告，分别是 San Francisco 到 Berlin 的包延迟、San Francisco 到 Berlin 的误码率、Berlin 到 San Francisco 的包延迟、Berlin 到 San Francisco 的误码率，如图 11－45 所示。

SatLab 显示了 2 个地面站节点的位置和通信卫星节点的轨道，如图 11－46 所示。

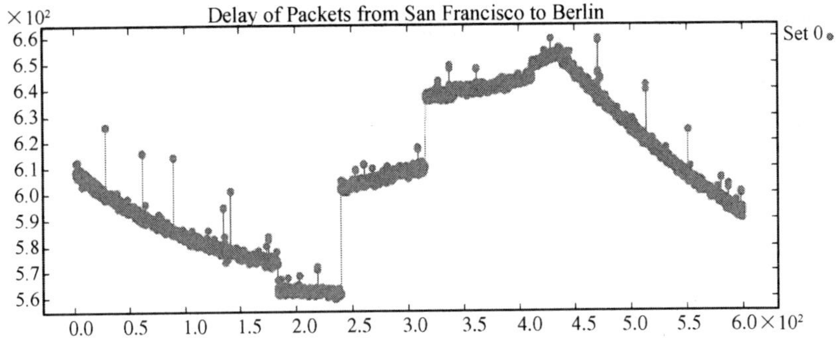
Delay of Packets from San Francisco to Berlin
×10²
6.6
6.5
6.4
6.3
6.2
6.1
6.0
5.9
5.8
5.7
5.6
Set 0
0.0
0.5
1.0
1.5
2.0
2.5
3.0
3.5
4.0
4.5
5.0
5.5
6.0×10²

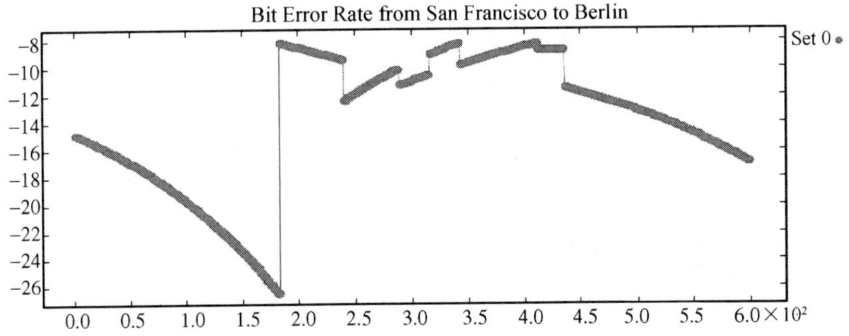
Bit Error Rate from San Francisco to Berlin
-8
-10
-12
-14
-16
-18
-20
-22
-24
-26
Set 0
0.0
0.5
1.0
1.5
2.0
2.5
3.0
3.5
4.0
4.5
5.0
5.5
6.0×10²

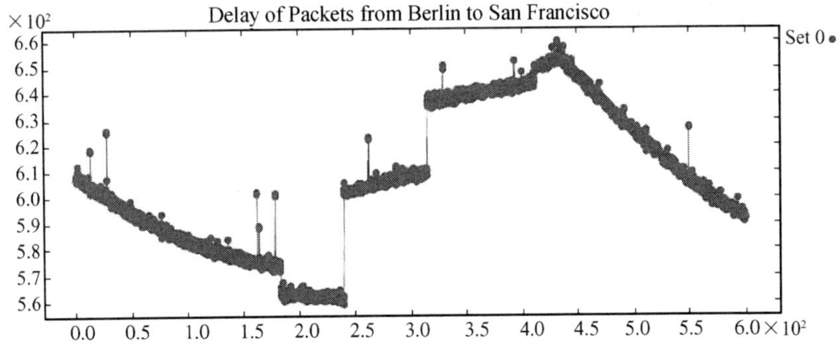
Delay of Packets from Berlin to San Francisco
×10²
6.6
6.5
6.4
6.3
6.2
6.1
6.0
5.9
5.8
5.7
5.6
Set 0
0.0
0.5
1.0
1.5
2.0
2.5
3.0
3.5
4.0
4.5
5.0
5.5
6.0×10²

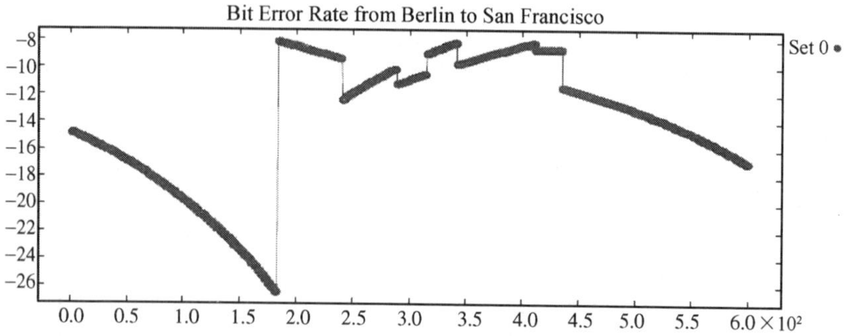

图 11－45　统计报告

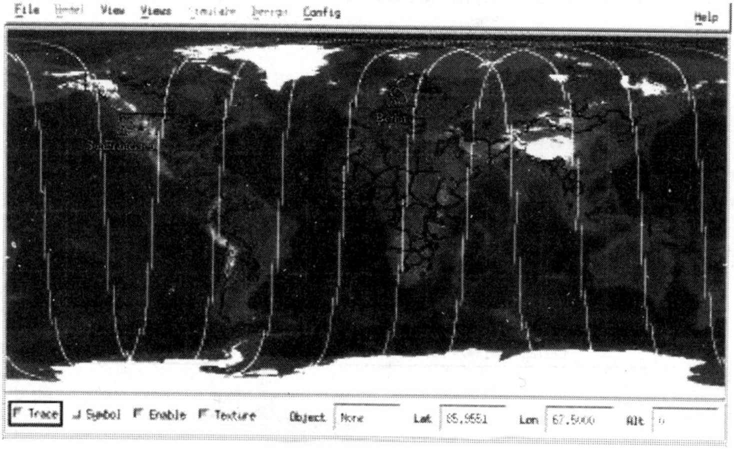

图 11－46　SatLab 显示

11.5　基于 HLA 的空间信息网络路由仿真

本节基于 HLA 提出了一种空间信息网络路由仿真系统的设计框架，构建了仿真平台，可开展空间信息网络路由的研究与仿真分析。

11.5.1 高层体系结构

高层体系结构 HLA 是美国国防部建模与仿真实验室在分布交互式仿真（Distributed Interactive Simulation，DIS）的经验基础之上，于 1996 年提出的一种全新高层体系结构，它使仿真的互操作性、可重用性、可伸缩性、实时性和协同性得到了提高。目前由于 HLA 技术的广泛应用，HLA 事实上已经成为了分布交互式仿真的标准规范，而美国国防部则要求其所有的仿真系统都必须支持 HLA 标准。HLA 现已被接纳为 IEEE 和 OMG 的分布式仿真标准。随着 HLA 的日趋成熟，现有仿真系统及其下一代系统都可能要通过 HLA 交换数据。

HLA 包括以下主要内容：联邦（Federation）、仿真运行支撑平台（Run Time Infrastructure，RTI）和 HLA 规则（Rules）。

联邦是指用于达到某一特定仿真系统目的的分布仿真系统，它由若干个相互作用的联邦成员构成；联邦成员是所有参与联邦运行的应用程序的称谓，它有多种类型；联邦成员由若干相互作用的对象构成；对象是联邦的基本元素。

RTI 是 HLA 仿真系统的核心，可以看成“软总线”，如图 11—47（a）所示。它是联邦成员之间交互场所的通道，为其提供运行需要的联邦管理、声明管理、对象管理、所有权管理、时间管理和数据分配管理等 6 种服务。

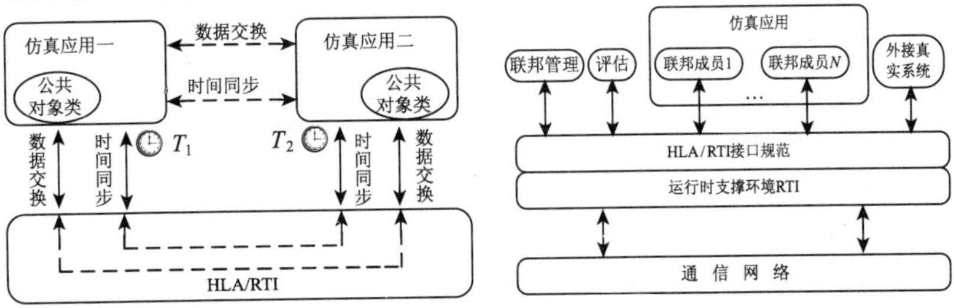

(a)逻辑图　　(b)体系结构

图 11—47　HLA/RTI 逻辑图和 HLA/RTI 分布式仿真的体系结构

HLA 规则中规定在联邦运行过程中，所有联邦成员间的数据交换均要按照 HLA 接口规范定义的方式通过 RTI 实现。

HLA 联邦的构成采用对称的体系结构，即指在整个系统中所有的应用程序都是通过 1 个标准的接口形式进行交互作用，共享服务和资源，是实现互操作的基础。基于 HLA/RTI 的分布式仿真体系结构如图 11－47（b）所示。

11.5.2　基于 HLA 的仿真平台设计

11.5.2.1　系统的功能

开发本系统的主要目的就是要仿真、验证在不同的通信选择方案和不同的组网方式下空间信息网络的性能；尤其是仿真、验证在受到人为干扰的情况下，空间信息网络拓扑的变化情况以及路由协议的性能。因此，仿真系统功能由基础模块和应用模块 2 部分完成。其中，基础模块构建出空间信息网络组网路由仿真系统的基本功能，为应用模块服务；应用模块在基础模块基础上加载想定参数，对通信网络的仿真结果进行评估、显示。基础模块包括轨道计算模型、空间环境模型、通信载荷模型、通信信道模型、通信干扰模型、通信拓扑生成模型、路由计算模型；应用模块包括想定编辑模型、评估模型和拓扑显示模型。各模型具体功能如下：

1）轨道计算模型。用于实时计算空间节点的位置、速度等参数。

2）空间环境模型。模拟空间通信的大气环境、电磁环境等。

3）通信载荷模型。主要仿真天线的方向性图、多址方式、调制解调与编译码方式等，并对多种抗干扰方式进行仿真，如扩频通信、猝发通信、智能天线以及数字信号处理技术与自适应技术的应用等。

4）通信信道模型。仿真距离、运动、环境和干扰对星间、星地通信信道的影响，计算链路长度、天线指向角度、多普勒频移、接收功率、误码率等链路性能参数。

5）通信干扰模型。仿真多种通信网络干扰方式。

6）通信网络拓扑生成模型。仿真 GEO/MEO，MEO/LEO，

GEO/MEO/LEO 等不同的卫星组网方式，对通信链路的可通性进行分析，生成通信网络的动态拓扑。

7）路由计算模型。用于计算通信网络的关键路由，如信息的上传和下传等。

8）想定编辑模型。用于仿真场景初始配置，主要包括通信节点的数量、类型，通信节点的初始位置等参数。

9）网络评估模型。用于采集仿真数据并对通信链路、通信网络的性能进行评估。

10）拓扑显示模型。用于通信网络的动态拓扑、关键路由的显示。

11.5.2.2　系统的设计

由于仿真系统各个功能模型比较复杂，有些模型的计算量比较大，有些模型之间是相互联系、需要信息交换的，且各模型的运行要求是同步的、并行的，需要采用一种机制将各个功能模型聚合起来，形成一个整体进行仿真。HLA 按照面向对象的思想构建分布交互式仿真系统，在面向对象分析与设计的基础上划分仿真成员，构建仿真联邦，并可解决分布式仿真系统中成员间的同步问题和信息交互问题，可以较好地实现上述目标。

（1）空间信息网络组网路由仿真系统的成员设计

依据仿真系统的功能要求，设计的空间信息网络组网路由仿真联邦成员如图 11－48 所示。

1）系统管理成员。仿真系统的运行控制中心，负责完成仿真系统的初始化，监视、控制仿真系统的运行过程。

2）想定编辑成员。用于仿真场景初始配置，主要包括通信节点的数量、类型，通信节点的初始位置、速度等参数。

3）空间环境成员。模拟空间通信的大气环境、电磁环境等，并将空间环境信息发布给需要使用的其他成员。

4）轨道计算成员。用于实时计算各个通信节点位置、速度，并将其发布给需要使用的其他成员。

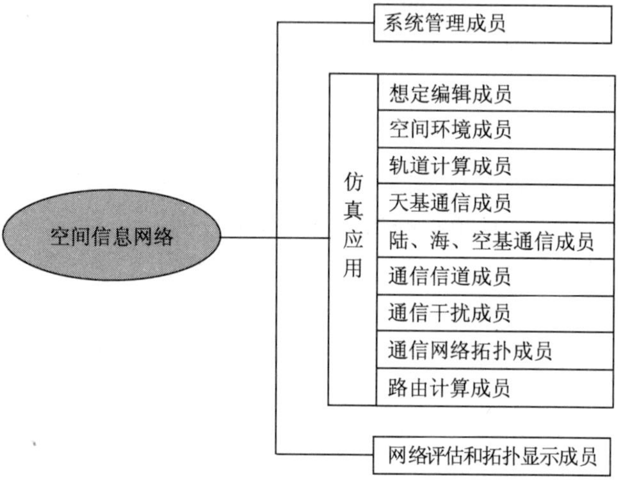

图 11－48　联邦成员组成示意图

5）天基通信成员。负责仿真卫星转发数据的整个过程。主要包括星载天线的增益、多址方式、调制解调与编译码方式等，提供通信方式、通信频率、发射功率、天线增益、带宽和数据速率等通信选择方案，并可对多种抗干扰方式进行配置；订购网络评估和拓扑显示成员发布的网络评估信息，向通信信道成员发布通信选择方案信息。

6）陆、海、空基通信成员。它是信息传输的信源和信宿，仿真天线的增益、多址方式、调制解调与编译码方式等，提供通信方式、通信频率、发射功率、天线增益、带宽和数据速率等通信选择方案；订购网络评估和拓扑显示成员发布的网络评估信息，向通信信道成员发布通信选择方案信息。

7）通信信道成员。计算链路长度、天线指向角度、多普勒频移、接收功率、误码率等链路性能参数，订购空间环境成员、轨道计算成员、通信干扰成员、天基通信成员和陆海空基通信成员发布的信息，向通信网络拓扑成员发布链路性能参数信息。

8）通信干扰成员。仿真多种干扰方式对通信链路的干扰，向通信信道成员发布通信干扰信息。

9）通信网络拓扑成员。定购想定编辑成员、轨道计算成员、通信信道成员发布的信息，仿真不同的卫星组网方式，对通信链路的可通性进行分析，建立星间、星地通信链路，生成卫星信息网络的动态拓扑。将卫星信息网络的拓扑信息、链路状态信息发布给路由计算成员、网络评估和拓扑显示成员。

10）路由计算成员。定购通信网络拓扑成员发布的信息，计算路由，向评估和拓扑显示成员发布路由信息。

11）网络评估和拓扑显示成员。定购通信网络拓扑成员、路由计算成员发布的信息，对通信链路、卫星信息网络的性能进行评估，对卫星信息网络的动态拓扑、关键路由进行显示。向天基通信成员、陆海空基通信成员发布链路、网络的评估信息。

（2）仿真系统的成员间信息交互的设计

仿真系统的各成员间信息的交换关系，如图 11—49 所示（系统管理成员与其他成员间信息传递的关系在此未标出）。

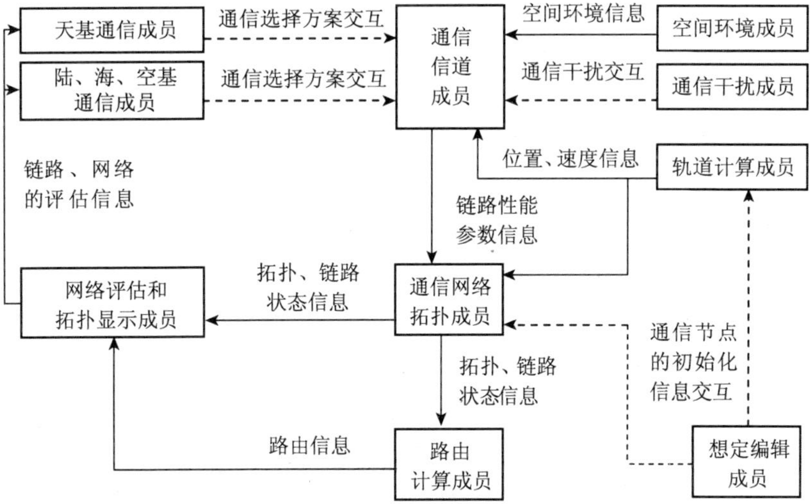

图 11—49　成员间的信息传递关系示意图

——对象信息；……交互类信息

11.5.3　基于仿真系统的中轨通信卫星网络路由仿真示例

11.5.3.1　仿真参数设置

主要参数设置如下（见表 11—7）。

1）通信卫星：中轨道通信卫星（MEO111～ MEO143）；

2）地面节点：地面站 A（N：39.906 193，E：116.388 039）、地面站 B（S：39.906 193，W：63.611 961），即 A 与 B 是关于地球对称的两点。

表 11—7　仿真卫星轨道参数设置

轨道类型	MEO
高度/km	11 946
倾角/（°）	45
周期/s	24 685.75
卫星数量	12
轨道数量	4
相位因子/（°）	30
轨道面内 ISL	2
轨道面间 ISL	2
地面最小仰角/（°）	10

11.5.3.2　路由迂回仿真

路由迂回能力是卫星网络必须具备的。所谓迂回是指在某一路由节点失效后，绕过该节点而采用其他路由的一种策略。基于上述仿真平台对 MEO 星座路由迂回能力进行仿真。仿真时长为 7 200 s，仿真步长为 60 s。采取如下措施使 3 颗卫星在 1 h 时间内依次失效：

1）当前时刻与 A 站相通的节点有：MEO112，MEO121，MEO131，与 B 站相通的节点有：MEO113，MEO123，MEO132，采用最小时延策略，当前路由为：A→MEO121→MEO123→B；

2）在 3 600 s 时刻，干扰 MEO123 使其失效，记为“失效 1”，路由重构为：A→MEO131→MEO132→B；

3）在 4 800 s 时刻，干扰 MEO132 使其失效，记为“失效 2”，路由重构为：A→MEO112→MEO113→B；

4）在 6 000 s 时刻，干扰 MEO112 使其失效，记为“失效 3”，路由重构为：A→MEO131→MEO122→MEO113→B。

每次干扰过后路由发生重构，时延的改变情况图 11—50 所示。可以看出，路由重构以后，时延会有所增大；而当第三次干扰导致卫星失效后，跳数增大，时延明显增大（由 230 ms 增至 348 ms）。

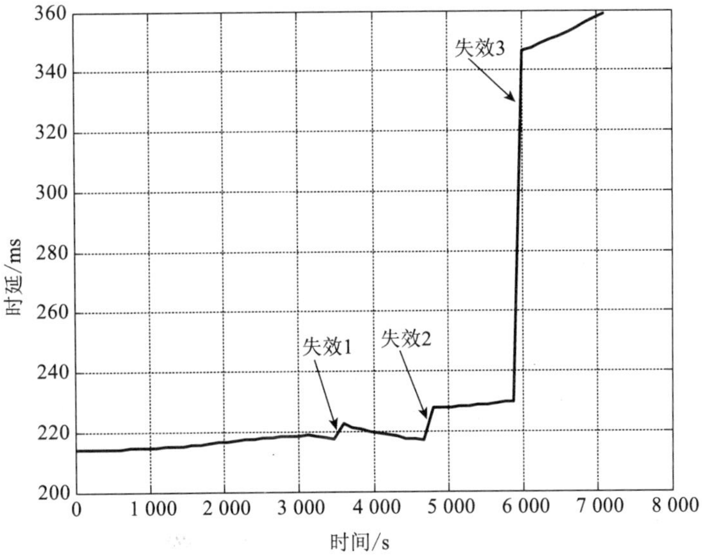

图 11—50　路由重构后时延变化图

参考文献

［1］Ekici E，Akyildiz I F. A distributed routing algorithm for datagram traffic in LEO satellite networks［J］. IEEE/ACM Transactions on Networking，2001，9（2）：137—147.

［2］Ekici E，Akyildiz I F，Bender M D. A multicast routing algorithm for LEO satellite IP networks. IEEE/ACM Transaction on Networking，2002，10（2）：183—187.

［3］Wang K D，Tian K，Yi K C. Packet routing algorithm for LEO satellite constellation network. Journal of Electronics，January，2005：77—84.

［4］Chang H S，Kim B W，Lee C G. FSA-based link assignment and routing in low-earth orbit satellite networks［J］. IEEE ransactions on Vehicular Technology，1998，47（3）：1037—1048.

［5］Kim Y S，Park W J. Traffic adaptive handover management in ATM-based LEO satellite networks［J］. IEEE1999 Vehicular Technology Conference，Houston，TX，1999：2466—2470.

［6］Ekici E，Chen C. BGP-S：A protocol for terrestrial and satellite network integration in network layer. Wireless Networks，October，2004：595—605.

［7］Gounder V V，Prakash R，Abu-Amara H. Routing in LEO-based satellite networks［J］. Proceedings of IEEE Emerging Technologies Symp：Wireless Communications and Systems［EB/OL］. www. utdallas. edu/ravip /papers/ets99. satellite. pdf. 1999—09.

［8］Hashimoto Y. Design of IP-based routing in a LEO satellite network［J］. In：Proceedings of the 3rd International Workshop on Satellite-based Information Services, Dallas, 1998, 81—88.

[9] Sun Z, Howarth M P, Cruichshank H, et al. Networking issues in IP multicast over satellite. International Journal of Satellite Communications and Networking, 2003, 21: 489—507.

[10] Admeia J, Hoang N N. An approach to Qos based routing for LEO satellite networks [J]. IEEE 2000 International Conference on Communication Technology, Las Vegas, Nevada, 2000: 922—929.

[11] Werner M, Delucchi C. ATM-based routing in LEO/MEO satellite networks with intersatellite links [J]. IEEE Journal on Selected Areas in Communications, 1997, 15 (1): 69—82.

[12] Werner M, Lutz E. Bandwidth requirements for multi-service satellite systems [J]. IEEE, international conference on communications, Atlanta Georgia 1998: 94—99.

[13] Werner M, Lutz E. Neural network approach to distributed adaptive routing of LEO intersatellite link traffic [J]. IEEE Vehicular Technology Conference, Ottawa, Canada, 1998.

[14] Vincent W S. Performance evaluation of path optimization schemes for inter switch handoff in wireless ATM networks [J]. Wireless Networks, 2000, 3 (6): 251—262.

[15] Turgay K. A randomized algorithm for finding a path subject to multiple Qos requirements [J]. Computer Networks, 2001, 36 (2—3): 251—268.

[16] Kimura K, Inagaki K. Double layered inclined orbit constellation for advanced satellite communications network [J]. IEICE Transaction on Communication, 1997, 8 (1): 93—102.

[17] Kimura K, Inagaki K. Global satellite communication network using double-layered inclined-orbit constellation with optical intersatellite links [J]. The International Society for Optical

Engineering v2699, WA USA, 1996: 12—23.

[18] Li D N, Mao X F, Yu J, et al. A destruction-risistant dynamic routing algorithm for LEO/MEO satellite networks. In: Proc. of International Conference on Computer and Information Technology, September, 2004: 522—527.

[19] Yuan Z, Zhang J, Liu Z K. A simplified routing and simulating scheme for the LEO/MEO two-layered satellite network. Workshop on high performance switching and routing, 2005, 5: 525—529.

[20] Wu J H, Yueng K L. Routing and re-routing in a LEO/MEO two-tier mobile satellite communications system with inter-satellite links [J]. IEEE International Conference on Communications, New Orleans, LA, 2001: 134—138.

[21] He J F, Wit J Y, Ma Y F, et al. Design of the mobile satellite communications constellations with common ground track [C]. Fifth Asia-Pacific Conference on Communications and Fourth Optoelectronics and Communications Conference, 1999, 1: 772—776.

[22] Lee J, Kang S. Satellite over Satellite (SoS) network: A novel architecture for satellite network [J]. IEEE Infocom 2000 Conference on Computer Communications, TelAviv, Israel, 2000: 315—321.

[23] Lee J, Kang S. Satellite over Satellite (SoS) network: A novel concept of hierarchical architecture and routing in satellite network [J]. IEEE 2000 Conference on Local Computer Networks, Piscataway, NJ, 2000: 392—399.

[24] Durresi A, Dash D, Anderson B L, et al. Routing of real-time traffic in a transformational communications architecture [C]. Proc. of IEEE Aerospace Conference, 2004, 3: 65—75.

[25] Katoh T, Saito T, Yamashita T, et al. A conceptual study of

the GEO/LEO high data rate satellite communications system. Proc of American Institute of Aeronautics and Astronautics (AIAA 1998), 1998, 7: 194—304.

[26] Akyildiz F. MLSR: A novel routing algorithm for multilayered satellite IP networks [J] . IEEE/ACM Transactions on Networking, 2002, 10 (3): 411—424.

[27] Tsai K, Ma R. Darting: A cost effective routing alternative for large space-based dynamic topology networks [C] . Proceedings of IEEE MILCOM'95, 1995, 682—687.

[28] Raines R A, Janoso R F, et al. Simulation of two routing protocols operating in a low earth orbit satellite network environment [C] . Proceedings of IEEE MILCOM'97, 1997, 1: 429—433.

[29] Uzunalioglu H, Akyildiz F, Yesha Y, et al. Footprint handover rerouting protocol for LEO satellite networks [J] . ACM-Baltzer J. Wireless Networks (WINET), 1999, 5 (5): 327—337.

[30] Franck L, Maral G. Static and adaptive routing in ISL networks from a constellation perspective [J] . Satell. Commun. , 2002 (20) : 455—475.

[31] Keller H. Link strategy for the mobile satellite system Iridium [C] . IEEE 46th Vehicular Technology Conference , 1996: 1220—1224.

[32] Keller H. Geometric aspects of polar and near polar circular orbits for the use of intersatellite links for global communication [C] . IEEE 48th Vehicular Technology Conference , 1998: 199—204.

[33] Uzunalioglu H, Yen W. Managing connection handover in satellite networks [C] . In Proceedings of GLOBECOM'97, IEEE press, 3: 1606—1610.

[34] Zhao W, Tafarolli R, Evans B G. Combined handover algo-

rithm for dynamic satellite constellations. Electronics Leters, V01. 32, Issue 7, 1996: 622—624.

[35] Cho S, Akyidiz F. A new connection admission control for spotbeam handover in LEO satellite networks [J]. ACM-Kluwer Wireless Networks (WINET) Journal, 2002, 8 (4): 403—415.

[36] Uzunalioglu H, Akyildiz F, BenderD. A routing algorithm for LEO satellite networks with dynamic connectivity [J]. ACM-Baltzer Journal of Wireless Networkd (WINET), 2000, 6 (3): 181—190.

[37] Zaim A H, Rouskas N, Perros G. Computing call blocking probablilities in LEO satellite networks: The single orbit case [J]. IEEE Transactions on Vehicular Technology, 2002, 51 (2): 332—347.

[38] Krewel W, Maral G. Analysis of the impact of handover strategies on the QoS of satellite diversity based communications systems [C]. In: Proceedings of the 18th AIAA International Communications Satellite Systems Conference (ICSSC), Oakland, 2000, 393—403.

[39] Henderson T. Networking over next-generation satellite systems [D]. University of California, Berkeley, 1999.

[40] Henderson T R, Katz R H. On distributed, geographic-based packet routing for LEO satellite networks. In: Proc. of the IEEE Global Telecommunications Conf. (GlobeCom2000). New York: IEEE Press, 2000. 1119—1123.

[41] Bai J J, Lu X C, Peng W. A light weight on-board distributed routing protocol for LEO satellite networks [J]. Journal of Software, 2005, 16 (12): 2139—2149.

[42] Werner M, Frings J, Wauquiez F, et al. Topology design, routing and capacity dimensioning for ISL networks in broadband L EO sat-

ellite systems [J] . Satell. Commun. , 2001 (19) : 499—527.

[43] Wang C. Structural properties of a low earth orbit satellitecon-stellation the walker delta network [J] . Globalcom'93 , 1993: 93—102.

[44] Akyildiz F, Uzunalioglu H. Handover management in Low Earth Orbit (LEO) satellite networks [J] . ACM-Baltzer Journal of Mobile Networks and Applications, 1999, 4 (4): 301—310.

[45] Jamalipour A, Chen J. Performance study of handoff schemes in broadband ATM mobile satellite networks [A] . ATM 2000, Proceedings of the IEEE Conference on [C], 2000: 501—508.

[46] Gkizeli M, Tafazolli R, Evans B. Modeling handover in mobile satellite diversity based systems [A] . IEEE VTC'01 Fall [C], 2001: 131—135.

[47] Gkizeli M, Tafazolli R, Evans B. Performance analysis of handover mechanisms for non-geosatellite diversity based systems [A] . IEEE GLOBECOM'01 [C], 2001: 2744—2748.

[48] Nguyen H N, Lepaja S. Handover management in low earth orbit satellite IP networks [A] . IEEE GLOBECOM '01 [C], 2001: 2730—2734.

[49] Krewel W, Maral G. Analysis of the impact of handover strategy on the QoS of satellite diversity based communications systems [A] . Processings of the 18th AIAA ISCSS'2000 [C], 2000: 393—403.

[50] Chao C, Ekici E, Akyildiz F I. Satellite grouping and routing protocol for LEO/MEO satellite IP networks [A] . Proceedings of the 5th ACM international workshop on Wireless mobile multimedia [C], 2002, 9: 109—116.

[51] Giovanni E C, Francesco V. A statistical model for land mobile

satellite channels and its application to nongeostationary orbit systems [J] . IEEE Trans on Vehicular Technology, 1994: 738—742.

[52] Ibnkahla M, Rahman Q M, Sulyman A I, et al. High speed satellite mobile communications technologies and challenges [J] . Proceedings of the IEEE, 2004, 92 (2): 312—339.

[53] Kim Y S, Park W J. Adaptive routing in LEO satellite networks [J] . IEEE 2000 Vehicular Technology Conference, Tokyo, Japan, 2000: 1983—1987

[54] Kim Y S, Park W J. Traffic load balancing in low earth orbit satellite networks [C] . IEEE 1998 International Conference on Computer Communications and Networks, Lafayette, Lousiana, 1998: 191—195.

[55] Ekici E, Akyildiz I F, Bender M D. AD is tributed routing algorithm for datagram traffic in LEO satellite networks [J] . IEEE/ACM Transactionson Networking, 2001.

[56] Ekici E, Akyildiz I F, Bender M D. Datagram routing algorithm for LEO satellite networks [C] . IEEE Infocom 2000 Conference on Computer cmmunications, Telaviv , Israel, 2000: 500—508.

[57] Crawley E, Nair R, Rajagopalan B et al. A framework for QoS-based routing in the Internet. RFC 2386, 1998.

[58] Wang B, Hou J C. Multicast routing and its QoS extension: problems, algorithms, and protocols [J] . IEEE Network, 2000, 14 (1): 22—36.

[59] Guo L, Matta I. Search space reduction in QoS routing [C] . In: Proc. of the 19th IEEE Intl. Conf. on Distributed Computing Systems, Austin, TX, 1999: 142—149.

[60] Korkmaz T, Krunzn M. Multi-constrained optimal path selection

[C]. In Proceedings of IEEE INFOCOM, 2001: 834—843.

[61] Dash D, Durresi A, Jain R. Routing of VoIP traffic in multi-layered satellite networks [C]. Proc. of performance and control of next-generation communications networks, 2003, 9: 7—11.

[62] Hu H, Yeung K L, Li T. Routing and re-routing in a LEO/MEO two-tier mobile satellite communications systems with intersatellite links [C]. ICC&IEEE International Conference on Communications, 2000, 1: 134—138.

[63] Metz C Y. IP switching protocols and architectures [M]. McGraw-Hill, 1999.

[64] Werner M. Routing and dimensioning in satellite networks with dynamic topology [D]. the Institute of Communications and Navigation of the German Aerospace Center, 2003.

[65] Sarikaya B, Tasaki M. Supporting node mobility using IPv6 in a LEO satellite network [J]. International Journal of Satellite Commun, 2001, 19: 481—498.

[66] Sanctis M D, Cianca E, Ruggieri M. IP-based routing algorithms for LEO satellite networks in near-polar orbits [A]. IEEE Aerospace Conference [C], 2003, 1273—1279.

[67] Hu Y C, Johnson D B, Perrig A, et al. SEAD: secure efficient distance vector routing for mobile wireless ad hoc networks [A]. Proceedings of the 4th IEEE Workshop on Mobile Computing Systems and Applications (WMCSA 2002) [C], NY, 2002: 3—13.

[68] Hu Y C, Perrig A, Johnson D B, et al. Ariadne: a secure on-demand routing protocol for ad hoc networks [A]. Proceedings of the Eighth Annual International Conference on Mobile Computing and Networking (MobiCom 2002) [C], Atlanta, 2002: 12—23.

[69] Papadimitratos P, Haas Z. Secure routing for mobile ad hoc networks [A]. Proceedings of the SCS communication Networks and Distributed Systems Modeling and Simulation Conference [C], San Antonio, 2002: 27—31.

[70] Fall K, Varadhan K, The ns Manual, http://www.isi.edu/nsnam/ns/ns-documentation.html, 2003, 12.

[71] Welch B B，崔凯译．Tcl/Tk 编程权威指南．北京：中国电力出版社，2002，6.

[72] MLDesign Technologies Inc, MLDesigner Documentation (version 2.5), ftp://ftp.mldesign.com/, Feb. 2003.

[73] MLDesign Technologies Inc, MatLab Users Guide (version 4.1), ftp://ftp.mldesign.com/

[74] 常显奇，李云芝，罗小明等．军事航天学 [M]．北京：国防工业出版社，2005.

[75] 吴迪，王欣，赵阳，等．卫星综合信息网的研究 [J]．东北大学学报，2001，22 (2)：179—182.

[76] 曾颖超．航天器飞行力学 [M]．西安：西北工业大学出版社，1993.

[77] 吕海寰，蔡剑铭，甘仲民，等. 卫星通信系统 [M]．第 2 版．北京：人民邮电出版社，1994.

[78] 郗晓宁，王威．近地航天器轨道基础 [M]．第 1 版．长沙：国防科技大学出版社，2003.

[79] 朱光武，李保权．空间环境对航天器的影响及其对策研究 [J]．上海航天，2002，(4，5)：1—16.

[80] 吴诗其，李兴．卫星通信导论 [M]．北京：电子工业出版社，2002.

[81] 张更新，张杭．卫星移动通信系统 [M]．第 1 版．北京：人民邮电出版社，2001.

[82] 张乃通，张中兆，李英涛．卫星移动通信系统 [M]．第 2 版．

北京：电子工业出版社，2000.
[83] 王士林，等．现代数字调制技术．北京：人民邮电出版社，1987.8
[84] 樊昌信，等．通信原理．第 4 版．北京：国防工业出版社，1995.10
[85] 刘刚，吴诗其．区域性星座设计 [J]．系统工程与电子技术，2002，24（7）：15—18.
[86] 潘亚汉、朱自强、张志强．现代卫星通信调制解调技术的发展．微波与卫星通信，1998，1.
[87] 张倩．卫星高速数传系统中调制方式的发展动态．空间电子技术，2002，3.
[88] 姚晔，朱立东，吴诗其．具有星际链路的低轨卫星通信系统的路由策略研究 [J]．中国空间科学技术，2005，4：47—53.
[89] 卢锡城，白建军，彭伟．一种基于分时的 LEO 卫星网络无环路由算法 [J]．通信学报，2005，5：9—16.
[90] 王亮．带有星间链路的卫星网络路由算法研究 [D]．哈尔滨：哈尔滨工业大学，2003.
[91] 徐小龙，王汝传．LEO 卫星网中基于地理位置的分布式动态路由算法的研究 [J]．小型微型计算机系统，2006，27（6）：1013—1018.
[92] 刘刚．非静止轨道卫星移动通信系统组网关键技术研究 [D]．电子科技大学，2003.
[93] 胡剑浩，李涛，吴诗其．具有星际链路的 LEO&MEO 双层卫星网络路由策略研究 [J]．电子学报，2000，28（4）：31—35.
[94] 苑吉，张军，柳重堪．LEO/MEO 双层卫星网的分层动态路由算法 [J]．北京航空航天大学学报，2006，7：787—792.
[95] 李喆，李冬妮，王光兴．LEO/MEO 卫星网络中运用自组网思想的动态路由算法 [J]．通信学报，2005，26（5）：50—62.
[96] 李晖，顾学迈，刘晓锋．非静止轨道卫星网络中 Hopfield 神经网络路由算法 [J]．南京航空航天大学学报，2006，38（2）：

227－233.

[97] 孙利民，卢泽新，吴志美．LEO 卫星网络的路由技术［J］．计算机学报，2004，27（5）：659－666.

[98] 蔡燕民，陈刚，董作人．空间激光通信系统进展．激光与光电子学进展．2000，(5)：10－16.

[99] 朱立东，刁塑，吴诗其．混合轨道卫星通信系统的路由算法研究［J］．电子科技大学学报，2006，35（5）：717－720.

[100] 邱晶，余平，等．移动卫星通信的信道模型和传输特性分析［J］．重庆大学学报：自然科学版，2003，26（7）：37－41.

[101] 刘芸江，甄蜀春，等．Ka 频段卫星通信的信道特性与仿真技术［J］．无线电通信技术，2004，30（2）：8－10.

[102] 刘刚，吴诗其．非静止轨道卫星通信系统中星际链路性能研究［J］．系统工程与电子技术，2001，24（1）：105－109.

[103] 王亮，张乃通，汪洋，等．LEO/MEO 双层卫星网络中层间 ISL 空间参数研究［J］．中国空间科学技术，2004（1）：26－30.

[104] 李赞，张乃通．卫星移动通信系统星间链路空间参数分析［J］．通信学报．2000，21（6）：92－96.

[105] 王晓梅，张铮，冉崇森，等．一种重路由策略在低轨 QoS 卫星网络中的应用［J］．北京邮电大学学报，2005，28（1）：30－34.

[106] 宋娜．卫星网络路由协议研究［D］．哈尔滨：哈尔滨工程大学，2005.

[107] 周红霞．双层卫星网络路由算法研究［D］．成都：电子科技大学，2005.

[108] 余柯．卫星网络星座和路由算法仿真的研究［D］．北京：中科院，2003.

[109] 李晖，顾学迈．LEO/MEO 卫星通信系统 ISL 网络路由及切换性能研究［J］．系统工程与电子技术，2005，27（7）：1145－1153.

[110] 胡剑浩，吴诗其，李乐民．部分全连接星际链路网络动态路由策略研究［J］．通信学报，2000，21（6）：12－18.

[111] 凌翔，胡剑浩，吴诗其．低轨卫星移动通信系统接入方案［J］．电子学报，2000，28（7）：55—58.

[112] 李晖，顾学迈．多层卫星通信网络自适应路由策略［J］．通信学报，2006，27（8）：119—128.

[113] 周云晖，孙富春，张钹，等．一种基于时隙划分的三层卫星网络 QoS 路由协议［J］．计算机学报，2006，29（10）：1813—1822.

[114] 王子才．关于仿真理论的探讨［J］．系统仿真学报，2000，12（6）：604—608.

[115] 胡晓敏．半实物虚拟模型技术的研究［D］．南京：南京航空航天大学，2004.

[116] 陈敏．OPNET 网络仿真［M］．北京：清华大学出版社，2004.

[117] 李映．多层卫星网络中 IP 动态路由算法的研究［D］．南京：南京邮电学院，2004.

[118] 罗有平．LEO&MEO 双层卫星网络路由技术研究［J］．无线电通信技术，2006，32（1）：1—3.

[119] 杨海涛，赵洪利．星际链路天线的建模与仿真［J］．系统仿真学报，2005（11）：2586—2588.

[120] 林鹏，赵洪利．瑞利衰落信道下的自适应编码调制技术［J］．装备指挥技术学院学报．2005，16（4）：99—102.

[121] 李睿，赵洪利，曾德贤．非静止轨道卫星网络同频干扰的分析与仿真［J］．空间科学学报．2005，25（4）：280—285.

[122] 赵东杰，林鹏，赵洪利．基于 HLA 的卫星通信链路分布式仿真的研究［J］．计算机仿真 2006，23（5）：39—41.

[123] 赵东杰，赵洪利，杨海涛．MEO 卫星通信系统星际链路网络拓扑［J］．兵工自动化，2006，25（2）：5—8.

[124] 李睿，赵洪利，曾德贤．空间激光通信及其关键技术［J］．应用光学，2006，27（2）：152—154.

[125] 王克锋，赵洪利．双层卫星星座层间链路几何参数特性研究［J］．无线电通信技术，2006，32（6）：1—3.

［126］王克锋，何宇，赵东杰．卫星通信多普勒频移计算方法研究［J］．全球定位系统，2006，31（6）：38—41.
［127］高丽娟，赵洪利，蒋太杰．空间信息网络多层路由算法研究［J］．计算机工程，2007，33（14）：82—85.
［128］高丽娟，赵洪利，蒋太杰．层次网络数学模型与层次路由算法研究［J］．空间科学学报，2007，27（5）：430—434.
［129］杨海涛，赵洪利．卫星侦察信息传输业务的仿真与分析［J］．计算机工程与应用，2007，43（30）：33—36.
［130］王克锋，何翔宇，赵洪利．卫星星间链路多普勒频移仿真［J］．无线电工程，2007，37（3）：36—38.
［131］高丽娟，赵洪利，蒋太杰．一种新路由切换策略的研究［J］．电子与信息学报，2008，30（5）：1206—1209.
［132］赵东杰，杨海涛，赵洪利．基于链路特性的卫星网络拓扑更新周期研究［J］．计算机应用研究，2009（12）：4669—4671.
［133］陈刚．卫星动态组网仿真技术研究［D］．北京：装备指挥技术学院，2004.
［134］杨海涛．基于 NS2 平台的混合式卫星星座网络仿真技术研究［D］．北京：装备指挥技术学院，2005.
［135］王新敏．空间信息系统信息能力评估方法研究与实现［D］．北京：装备指挥技术学院，2005.
［136］林鹏．卫星通信链路分布式仿真研究与实现［D］．北京：装备指挥技术学院，2005.
［137］赵东杰．空间信息系统信息传输路由协议的研究与仿真分析［D］．北京：装备指挥技术学院，2006.
［138］高丽娟．空间信息系统动态拓扑网络路由算法研究［D］．北京：装备指挥技术学院，2007.
［139］史继辉．特定环境中的移动自组网路由协议评价模型研究［D］．北京：装备指挥技术学院，2010.